餐飲經濟學
日常餐飲現象中的經濟學

賈岷江 / 著

財經錢線

前　言

　　俗話說，民以食為天，可見飲食對人類社會生存和發展所起的重要作用。筆者在對西方經濟理論的多年學習中發現，在世界上那些令人痴迷的經濟理論中，雖然不乏大師們對人類飲食活動的獨到見解，但是比較系統、全面、通俗地闡述餐飲經濟問題的著作屈指可數。那麼，沒有人寫過有關餐飲經濟學的專門著作？

　　在無數次網絡搜索中我意外發現有一本《餐飲經濟學導論》。既然已經有了《餐飲經濟學導論》這本本科理論教材，為什麼還要寫這本通俗版《餐飲經濟學》？實際上，即使是同樣的面粉，由於每個人的烹調方法和所加的佐料不同，做出的面點也極少相同[①]——正如同樣是描述經濟學的經典理論，有關這方面的教材版本卻有數萬種之多。本書有別於傳統教科書式的教材，是既可作為烹飪技術和酒店管理專業學生、餐飲經營者學習的教材或參考書，又可供普通大眾閱讀的餐飲經濟學科普書籍。

　　餐飲經濟學的內容繁多，目前尚未形成一個完整的體系。本書精心選取了60個貼近消費者生活、企業和行業管理實踐的題目來描述餐飲經濟學的主要和常見問題，希望在總結他人和自己理論研究成果的基礎上，用通俗易懂的語言、盡可能短小的篇幅[②]，把讀者引入到美妙的餐飲經濟理論世界中去，使人明白不但經濟學的許多理論可以用來解釋諸多與生活密切相關的餐飲現

[①] 無論在內容，還是在編寫體系上，本書與《餐飲經濟學導論》均有極大不同。

[②] 更深層的理論描述可參見相關書籍或研究成果。

象，而且餐飲業本身也有許多獨特的經濟規律值得學習和探究——即使在平常的一日三餐中也蘊含著深刻的經濟學道理。當然，餐飲經濟學的故事多如繁星，不是60個問題所能全部涵蓋的。本書僅僅是個引子，有興趣和時間的讀者還可以進一步博覽群書和深入研究。

有人曾經把經濟學的內容概括為平面坐標中的一個交點，形象地說明了經濟學主要是研究供求之間關係（或投入產出與資源優化配置關係）的一門學問。本書內容的安排遵循了這一思路：首先從微觀角度分別講述餐飲需求理論和餐飲供給理論，然後從宏觀角度闡述供求之間的關係，分析行業管理方面的重要問題。即本書的內容包括了餐飲消費經濟學、餐飲企業管理經濟學和餐飲產業經濟學的內容。希望本書的這種安排更有利於滿足不同讀者的不同需求。需要說明的是，本書並不準備完全宣講一般經濟學課程中所包含的內容。

書中的這些內容不僅來自於西方經濟學、管理學大師的經典著述，國內外餐飲管理學界同行的重要觀點，也有本人多年來對餐飲現象的思考和研究成果。實際上，經濟問題和管理問題是很難分開的：經濟思想通過管理實踐體現出來，管理的觀念和方法離不開經濟理論的指導，在管理實踐中也能夠發現新的經濟學問題。經濟學與管理學的關係，就像理論經濟學和應用經濟學的關係一樣：前者就像理論經濟學，而後者就像應用經濟學，兩者既有分工，又有聯繫。這個比喻可以讓我們更容易明白餐飲經濟學和餐飲管理各學科之間的關係，以及任何褊狹於餐飲經濟學或者餐飲管理學的學習，都只會使我們要麼只見「樹木」，要麼只見「森林」。

一個國家公民的吃喝問題關係到整個社會的存在和秩序的穩定，更涉及種族的健康繁衍、食物資源的有效利用和競爭力的提高。因此，研究和學習餐飲經濟學不僅是有趣的，也是

有實際意義的。本書作用不僅僅是形成我們的餐飲經濟觀念，更是要用這些經濟學的觀點來指導我們的餐飲消費活動和餐飲管理實踐。相信無論是廣大的消費者（每一個需要飲食的人——無論貴賤與貧富）、餐飲業的管理者和廚師們，還是餐飲理論工作者，都可以從本書獲得有益的知識或者啓發：對消費者來說是明明白白地消費，對廚師來說是「聰明」地烹飪，對餐飲業管理者來說是「有效」地經營企業，對理論工作者來說則是啓迪思維。由此看來，本書的作用不僅是傳播經濟學知識，更重要的是拋磚引玉。

　　整個工作全部利用業餘時間完成。期間，因為工作繁忙、生活瑣事干擾，書中每一個問題的反覆思考、闡述和修改都是在斷斷續續中完成的。初稿完成後，我又在全校學生中開了一門公共選修課，在多次教學過程中進一步修改完善了書稿的諸多細節。從教學結果來看，本書尤其適合沒有專門開設經濟學課程的烹飪工藝和食品科學專業的學生作為專門教材，補充經濟學學科方面的知識，兩個專業的同學對本課程表現出了濃厚的興趣。即使是學習餐飲管理、酒店管理的同學，甚至旅遊管理、休閒體育、文化藝術、外語和計算機專業的部分同學也對此課程深感興趣。

　　本書的完成，首先要歸功於世界著名經濟學家薩繆爾森和著名行銷學家科特勒經典著作的吸引

　　為官僚管理的低效率鬱悶和困擾。一個偶然的機會，我在書攤上看到了兩位大師的傳世之作，不禁為其精闢、實用的理論傾倒。迄今，也極少有著作能夠對我有如此大的影響。那時我就毅然決定放棄花費多年寶貴時間學習的工程技術知識，改學我曾經極端蔑視的經濟學和管理學。相信閱讀了本書的讀者對經濟和管

理學科也會少一些偏見，對效率社會多一份貢獻。

　　感謝曾召友總編和其他相關編輯在他們的幫助下，本書才得以盡快出版面世。書中著述難免有紕漏之處，還望大家不吝指出。

賈岷江

目　錄

1 餐飲經濟學概論 …………………………………………（1）
　　1.1　關於人類吃喝的經濟學問題 ………………………（1）
　　1.2　經濟學的分類和餐飲經濟學的歸屬 ………………（6）
　　1.3　如何研究餐飲經濟學 ………………………………（9）
　　1.4　使廚師和消費者變得更聰明的學問 ………………（13）

2 餐飲消費經濟學 …………………………………………（18）
　　2.1　尋找人類的食物 ……………………………………（19）
　　2.2　飲食習慣的形成和改變 ……………………………（24）
　　2.3　吃的變化 ……………………………………………（28）
　　2.4　不僅僅是吃 …………………………………………（31）
　　2.5　高深的飲食文化研究 ………………………………（35）
　　2.6　吃喝的外部效應 ……………………………………（41）
　　2.7　酒吧博弈 ……………………………………………（46）
　　2.8　「熟人熟面」的思考 ………………………………（48）
　　2.9　零食還是正餐 ………………………………………（51）
　　2.10　非理性飲食行為 ……………………………………（54）
　　2.11　吃掉意外之財 ………………………………………（58）
　　2.12　不得不吃 ……………………………………………（62）
　　2.13　食客能成為「上帝」嗎 ……………………………（66）
　　2.14　用腳投票 ……………………………………………（71）
　　2.15　該不該支付小費 ……………………………………（75）

2.16 分餐制和 AA 制 ………………………………… (79)
2.17 筷子與刀叉的經濟涵義 …………………………… (84)
2.18 外出就餐的經濟學解釋 …………………………… (89)
2.19 公共食堂和社區餐廳 ……………………………… (92)
2.20 就餐成本及菜品的性價比 ………………………… (96)
2.21 如何吃得更經濟 …………………………………… (100)

3 餐飲管理經濟學 ………………………………………… (104)
3.1 前廳與後臺的差異 ………………………………… (105)
3.2 餐飲服務的類型 …………………………………… (109)
3.3 餐飲業的經營形式和規模 ………………………… (113)
3.4 選址、選址，還是選址 …………………………… (118)
3.5 店多隆市 …………………………………………… (122)
3.6 餐館的租賃和轉讓 ………………………………… (126)
3.7 特色餐飲與範圍經濟的矛盾 ……………………… (131)
3.8 機器人廚師的出現 ………………………………… (136)
3.9 中餐標準化生產的爭議 …………………………… (140)
3.10 精益求精的代價 …………………………………… (144)
3.11 餐飲業中的分工經濟 ……………………………… (149)
3.12 排隊就餐現象及其管理 …………………………… (153)
3.13 上菜順序的講究 …………………………………… (158)
3.14 贈品的發放 ………………………………………… (161)
3.15 檸檬市場效應 ……………………………………… (164)
3.16 員工流動與道德風險 ……………………………… (167)
3.17 定價策略 …………………………………………… (172)
3.18 漲價還是降價 ……………………………………… (175)
3.19 降低餐飲企業成本的新思路 ……………………… (178)
3.20 原料存貨的成本控制 ……………………………… (182)
3.21 波特競爭模型的應用 ……………………………… (187)

3.22　虧了，還是賺了（一） ………………………………（191）
3.23　虧了，還是賺了（二） ………………………………（196）
3.24　餐飲目標市場的調查和預測 …………………………（200）
3.25　如何做大餐飲企業 ………………………………………（204）
3.26　餐飲企業及其產品的壽命 ……………………………（209）

4　餐飲產業經濟學 ……………………………………………（214）

4.1　永不消失的產業 …………………………………………（215）
4.2　與其他產業的聯繫 ………………………………………（221）
4.3　令人頭疼的企業監督 ……………………………………（226）
4.4　公共產品與外部性的管理 ………………………………（230）
4.5　餐飲市場的均衡和結構 …………………………………（234）
4.6　食品短缺下的分配制度 …………………………………（239）
4.7　應對通貨膨脹和經濟危機 ………………………………（243）
4.8　循環經濟與餐飲業的可持續發展 ………………………（247）
4.9　餐飲業的現狀與未來 ……………………………………（252）

餐飲經濟學：日常餐飲現象中的經濟學

1 餐飲經濟學概論

經驗固然重要，但是如果沒有理論的指導，人就經常會犯經驗主義的錯誤。在中國餐飲界，廚師鄙視理論學習的現象極為普遍，管理人員掌握的經濟和管理知識也極其有限。實際上，首先進行大量的理論學習，與先實踐後總結經驗相比，前者比後者可以在工作上少走許多彎路。因為，理論正是前人經驗的總結和昇華。

在通常的經濟學概論課中都要介紹經濟學的定義、分類、研究方法和學習意義。本書也不例外。但是餐飲經濟學又有與其他門類經濟學不同的地方，在本部分將給予一些說明。

在餐飲行業，餐飲產品和服務的需求者是消費者，而其提供者是餐飲企業。政府和相關管理機構（如餐飲協會、酒店協會）是整個行業的管理者。由此，本書把有關餐飲經濟學的內容分為餐飲消費經濟學、餐飲管理經濟學和餐飲產業經濟學三個部分來敘述。

1.1 關於人類吃喝的經濟學問題

1.1.1 經濟學概述

要瞭解餐飲經濟學，就必須首先對經濟學有個基本的認識。許多學者認為，「經濟」一詞源於希臘文 oikonomia，意思是「家庭管理」。古希臘哲學家色諾芬（Xenophon）在其《經濟論》一

書中論述了以家庭為單位的奴隸制經濟的管理①。1615年出現了以「政治經濟學」命名的第一本經濟學書籍，內容主要局限於流通領域和國家管理。後來政治經濟學的研究重點轉向生產領域和包括流通領域在內的再生產，研究財富增長和經濟發展的規律。古典政治經濟學逐漸同政治思想、哲學思想分離，形成一個獨立的學科，其論述範圍包含了經濟理論和經濟政策的大部分領域。英國人亞當・斯密（Adam Smith）的《國富論》是近代經濟學的奠基之作，以至於他被後人譽為「經濟學之父」。

那麼，什麼是經濟學呢？英國經濟學家馬歇爾（Alfred Marshall）認為，經濟學是一門研究財富的學問，也是一門研究人的學問。更多的經濟學家進一步指出，經濟學就是通過對稀缺資源②的有效使用，以獲得最大滿足的學問，是研究稀缺資源優化配置的學問。因此，經濟學通常從三個角度來思考問題（即經濟思維強調的三個基本問題）：資源的稀缺性，以及人類必須在這些稀缺資源之間做出決策；理性行為的假設；邊際收益和邊際成本的比較。

首先，人類需要的絕大多數資源都是稀缺的，並且這些資源相對於人類無限的慾望來說是有限的，尤其是淡水和食物。有人會說，人類需要的空氣不是稀缺的。實際上，符合人類要求的空氣在某些地方也是稀缺的。特別是新鮮、無污染、富含氧氣的空氣在工業發達導致污染嚴重的城市就可能變得越來越稀缺。在這些城市中就會出現各種氧吧，消費者必須付錢吸氧。又比如，在缺氧的高原旅遊景點，常會看到有標價35元一罐的氧氣出售。因此，人類需要在工業發展和保護空氣免遭污染之間做出決策。

其次，人類的行為既有理性的，也有非理性的。傳統的經濟

---

① 吳樹青，等.政治經濟學(資本主義部分)[M].

② 稀缺資源對企業來說主要是土地、資本、勞動和企業家能力，對個人來說是收入、財產、精力和時間。

學理論認為人類是具有無限理性、無限意志力和無限自私自利三個顯著特點的「理性人」或「經濟人」。人類的理性使其在潛意識中總是想把有限的資源派上最大用途，以實現效用最大化。這種「激勵作用」是大部分傳統經濟學原理和分析能夠發揮作用的前提。而現代經濟學則認為現實中的人還具有非理性的一面：

（1）並不具備穩定和連續的偏好以及使這些偏好最大化的無限理性；

（2）即使知道效用最大化的最優解也有可能因為自我控制意志力方面的原因而無法做出相應的最優決策；

（3）其經濟決策的過程中包含了相當的非物質動機和非經濟動機權重。

最後，邊際收益和邊際成本的比較是人類決策的依據之一。邊際成本（或邊際收益）是指每增加使用一個單位資源所需要多付出的成本（或得到的更多收益）。怎麼才能夠使稀缺資源最大限度地滿足人類的慾望？人類將稀缺資源在不同用途之間進行邊際成本和邊際收益的比較，選擇資源邊際收益與邊際成本差值最大的用途，以「最經濟」地利用資源。

對企業來說，投入的資源數量用貨幣成本來核算，獲得的收益用貨幣收入來核算。利潤是收入與成本之間的差額，利潤率（利潤與收入之比）的高低可以用來衡量企業對稀缺資源在滿足人類慾望中的使用效率。企業行為的動機就是追求利潤。日本松下電器的創始人、被人稱為「經營之神」的松下幸之助曾經說過，合理利潤的獲得，不僅是商人經營的目的，也是社會繁榮的基石。如果沒有利潤的激勵，我們無法想像市場經濟會是多麼糟糕的狀況——簡直就會回到計劃經濟的反應遲鈍和低效率中去。

1.1.2 關於效用

人的慾望就是需要，是驅動人們從事各種經濟活動的根本動

力。慾望有多樣性、單項有限性和層次性①。需求則是指在某一特定時期，對於某一種商品每一種可能的價格，消費者願意購買（需要），而且有能力購買的該商品的數量。在經濟學中，需求可以用需求表、需求函數和需求曲線來表示。消費者又怎麼使用有限資源來最大限度地滿足其慾望？仍然要依靠邊際成本和邊際收益的概念。消費者的成本（屬於有限資源）可以是花費的勞動、精力、時間和財物等，不僅僅是指貨幣；消費者的收益（慾望的滿足程度）通常用效用計量，而很少用貨幣單位。效用反應消費者對所消費的商品或服務的使用價值的主觀評價，是消費者在特定時刻對不同商品或服務的喜好程度，也是消費者購買和消費的主要依據。效用有正效用和負效用之分，其大小因人而異，並不是價格越高的物品效用一定越大。如果消費者認為某個事物的效用較大，就會對該事物有所「偏好」。美國經濟學家保羅‧薩繆爾森（Paul A. Samuelson）認為，可以通過觀察需求來瞭解消費者的偏好。

效用概念可以用來分析消費者的行為。效用分析分為基數效用分析和序數效用分析兩大類：如果效用的大小用基數表示，就是基數效用分析；如果效用的大小用序數表示，就是序數效用分析。比如麵包和牛奶的效用，基數效用分析可能認為麵包是 2 個單位效用，牛奶是 5 個單位效用；而用序數效用分析則可能認為牛奶的效用比麵包的效用大，至於大多少是不清楚的。

基數效用可以總效用和邊際效用概念來解決消費者效用最大化問題和解釋邊際效用遞減規律。總效用是指消費者消費一定數量的物品和勞務所得到的總的滿足程度，邊際效用是消費者每增加消費一個單位的物品或勞務所引起的效用變化量。邊際效用遞減規律是指隨著消費者消費量的增加，其邊際效用是逐漸遞減的。也就是說，某人吃第四塊麵包獲得的效用可能要比吃第三塊

---

① 慾望的無限性，或者說「欲壑難填」，是指慾望的多樣性和滿足的層次性。

麵包的效用少，吃第五塊麵包的效用可能比第四塊麵包更少，甚至得到負效用。那麼，消費者怎樣使其效用最大化？當消費者購買每種商品的邊際效用與其價格之比均一致時，他就實現了效用最大化。

序數效用分析可以用來解決消費者在相同效用情況下的不同消費組合問題，比如不同數量的牛奶和不同數量的麵包組合可能對消費者來說具有同樣的效用，但牛奶消費多了，必然就會減少麵包的消費；反之，增加麵包的消費就會減少牛奶的消費。如果用兩個坐標軸分別標示牛奶和麵包消費量，那麼不同數量的牛奶和不同數量的麵包組合其效用是相同的，因而可以繪製一條效用無差異曲線。效用無差異曲線是一條凸向原點的線，這是由邊際替代率遞減規律決定的。邊際替代率是消費者在保持相同的效用時，減少的一種商品與增加的另一種商品的消費量之比。

1.1.3 餐飲經濟學的概念

說了這麼多，餐飲經濟學究竟是什麼呢？一個人為了生存，必然要消耗食物和飲料。如果人類沒有餐飲活動，那麼人類社會也許就會失去發展的原動力。然而人類所需的食物和飲料是稀缺資源，每個人用於餐飲消費的資源（主要是經濟收入）也是有限的。消費者必須用有限的經濟收入去換取有限的食物和飲料，這就必然要求消費者有意或無意地精打細算，以使自己用有限的收入得到最大限度的滿足。一個餐飲企業同樣要認真考慮所擁有的有限的人力、物力和財力資源，統籌規劃，以最小的成本獲得最大的收入（或者利潤）。一個國家，或者餐飲行業的管理者，也要考慮庶民的吃喝問題，這不僅關係到國民體質和生活幸福問題，也關係到國家安全。如何讓老百姓吃飽飯、吃好飯，不僅是各國政府過去，而且是現在和將來都必須考慮的大事。

如果說烹飪工藝學、食品營養衛生學、餐飲文化學、餐飲美學是從食品加工技術、醫學、歷史學、社會學、美學角度研究餐飲現象，那麼餐飲經濟學則是從經濟學的角度研究餐飲行業供

給、消費，以及行業宏觀管理方面的現象和活動，以使有限的資源得到最大限度優化配置和利用的理論。餐飲經濟學不僅僅是用現有經濟學的理論解釋餐飲現象，更重要的是去發現餐飲活動本身特殊的經濟規律。著名社會活動家、《中國烹飪百科全書》顧問於光遠曾說，「中國最大的行業是烹飪，最大的生產部門也是烹飪」[1]。他主張研究「餐桌經濟學」，即研究如何利用餐桌來促使中國種植業、畜牧業、養殖業的多種經營和中國食品工業的發展，也包括從事飲食業的餐館負責人如何通過為顧客承辦筵席取得好的經濟效益，和人們利用宴會的形式進行交際、洽談業務而取得經濟效益。可見，於光遠的餐桌經濟學和餐飲經濟學還是有一定的區別的，體現在後者除了研究餐桌經濟學外，還要從經濟角度研究餐飲消費者的行為。

1.2 經濟學的分類和餐飲經濟學的歸屬

為進一步瞭解餐飲經濟學的研究內容和在現代經濟學中的地位，我們有必須要先知道現代經濟學的分類。經濟學的分類主要有以下幾種。

（1）按國民經濟各個部門的經濟活動為研究對象來劃分，有農業經濟學、工業經濟學、建築經濟學、運輸經濟學、商業經濟學、餐飲經濟學等。

（2）按涉及國民經濟部門中各專業經濟職能活動為研究對象來劃分，有計劃經濟學、勞動經濟學、財政學、貨幣學、銀行學等。

（3）按地區性經濟活動為研究對象來劃分，有城市經濟學、

---

[1] 於光遠.吃喝玩：生活與經濟[M]

農村經濟學、區域經濟學等。

（4）按企業經營管理活動為研究對象來劃分，有企業管理、企業財務、會計學、市場行銷學等。

（5）按生活中涉及的不同事項來劃分，有餐飲經濟學、房地產經濟學、旅遊經濟學、衛生經濟學、教育經濟學、戀愛經濟學、犯罪經濟學等。

經濟學更多的是按照經濟理論在實踐應用中的地位而劃分為理論經濟學和應用經濟學。理論經濟學是對事實進行收集、系統整理和歸納，並形成經濟理論的經濟學分支；應用經濟學是將經濟理論用來解決具體實際問題或實現特定經濟目標的經濟學分支。理論經濟學是應用經濟學的基礎。

理論經濟學論述經濟學的基本概念、基本原理，以及經濟運行和發展的一般規律，為各個經濟學科提供基礎理論。理論經濟學是基於事實和因果關係的實證經濟學，其假設來源於事實，經過事實檢驗正確的假設就形成理論。在西方經濟學界，理論經濟學通常分為宏觀經濟學與微觀經濟學兩個分支。宏觀經濟學以整個國民經濟為視野，以經濟活動總過程為對象，考察國民收入、物價水準等總量的決定和波動。其中經濟增長理論和經濟波動（經濟週期）理論又是宏觀經濟學的兩個獨立分支。另外，與經濟增長理論密切聯繫的發展經濟學，研究發展中國家的經濟發展問題，現在也已成為宏觀經濟學的一個分支。微觀經濟學研究市場經濟中單個經濟單位，即生產者（廠商）、消費者（居民）的經濟行為，包括供求價格平衡理論、消費者行為理論，在不同市場類型下廠商成本分析與產量、價格決定理論、生產要素收入分配理論等。產業經濟學是介於宏觀經濟學和微觀經濟學之間的一個應用經濟學科，研究產業組織、產業結構、產業發展的一般規律，探討指定產業政策的理論和方法，指導國民經濟中各個產業的運行和發展。產業經濟學不同於工業經濟學、農業經濟學和商業經濟學等部門經濟學，是部門經濟學的綜合昇華，而部門經濟

學則是產業經濟學在具體層面上的延伸。

應用經濟學是理論經濟學在實踐中的應用。在應用經濟學中，經濟政策制定的基本步驟為：描述經濟目標→找出可能的政策選項→實施和評價選定的政策。應用經濟學是涉及經濟應該是什麼的價值判斷，或什麼樣的政策才能達到預期經濟目標的規範經濟學，其研究對象是國民經濟各個部門的經濟活動（如農業、工業、商業等）、或涉及各個部門而帶有一定綜合性的專業經濟活動（如經濟計劃、財政、貨幣、銀行等）、或單個經濟單位的經濟活動（如企業的經營管理）及其相應的經濟關係。應用經濟學就是要研究這些經濟活動和經濟關係的特殊規律性，其分支學科極多。

比如，把經濟學理論應用於企業和消費者分析，產生了管理經濟學和消費經濟學。管理經濟學研究企業行為、市場需求、生產決策、成本函數、市場結構與企業的價格、產量決策等問題。根據企業的經營環節，管理經濟學又可以進一步細分為戰略經濟學、物流經濟學、生產經濟學、會計經濟學等學科。消費者經濟學研究消費者的消費行為、儲蓄、信貸、投資、勞動供給等微觀方面的決策問題，以及消費結構、消費方式、消費政策、消費者保護、消費與經濟增長等宏觀方面的決策問題。

還有一些與非經濟學科交叉的邊緣經濟學科，如與人口學相交叉的人口經濟學；與教育學相交叉的教育經濟學；與法學相交叉的經濟法學；與醫藥衛生學相交叉的衛生經濟學；與生態學相交叉的生態經濟學或環境經濟學；與社會學相交叉的社會經濟學；與自然地理學相交叉的經濟地理學、國土經濟學、資源經濟學；與技術學相交叉的技術經濟學等。這些邊緣經濟學科主要研究這些非經濟領域發展變化的經濟含義、經濟效益、社會效益，從中找出它們的規律性。

儘管餐飲活動和產業有自己的特殊經濟規律，但是從主要內容和與實踐的結合程度看，餐飲經濟學實質上是一門將經濟基礎

理論用於餐飲實踐的行業應用經濟學，它包括餐飲消費經濟學、餐飲企業管理經濟學和餐飲產業經濟學，其中既有微觀經濟學的內容，也有中觀甚至宏觀經濟學的內容。

那麼，餐飲經濟學與食品經濟學有沒有區別呢？雖然餐飲業和食品工業都涉及人類的飲食活動，因而在某些方面的要求或規律是相同的，但是，餐飲業與食品工業的最大區別在於：前者大多數時候產銷同時進行，產品加工時間短、流通環節少、容易腐爛；並且消費者同時重視餐飲業的食品和服務，而對食品工業的服務不大重視。這是餐飲經濟學與食品經濟學在研究對象上存在區別的原因之一。

1.3　如何研究餐飲經濟學

沒有正確的研究方法，經驗永遠不能成為科學。經濟學的研究方法是指研究各種經濟活動和各種經濟關係及其規律的具體方法。傳統理論認為，經濟學的研究方法有抽象的方法、分析和綜合的方法、歸納和演繹的方法、質的分析和量的分析方法等。實際上，這些方法不僅在經濟學中使用，而且在其他學科中也經常宣稱被使用。那麼，經濟學有沒有自己獨特、常用、公認正確的具體研究方法呢？

馬克思（Karl Marx）曾經指出，沒有數學的幫助，每一門學科都不能成為科學。在經濟學理論中大量使用數理模型來描述和分析各種經濟變量之間的函數關係，幫助我們理解和解釋現實世界。這種用簡明的數學語言來揭示複雜經濟現象之間的因果或相互關係的簡化模型，可以為決策者提供一套具有一定邏輯性、精確性和經濟性的分析工具。但是，數理模型分析只能成為研究經濟理論的輔助手段，特別是成為規範研究的主要方法，而不能成為經濟理論形成的終極檢驗手段。

19世紀的法國人古諾（A. A. Cournot）是第一位將數學應用於經濟分析的經濟學家，他首次建立了完全壟斷、雙頭壟斷和完全競爭的數學模型。而提出無差異曲線的英國統計學家埃奇沃思（Francis Ysidro Edgeworth）進一步使數學在現代經濟學的應用廣泛化了。迄今為止，經濟學各門學科在研究方法上仍然是大量運用現代數學方法和現代計算機技術進行經濟數量關係的分析。這是由於現代經濟發展日益錯綜複雜，在此過程中出現的新情況、新問題需要運用這些新的方法進行精確的描述和解釋。現代計算機技術的出現，也使運用數學方法分析日趨複雜的經濟數量關係和處理大量的經濟統計數據成為可能。可以說，在現代經濟學中，數學在形成和檢驗理論中的重要性幾乎是毋庸置疑的。

　　英國經濟學家凱恩斯（John Maynard Keynes）在其名著《政治經濟學的範圍與方法》一書中指出，經濟學是「一門實證科學……是關於是什麼這一類問題的系統的知識體系；一門規範科學……關於應該是什麼這一類問題的、標準的、系統的知識體系……」他的這一觀點實際上就是根據研究方法把經濟學分為「是什麼」的實證經濟學和「應該是什麼」的規範經濟學，同時強調了實證經濟學作為整個經濟學基礎的重要地位。

　　人們在很長一段時間裡始終固守著經濟理論難以實驗的思維定式。但是最近幾十年來，經濟學中出現了一種借鑑自然科學中通過人工實驗驗證科學假設的研究方法，那就是實驗經濟學。實驗經濟學是經濟學家在挑選的受試對象參與下，按照一定的游戲規則並給以一定的物質報酬，以仿真方法創造與實際經濟相似的一種實驗室環境，不斷改變實驗參數，對得到的實驗數據分析整理加工，用以檢驗已有的經濟理論及其前提假設、或者發現新的理論，或者為一些決策提供理論分析。

　　2002年度諾貝爾經濟學獎獲得者弗農·史密斯（Vernon Smith）教授在1962年《政治經濟學雜誌》期刊中發表的論文《競爭市場行為的實驗研究》，標誌著實驗經濟學的誕生。此後，

實驗經濟學開始運用於驗證市場理論和博弈理論，並取得了一定進展。五六十年代的實驗經濟學主要局限在市場理論和博弈理論領域，後來實驗方法越來越廣泛應用於公共經濟學、信息經濟學、產業組織理論等諸多經濟領域。目前，實驗經濟學迅速發展，逐漸科學化和規範化，成為一個獨立的經濟學分支。

經濟理論的實驗與物理、化學實驗一樣，包含實驗設計、選擇實驗設備和實驗步驟、分析數據以及報告結果等環節。但由於實驗對象是社會中的人，需要驗證的是行為命題，經濟理論的實驗與物理、化學實驗還是有區別的，主要表現在三個方面。一是模擬和仿真。經濟理論的實驗不能刻意複製出現實經濟的運轉過程，而是要模擬出允許不同人類行為存在的環境，以便於實驗者能夠在這樣的環境中觀察人們不確定的價值觀及其與環境之間的相互作用。二是比較與評估。實驗經濟學通過比較和評估，判斷實驗本身的好壞，分析實驗失敗的原因，驗證理論的真實性。三是行為分析和心理研究。經濟理論的實驗是把社會中的人作為被實驗者，所要驗證的是人的行為命題，自然就需要借助行為和心理分析方法。

實驗經濟學繼承了自然科學的實證主義傳統，彌補了經濟學實證方法的缺陷。首先，實驗經濟學以可犯錯誤、有學習能力的行為人取代以往的「理性經濟人」假說，用數理統計的方法取代單純的數學推導，解決以往實證研究的高度抽象和簡化與現實世界不一致的問題。其次，實驗經濟學家可以再造實驗和反覆驗證，用現實數據代替歷史數據，克服以往經驗檢驗的不可重複性。最後，在實驗室裡，可以操縱實驗變量和控制實驗條件，排除了非關鍵因素對實驗的影響，從而克服了以往經驗檢驗被動性的缺陷。

餐飲經濟學與其他經濟學分支一樣，也遵循同樣的研究方法，基本研究方法仍然是實證研究。具體步驟如下：觀察事實；在觀察數據的基礎上形成假說，即因果之間的一種可能解釋；將

特定事件的結果與根據假說預測的結果進行對比；根據對比結果接受、否定或修改假說；繼續根據事實檢驗假說，經過多次檢驗，如果正確的結果較多，假說就成為理論。經過嚴格檢驗並被廣泛接受的理論被稱為法則或原理。一些法則或原理的綜合形成模型，模型是對事物運行機制的簡單陳述。

餐飲經濟學也同樣大量採用實驗經濟學的方法，比如：通過小規模的實驗來瞭解餐飲企業產品以及其他因素的變動對餐飲需求的影響情況，測定各種經營手段所取得的效果，具體包括價格實驗、菜單變動實驗、廣告效果實驗等。

在研究和應用餐飲經濟學理論的過程中需要特別注意以下五個問題：

（1）沒有經過多次實踐檢驗的經驗不能上升為理論。有些企業管理人員將自己工作的心得或成績直接稱為「理論」，這種做法有失嚴謹。過去發生的事情很容易讓自己或其他人犯經驗主義的錯誤。

（2）沒有經過實踐檢驗的任何理論推論或臆測都可能是錯誤的。實踐才是檢驗真理的唯一標準，那些坐在家中製造理論的「專家」絕大多數時候是靠不住的。

（3）根據經濟法則和模型預測的結果精度有限，但不能據此完全否定其作用。經濟法則、原理和模型能夠幫助經濟學家像自然科學家一樣去理解和解釋現實世界，去預測特定行為的各種結果。儘管根據經濟原理預測的結果通常比物理和化學原理更加不準確，但是，沒有預測我們只會對未來更加無知。

（4）時間上的前後關係或變化方向上的相關關係並不意味著不同事物或現象之間存在因果關係。某人昨天在某餐館吃飯今天早上拉肚子並不能一定歸罪於那家餐館，某人體重增加也未必是暴飲暴食的結果。

（5）要避免在運用數學研究經濟學過程中的兩種極端現象：一方面，沒有數學的幫助，經濟學不能成為一門接近精確的科

學，任何人都可能冒充經濟學家；另一方面，原本可以用簡單方法證明的道理，卻用高深莫測的數學來浪費時間是蹩腳大師故弄玄虛的慣用手法，根本上就是不符合經濟原則的。

需要補充說明的是，經濟學一般遵循社會科學的研究方法，而社會科學的研究方法與自然科學的研究方法是有區別的[①]，主要表現在：

（1）前者在研究環境和研究過程中存在許多不可控制和相互影響的因素；

（2）前者在研究中涉及大量的價值判斷，從而使測量結果及其解釋很容易受研究者和應用者的主觀影響；

（3）前者的許多研究對象具有很強的特殊性，現實環境中很難出現類似的現象，這就給嚴格意義上的重複驗證增加了難度；

（4）前者的研究對象往往受到多種環境因素的共同和相互影響；

（5）前者的觀察測量手段不如後者嚴格細緻。

1.4　使廚師和消費者變得更聰明的學問

在許多國人眼裡，經濟學是一門沒有技術、不太實用的「軟科學」；相對於理工農醫專業課程來看，經濟學課程似乎是人人都可以不花很多時間和精力就輕鬆學習的文科課程。

確實，經濟學目前還不能稱為「硬科學」，也許將來也很難被稱為「硬科學」。法國經濟學家安托萬等人認為，經濟學還沒有達到自然科學所具有的客觀性和預測能力[②]。他們認為根本的

---

① 張曉林．信息管理學研究方法［M］．成都：四川大學出版社，1995：28－31．

② 安托萬，等．經濟學正在成為硬科學嗎［M］．北京：經濟科學出版社，2002：16．

原因在於：社會現象是複雜的、多變的，而且很難像在自然科學中那樣把某種經濟現象從其他社會現象中隔離出來；經濟現象是在不容忽視的社會、政治背景中自我呈現，而且關於它的解釋是具有主觀性的，這些基本的原因將永遠不會消失——也正是因為這一點，經濟學將永遠和硬科學保持一定的距離。

但是，經濟學對人類社會的發展起著巨大推動作用，以至於經濟學又被稱為是一門經世濟民的學問。比如，西方資本主義社會的順利發展一直都沒有離開經濟學的幫助。自從 100 多年前無產階級經濟學家和革命家馬克思斷言資本主義制度是「垂死的、腐朽的、必然要被社會主義制度替代」以來，資本主義世界除了經歷了幾次大的政治經濟波動外，老牌的資本主義國家並沒有從地球上消失，反倒是一些早期的社會主義國家夭折了。事實上，西方經濟學界並沒有完全否定和排斥馬克思的理論，反而不斷推出新的經濟學著作來拯救資本主義社會，比如，凱恩斯的《就業、利息和貨幣通論》、舒爾茨的《報酬遞增的源泉》、熊彼特的《經濟發展理論》以及阿克爾洛夫、斯彭斯和斯蒂格利茨對充滿不對稱信息市場研究的貢獻①……簡直不勝枚舉。社會主義國家要生存和超越資本主義除了要向其學習之外，還必須有自己的經濟學家和經濟學理論。

國外許多知名大學都要求各個專業的學生都學習經濟學。學習經濟學不僅因為今天我們每個人都生活在經濟社會中，而且因為它能夠使我們每個人有共同的經濟語言，做一個合格的選民，消除情感上的偏見，對經濟學科有一個科學公正的態度，有助於個人作出更好的人生決策等。比如，當談到經濟中的「需求的變化」和「需求量的變化」時大家都應當知道兩者是不同的，避免出現歧義和不必要的爭論；在選舉時明白為什麼需要政府，什麼

---

① 更多貢獻者可參見：（加拿大）孫德聖. 大師小傳（1969—2003 年諾貝爾經濟學獎獲得者全景）[M]. 濟南：山東人民出版社，2004.

是政府應該做的，什麼是政府不應該做的，能夠粗略判斷不同政治家的施政綱領在多大程度上有利於選民福利的提高或者企業的發展；明白利潤雖然來自於員工的剩餘價值，但對發展的企業來說是必要的「激勵」，從而消除認識和情感上的偏見；經濟學科不是坐而論道、可有可無、誰都可以只靠「背條條」就輕鬆學好的文科課程；以及像個人收入如何合理支出，是學習還是工作，選擇什麼工作，甚至找什麼樣的人生伴侶等生活或者工作上的重大問題都可以在經濟學中找到答案。

餐飲經濟學顯然不能幫助我們解決上述所有問題，但是，有一點是相當肯定的，那就是幾乎每個人每天都要進行餐飲活動，人們的工作、學習和娛樂從來都離不開飲食活動。從小處來看，餐飲為人類提供活動能量，關乎每個人的身體健康；從大處來看，餐飲體現了食物資源的分配，關乎民族興盛和國家存亡。學一點餐飲經濟學至少可以幫助我們以經濟學的思維和視角來更好地理解餐飲事件，把平常的一日三餐搞得更好。可以說，餐飲方面的經濟學知識可以幫助消費者合理安排日常消費，形成正確的飲食習慣；幫助餐飲管理者深入認識餐飲現象，提高企業經營效率；幫助餐飲協會和政府部門更有效地配置行業資源，維護良好的市場秩序。

有句格言說得好：學習經濟學不能保證你成為一個經營天才，但是沒有經濟學，你就經常會上當受騙。消費者懂一點餐飲經濟學常識，就會在外出就餐時減少上當受騙的事情。有一次，筆者看到一家新開張不久的火鍋店門前每天都有幾個人坐著等候就餐，且門前停滿了許多小轎車，於是也進去消費了一回，結果發現，其實就餐者並不多，菜品和價格也無特色，門前等候的就餐者和所停放的小轎車不過是「食托」罷了。原來餐館老板正是利用了消費者「湊熱鬧」的心理，但是等到消費者明白過來，消費已經結束。這種餐館老板只在乎臨時客人，並不在意客人下次是否再來。

許多廚師熱衷於烹調技術，往往忽視或小瞧管理。很多人認為廚師只需要學好烹飪技術就行了，不需要學習經濟學，即使要學一門非技術課程的話，也只需要學點管理學概論或管理學原理方面的知識就可以了。確實，一個企業要經營好，技術和管理工作都很重要，且兩者之間必須相互配合好。大多數時候是管理決定餐飲企業技術的發展水準和發展方向。因此，學點管理學的知識可以幫助廚師理解企業管理者的意圖，使其更好地配合管理者的工作。此外，廚師將來也有可能走上管理崗位，或兼職部分管理工作，懂點管理知識顯然也是必需的。但是，對餐飲業一竅不通的外行，也很難搞好經營。民間有諺云：「名人辦餐廳，餐廳難成名。」

　　廚師只學點管理知識顯然還是不夠的。如果說數學是管理學之父，那麼經濟學就是管理學之母。經濟學家薩繆爾森就曾經說：經濟學是社會科學之王，它既是一門最古老的藝術，又是一門最新穎的科學。廚師還要學點經濟學知識，這不但可以更好地使之配合管理者工作，重要的是能夠更深層次地領會各項管理措施的深刻含義，更容易理解行業政策、消費者的不同需求以及餐飲消費時尚。這些都有利於其開發新菜品、提高菜品質量和加強菜單管理，擴大企業銷售量，降低經營成本。有時候消費者吃什麼並不僅僅取決於消費者的生理需要，還要取決於其收入水準和心理偏好。最近網上流行的一句消費口號是：「農村人有錢吃肉，城裡人有錢吃菜（野菜）。」這就並不像許多廚師所認為的那樣，有錢人都喜歡大魚大肉和山珍海味。特別是隨著消費者對食品衛生和營養知識的瞭解，一些容易導致肥胖和疾病的飲食習慣會逐漸發生改變。經濟學的知識可以在很多方面幫助廚師判別餐飲消費、管理和烹飪技術的發展趨勢。

　　總的說來，餐飲經濟學對廚師、管理者和消費者有以下好處：幫助消費者合理、正確消費；幫助餐飲企業廚師和管理人員提高工作績效；幫助行業協會和政府官員管好餐飲業。因此，我

們不但要學點餐飲經濟學知識，而且要大力研究餐飲經濟學。

中國社會科學院財政與貿易經濟研究所研究員宋則提出[1]：中國餐飲業的發展勢頭和存在的問題值得經濟界給予密切的關注。他說，研究餐飲業意義重大。從第一產業來看，由食物需求引起的種植業和養殖業永遠位居第一；從第二產業看，食品加工、製造業在任何國家都是重要產業；從第三產業看，餐飲業是增長最快、比重較高的支柱產業之一。這些都說明，與食物有關的產業在三大產業中都佔有至關重要的地位，對國民經濟增長和化解收入存量、促進消費、提高生活質量作用巨大。所以，結合第一、第二產業的情況，專門對第三產業中的餐飲業進行深入研究，意義重大，任務繁重。而國內的實際情況是：一方面，國內餐飲業十分活躍、增長迅猛、貢獻巨大，亟待研究解決的疑難問題層出不窮，甚至引起了國外同行的極大興趣和分析研究；另一方面，國內餐飲業的經濟理論和政策研究卻十分薄弱，幾乎不在主流經濟學和政策研究的視野之中。因此，為加強餐飲業經濟研究力量，推動餐飲業健康發展，中國在現在的基礎上，需要培養從事餐飲業經濟研究的專門人才；建立或加強相應的研究、教學機構和數據採集分析機構；加強國際間的學術交流；出版專門的學術刊物和經濟年鑒。

---

[1] 參見：餐飲市場調研報告［OL］. http：//lwcool. com/gw/newsfile/2006/10/2/2006102_lwcool_11725. html，2006－10－2.

2　餐飲消費經濟學

在世界文明的發展過程中，人類不僅對自身以外的事物表現出了濃厚的研究興趣，而且人類本身也被納入到理論研究的視野。消費經濟學的出現就是一個很好的例子。作為一門新興的獨立學科，消費經濟學是在第二次世界大戰以後出現的。它是經濟學的一個重要分支學科，是理論經濟學、應用經濟學、社會學等學科交融發展的一個新領域。

從內容上來看，消費經濟學可以分為宏觀消費經濟學和微觀消費經濟學兩大類。宏觀消費經濟學是考察整個社會消費活動、社會各種消費總量的增減、社會消費結構的經濟理論。宏觀消費經濟學與價格理論、收入分配理論、福利理論、經濟增長理論密切相關。微觀消費經濟學考察單個家庭和消費者的消費活動、消費支出的增減、消費結構的變化，側重於消費者的行為和消費心理的深入研究。

消費經濟學希望借助經濟學的理論來探討和解釋人類的消費動機和行為。傳統經濟學假設人是理性的，有無限意志力追求效用最大化，並且是有限的自私自利。對人類行為的解釋主要依據馮・諾伊曼（Von Neumann）和摩根斯特恩（O. Morgenstern）1944 年提出的期望效用函數理論，但其對現實經濟現象的解釋往往是不充分的。而形成於 1994 年、以卡尼曼（Kahneman）為代表的行為經濟學家對理性經濟人的假設提出質疑，著重從心理學角度研究市場上人類行為的複雜性，對人類行為的解釋要比傳統經濟學更加貼近現實和更加準確。

消費經濟學主要採用計量經濟學和決策數學等研究方法，與

諸多學科緊密聯繫。它與政治經濟學緊密聯繫，研究、揭示人們在消費過程中的社會經濟關係及其發展變化規律；與消費者行為學、市場行銷學等密切聯繫，研究人們消費需要的形成及其實現機理；與社會學、心理學、倫理學等密切聯繫，探索社會消費的發展變化的各種規律性問題。

作為消費經濟學一個分支的餐飲消費經濟學用經濟學的理論和方法探究和解釋人類本身的飲食需要（包括需求），及其消費行為特徵和規律，其根本目的是要研究個人如何使用有限的收入去獲取食物資源，以更好地滿足人類來自生理和心理兩方面的需要。顯然，餐飲消費經濟學的研究對消費者、餐飲企業和國家都是有意義的。

本書集中講述餐飲消費經濟學的內容，不準備對一般消費經濟學的內容進行闡述，對於一般經濟學的內容，讀者可以參考其他書籍；並且著重闡述微觀消費經濟學的內容，不準備講述宏觀消費經濟學的內容，從經濟學的角度研究單個消費者的就餐行為。

2.1 尋找人類的食物

人類的吃喝首先是為了滿足自身的生理需要。古人雲，「食色，性也」。這句話就指出了吃喝是人類的基本生理要求。那麼，人類到底能吃些什麼東西？迄今為止，許多地上爬的、水裡遊的、天上飛的動物，以及水裡和陸上生長的植物都可能進入食譜。但並不是所有的植物和動物都可以被人類食用。植物和動物是否被人類食用是勇敢、好奇的人試吃的結果。這些先行者可能付出了生命的代價。所以，一方面，不吃陌生的食物，是人類對自身安全的保護，大多數人都會遵守這一飲食法則；另一方面，從經濟角度來看，人類以少數人可能犧牲身體健康甚至生命的代

價換來新食物的發現也是非常明智的。

2.1.1 試吃

古代皇帝的膳食是絕對不允許一般人染指的。但是，自稱為「孤家寡人」的皇帝卻要時時提防被人陷害，每次就餐前都要等專職的嘗膳官試吃無恙後才會放心食用。史上也有一些嘗膳官丟掉性命的記載。如果說嘗膳官的試吃是不得不完成的政治任務，那麼一些勇敢的人由於生活所迫就不得不試吃了。

據史料記載，一遇到連年的天災和戰爭，長期的饑餓將迫使人們尋找新的食物來源，比如一些樹皮、野菜、泥土，甚至人類本身都進入過人們的試吃範圍。當然，結果是：有些野菜可吃，比如現在一些「農家樂」宴席中就有特別的野菜，幫助那些當年下鄉支農的城市青年憶苦思甜；用來充饑的泥土（如「觀音土」）就沒有被再次端上餐桌；至於「人吃人」的現象不僅自古以來就受到社會道德的譴責，而且殘食同類本身對人體健康也是有害無益的。在中國古代文學作品中也曾提到吃人肉的事情，如《水滸傳》第二十六回「母夜叉（孫二娘）孟州道賣人肉，武都頭十字坡遇張青」，《三國演義》中屠夫劉安殺老婆取肉以敬饑腸轆轆的劉備，《西遊記》中眾多妖魔鬼怪更是為了吃唐僧肉而不惜鋌而走險，等等。

一些現在看來很普通的食物就是由好奇的人試吃發現的，如西紅柿。據說，18世紀法國一位畫家到密林中尋找美景寫生，覺得西紅柿極其可愛，便大膽摘一顆吃了，結果不但沒發生意外，反而發現其味道非常鮮美。一位廚師獲此喜訊，將它烹製成菜肴，賓客食之無不交口稱讚。由此，西紅柿開始進入廚房。現在所稱的「愛情果」、「金蘋果」、「紅寶石」等美名就是指在世界各地廣泛種植的西紅柿。在中國，廣東人對食物的獵奇是出了名的。於是，一段時間有人因此把「非典」的流行歸罪於廣東人貪食野生動物果子狸造成的。當然，從保護生態環境出發，人類還是放棄一些過分獵奇的飲食癖好比較好。

除了試吃發現新的食物外，人類還對食物來源加以有意識地選擇，對那些產量高、花費勞動少、有利於人體健康的植物和動物進行了大規模栽種和養殖。比如在饑荒年代，人們就大量種植產量較高的紅薯、土豆，減少種植其他產量低的作物。雖然人類可吃的食物很多，但是經過幾千年的選擇，人類的食物原料逐漸集中於數量有限的動植物。從栽培和養殖的規模經濟性來看，人類局限於有限食物原料的選擇也是符合經濟原則的。

2.1.2 科學實驗

在過去幾十年里，人類已經開始通過科學實驗製造新的食物和調味品，尋找新的食物加工方法來滿足人類不斷變化的飲食需求，其中最典型的事件就是方便面的發明。1958年，日本人安藤百福發明了一種可口、衛生、價廉，能在常溫下長期存放，用開水衝泡即可食用的雞肉面食。這種方便面一投放市場即受到消費者的普遍歡迎。目前方便面已經風靡全球，並且出現了方便米飯、方便湯菜等系列方便食品。又據報導[1]，朝鮮的研究人員已經開發出一種用豆粉和玉米粉混合制成，比其他麵條的蛋白質高2倍、脂肪含量高5倍的新型麵條，吃了這種麵條，可以推遲感覺饑餓的時間。這種新型麵條將很快供應到每年有數百萬人面臨糧食短缺的朝鮮各地。

可以肯定地說，通過有意識的科學實驗來尋找和製造新食物將大大拓展人類飲食的範圍，降低試吃食物的成本，提高人類飲食活動的科學性、功能性和效率。儘管前面提到的試吃（有人稱為「試味」）仍然是現在絕大多數餐館開發新菜品的主要方法，這與製造業新產品開發要經過的繁瑣流程相比要簡單得多，可以為餐飲企業節省大量研發支出。但是我們需要永遠注意，試吃的科學性是有其局限性的。古人試吃往往花費了幾代人甚至幾十代人的時間來檢驗食物對人體健康的影響，而現在通過少數人試吃

---

[1] 日本媒體. 朝鮮研製出延緩饑餓麵條 [OL]. 中國新聞網，2008-08-26.

開發菜品的時間極其有限，對食物的毒性並不能完全瞭解，因此，僅僅通過少數廚師的試吃來開發菜品是很危險的。好在科學技術的發展允許我們通過附加生化檢驗或動物實驗來彌補這種試吃創新菜品的缺陷。儘管後者的開發週期長、成本高，但能夠有力地保證消費者的健康，應該得到大力推廣。

自從人類誕生以來，人類尋找食物來源的步伐就從來沒有停止過。在遠古時代，由於科學技術的落後，而不得不採用試吃的辦法來發現新的食物來源；在現代，科學實驗和工業化生產越來越被應用到人類食物的開發上了。人類對食物來源的尋找不僅取決於他們日常生活所能觸及的空間範圍，還要受到經濟實力和社會地位的影響。美國經濟學家西托夫斯基說，「所有的階級，無論貧富，都可以進行精致的烹飪，並享受精美的食物。歐洲人、中國人和墨西哥人使用了極其廣泛的烹飪原料，這和窮人必須進食所有能吃的東西有關，他們還必須運用他們的智慧使之變得好吃一點。義大利和匈牙利的許多菜肴都是通心粉的變種，而通心粉是窮人的食物。作為法國廚藝的出色成就的大多數菜肴裡會把腦子、胰腺、胃等作為其主要的原料，這些菜肴大概是那些貧窮的美食家發明的，因為他們吃不起動物身上更好的那些部分……」①

而富有之人以及他們的廚師對食物的搜尋範圍就不會局限於那些普通的、易於種植、加工成本低的食物，而是要竭力尋找稀世之珍，以滿足迷信、好奇和炫富的心理需要。雖然現代營養醫學已經證明，許多山珍海味其實並不比普通的五谷雜糧和禽畜蛋奶等食物具有更特殊的營養物質（例表 2.1），但是，為什麼一些權貴和富有之人總喜歡貪食山珍海味？這個問題仍然可以從經濟學獲得解釋，那就是「物以稀為貴」。山珍海味因為其難得而變

---

① 提勃爾·西托夫斯基. 無快樂的經濟［M］. 北京：中國人民大學出版社，2008：163.

得價高，以至於非普通人所能承受，故而變得「珍貴」了。權貴和富有之人可能經常需要尋找新的化學刺激來滿足生理需要，或者借助食物的財富炫耀滿足心理上的虛榮。這個時候，「物以稀為貴」的經濟學原理往往被精明的廚師有意或無意加以利用，他們竭力尋找一些難得的原料，通過繁瑣精致的過程來製作美食，並且輔以動人的說辭以極高的價格出售。

表2.1　　　　　海參和田螺的營養成分比較

項目	水分 g	能量 kcal	蛋白質 g	脂肪 g	碳水化合物 g	膽固醇 mg	灰分 g	硫胺素 mg	核黃素 mg	菸酸 mg	維生素E mg
田螺	82	60	11	0.2	3.6	154	3.2	0.02	0.19	2.2	0.75
海參	77.1	78	16.5	0.2	2.5	51	3.7	0.03	0.04	0.1	3.14
項目	鈣 mg	磷 mg	鉀 mg	鈉 mg	鎂 mg	鐵 mg	鋅 mg	硒 μg	銅 mg	錳 mg	備註（產地）
田螺	1,030	93	98	26	77	19.7	2.71	16.73	0.80	1.26	上海
海參	285	28	43	502.9	149	13.2	0.63	63.93	0.05	0.76	山東

摘自：楊月欣，等. 中國食物成分表（2002）[M]. 北京：北京大學醫學出版社，2002：152-153.

那麼，食物怎樣在不破壞生態環境的前提下又能承擔區分社會等級的角色？希臘修辭學家阿典奈司（Athenaus）的建議也許對廚師們是個很好的啓發，他認為豪華的宴席具有「豐盛的數量，與眾不同的菜肴，優雅的進餐儀式，琳瑯滿目的樣式，創造性的烹飪技術」[1]。阿莫斯圖也認為，選食少量奇珍異食、食物的精心制備和特別的儀式可以調和節儉和放縱之間的矛盾，並且強調禮儀之所以重要是因為飲食之道已不再可能保密[2]。

---

[1] 阿莫斯圖. 食物的歷史 [M]. 何舒平，譯. 北京：中信出版社，2005：135.
[2] 阿莫斯圖. 食物的歷史 [M]. 何舒平，譯. 北京：中信出版社，2005：137，143.

2.2 飲食習慣的形成和改變

不同地方的人群，其飲食習慣可能存在天壤之別，比如中美飲食習慣的差異有：

美國人餐後愛飲咖啡，而中國人往往餐後飲一杯熱茶；

美國人習慣於分餐制，而中國人習慣於合餐制；

美國人愛吃生菜，中國人愛吃熟菜……

這些飲食習慣很難說哪一個是好的，哪一個是有問題的。比如有些蔬菜在烹飪過程中其營養成分反而會被破壞或丟失，生吃比熟菜更有營養。但是，生菜容易被細菌污染，且不易消化，有時候反而不是好事。從茹毛飲血的南方古猿進化到直立行走的猿人，可以說食用利用火烤熟的食物大大加快了這一進程。這裡，我們不準備討論哪一個飲食習慣的絕對優劣，而是探討飲食習慣是如何形成的。從需求角度來看，形成人類不同飲食習慣的主要原因有：健康需要、食物獲得的差別、社會文化的影響、烹飪科學技術的發展和國民收入水準的差異。

2.2.1 健康需要

人類所吃的食物除了提供人體必需的能量和營養元素外，還必須對人體健康有益。每一個地方的地理環境與其他地方有所差異，當地居民所得疾病也可能不同，為了身體健康，居民的飲食習慣也可能不同。無論在西方還是東方國家，都有「醫食同源」的說法。比如四川人喜歡吃海（辣）椒，中醫認為這是因為四川盆地濕氣較重，吃海（辣）椒有助於去除風濕。生活在中國北方的遊牧民族其飲食往往比較單一，主食是牛羊肉和奶，以增加身體脂肪抵禦高寒氣候，由於很少有新鮮蔬菜，他們靠喝酥油茶來幫助消化和吸收維生素。

2.2.2 食物獲得的差別

俗話說,「靠山吃山,靠水吃水」,原料的易得性甚至可以形成一個有地方特色的菜系。魯菜和粵菜經常使用海鮮作為原料,而川菜中海鮮就用得極少。這是因為,魯菜和粵菜發源地靠海,容易捕捉或採集到海產物,而川菜發源地身處內陸,沒有海鮮。中國居民的飲食習慣有「南甜北鹹」、「南粥北面」一說,有人指出其中一個原因是南方大量種植水稻,而北方大量種植小麥。「一定地理環境下的農業創造和發展,決定著人們的飲食樣式,特別是在物質生產較為發達的地區更為明顯。」[1]

2.2.3 社會文化的影響

社會文化,特別是宗教文化、社會風俗和消費時尚也會影響居民的飲食習慣。漢族人有「吃啥補啥」的風俗習慣,一些成年男子就喜歡喝虎鞭酒以壯陽;大多數野菜既沒有多少營養又很難吃,一般無人問津,但吃野菜在「政治掛帥」的年代是無產階級憶苦思甜的表現,現在則成為消費者追求綠色食品的時尚。

2.2.4 烹飪科學技術的發展

一般說來,熟食比生食更容易消化,更容易調動人的胃口,也可能更營養。因此,儘管烹飪可能使食物失去部分營養成分,但是人類總是竭力嘗試各種烹調方法,發明新的烹飪技術。人類最初製作食物的辦法只有燒、烤和煮,後來逐漸學會蒸、炒、爆、熘等烹飪技法,發明了高壓鍋、微波爐、烤箱、冷凍設備、烹飪機器人等更先進的烹飪工具和設備,發現和製作了味精、醬油、醋等調味品,對食物的營養成分和人體健康之間的影響也有了更深入的科學認識。這些科學技術的變化都可能改變人類的飲食內容和習慣。

2.2.5 居民可支配收入水準的差異

一國居民的可支配收入越多,則他能夠獲得的食物數量和選

---

[1] 姚偉均. 長江流域的飲食文化 [M]. 武漢:湖北教育出版社,2004:16.

擇食物的範圍越大，對食物的精美程度、文化內涵和質量水準的要求也越高。那些長期生活富裕的國家的人民就容易養成奢華之風，對一日三餐更加挑剔和講究；那些生活貧窮的國家的人民不但經常得不到足夠的食物，而且食物的種類極其有限，他們對食物的安全衛生、營養成分、烹調口味，以及每日進餐的時間和次數都要求甚少。顯然，窮國和富國居民的飲食習慣截然不同（有關收入水準對一國居民飲食內容和習慣的影響將在下一節做深入探討）。

雖然人生經歷會影響一個人的飲食習慣，但是大多數人的飲食習慣是在其兒童時期養成的。科學家發現，兒童天生喜歡甜味和咸味，除了糖、鹽以外，對其他新的食物一般不願意接受，需要反覆嘗試學習才能習慣新食物的口味。嬰幼兒一般喜歡他們熟悉的食物，也就是在家庭環境中經常出現、父母或其他親友經常吃的食物，父母給孩子提供的食物環境毫無疑問將左右孩子的口味和今後對食物的選擇方式。言語、情感和行為等社會活動也會影響兒童對食物的選擇和喜好，如果成年人贊揚或關心孩子時伴隨著給予某種食物，孩子很容易對這種食物產生偏愛，而且這種偏愛會持續很長時間，甚至延續一輩子。

正是由於上述原因，使得各國的飲食習慣表現出差異性。即使同一個國家，不同地區的飲食習慣也可能不同。比如，在中國就有粵菜、川菜、魯菜和蘇菜四大菜系（也有八大菜系、十二菜系之說）。每一個菜系的菜肴，大多數時候只能滿足本地區消費者生理和心理上的需要，其本身是在區域消費者的長期食物選擇和逐代相傳中形成和固定下來的，體現的是區域大眾人群的一種共同飲食習慣。

人類的飲食習慣一經形成很難改變，並且可能代代相傳。人類的飲食習慣形成後為什麼很難改變，其中原因可以用一個經濟學術語「路徑依賴」（Path Dependence）來解釋。路徑依賴理論是 1993 年獲得諾貝爾經濟學獎的道格拉斯・諾斯（Douglass C.

North）提出來的，他用該理論來解釋經濟制度的演進。諾斯認為，事物的發展進入某一條道路，就會像運動的物體具有慣性一樣對該路徑具有依賴性，而且很難改變道路。路徑依賴形成的主要原因是沉沒成本的存在，其表現形式是選擇的自我強化和鎖定，使事物的發展既可能出現良性循環，也可能出現惡性循環。

實際上，我們也可以用路徑依賴理論來解釋人類飲食習慣的不易改變性。人類的飲食習慣形成後之所以難以改變，主要有以下兩個原因。一是出於生理和社會安全的需要，不吃陌生的食物以免中毒，不吃與同一族群其他人不同的食物以免被社會排斥。二是出於經濟成本考慮，新的食物原料、烹飪方法和飲食方法將付出一定的搜尋成本、獲得成本、創新成本和學習成本，而使用已有的飲食原材料、器皿、方法和環境可以大大節約上述飲食成本[1]。此外，經驗曲線的存在及其社會遺傳也會固定人類的飲食習慣。由於學習效果、科技進步和產品改善的原因，遵循原有的飲食習慣可能使生活成本越來越低。

當然，飲食習慣也不是不可能改變的，只是變化的速度緩慢而已。隨著社會經濟、技術、文化的高速發展，世界各個民族、各個國家之間交流和融合機會的日益增多，人類的飲食習慣也會逐漸發生變化。改革開放 30 年來，許多年輕的中國人不但瞭解了西方文化，而且習慣了洋快餐、分餐制等西方飲食習慣。為迎合消費者，一些中國廚師在開發菜品時也大量吸納了西方飲食元素。國門的打開也讓更多的西方人有機會瞭解中國飲食文化，學習使用筷子，品嘗中國各地的菜肴，等等。

---

[1] 貝克爾（Gary Becker）認為，「習慣有助於節約搜尋信息以及把信息運用於某一新環境的成本」，「巨大的同輩壓力能夠把程度很淺的習慣行為變成似乎程度很深的習慣甚至成癮性行為」。參見：貝克爾. 口味的經濟學 [M]. 北京：首都經濟貿易大學出版社，2000：158，162.

2.3 吃的變化

飲食是人類生存的基本條件。人類的飲食遵循一定的生物學規律。人類進化的動力來自於食物,而食物和進食方式的改變,又直接影響到人類的進化。在遠古社會,人類活動的區域、食物種植技術和加工技術的變化會影響其飲食變化(如圖2.1所示)。

南方古猿:果實、嫩葉和根、小動物、鳥蛋	能人或早期猿人:從吃植物轉變到同時吃肉	直立人(猿人):用火加工食物	智人:飼養動物和種植植物以獲取食物	現代人:注重食物多樣化、複雜化,快餐食品和方便食品的食用,對綠色天然食品和保健營養品的追求
300萬~100萬年前	200萬~175萬年前	200萬~20萬年前	25萬年前	至今

圖2.1 人類的進化過程和飲食變遷

[資料來源] 於冬梅,翟鳳英. 人類進化與食物變遷 [J]. 營養健康新觀察,2004(1):9-11(經整理繪製).

人類的飲食消費是與社會經濟的發展水準密切相關的,其飲食消費的變化不僅表現在食物消費數量的變化上,而且表現在食物結構的變化上。在現代社會中,個人消費需求的變化主要取決於其可支配收入的變化。個人可支配收入是個人各種收入減去納稅後的餘額,是制約其消費行為的首要因素。收入水準的變化對個人消費結構的變化起決定作用。根據《中國統計年鑒》歷年的數據,改革開放三十年來中國居民的收入水準大大增加,城鎮居民主要食物消費結構也發生了很大變化,表現在:

(1) 糧食和鮮菜逐年下降,但變化趨緩(圖2.2);
(2) 食用植物油、家禽、鮮蛋和水產品消費逐年增加(圖2.3);
(3) 豬肉、牛羊肉和酒的消費幾乎沒有變化(圖2.4)。

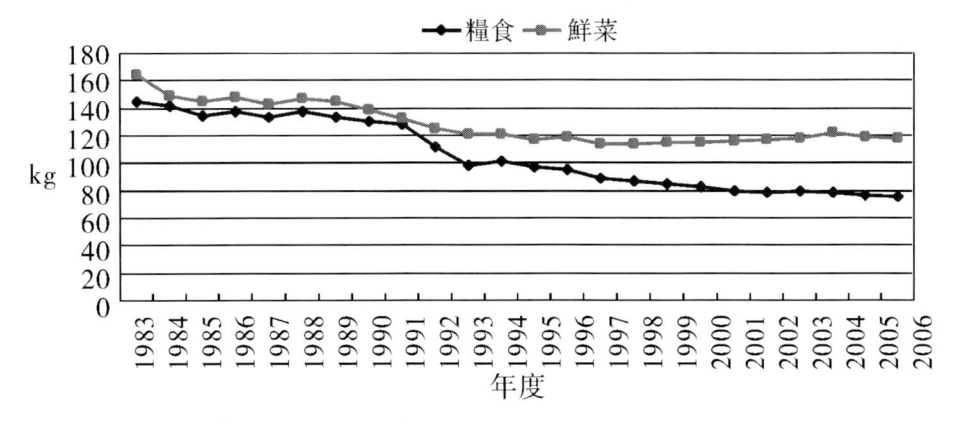

圖2.2　中國城鎮居民家庭平均每人全年購買糧食、蔬菜數量

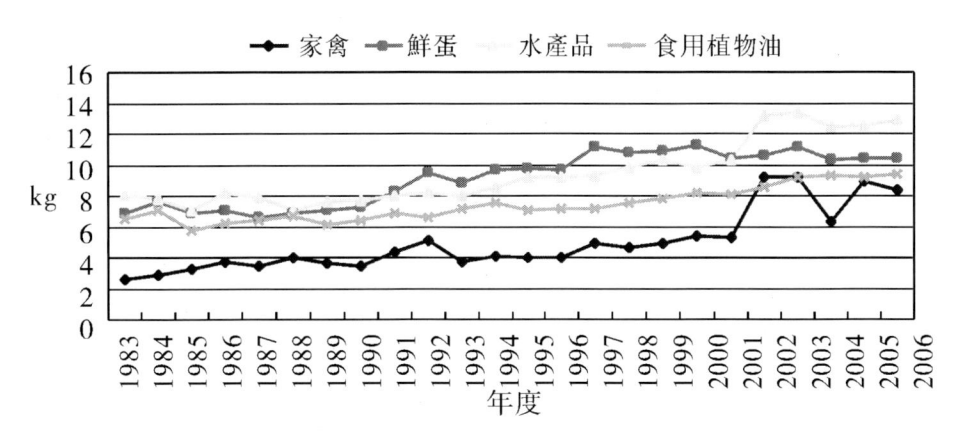

圖2.3　中國城鎮居民家庭平均每人全年購買食用植物油、家禽、鮮蛋和水產品數量

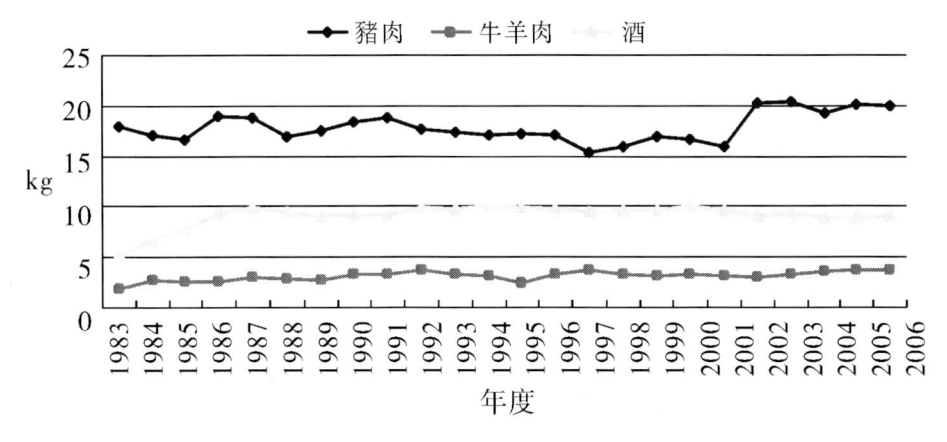

圖2.4　中國城鎮居民家庭平均每人全年購買豬、牛羊肉和酒數量

王志宏、翟鳳英等人（2008）利用「2002 年中國居民營養與健康狀況調查」中的連續 3 天 24 小時回顧法的食物數據、家庭食物稱重法記錄的家庭調味品消費量數據和家庭人均年收入數據，應用 SAS 軟件進行統計分析，結果表明：中國城鄉居民平均每標準人蛋白質攝入量、脂肪攝入量、脂肪供能比、動物性食物來源的能量和蛋白質的比例以及某些微量營養素的攝入量均隨收入增加呈明顯的上升趨勢。他們認為，家庭經濟收入水準是影響中國城鄉居民膳食營養素攝入和膳食結構的重要因素，而且中國城鄉不同收入水準居民面臨不同的膳食結構不合理問題。

收入的變化還會使消費者對食物的關注重點轉移。人類對食物的基本要求有：營養衛生、色香味形和價格。一般說來，隨著一國居民收入水準的提高，消費者對飲食追求的重點也會發生變化（圖 2.5）。當居民收入水準較低時，消費者主要關注食物是否廉價和能否填飽肚子，而不會挑剔食物的味道和營養衛生；隨著居民收入水準逐漸提高，消費者開始追求那些曾經是富貴人家才能享受、突出口味的「美食」；當居民收入水準發展到較高階段時，消費者開始有能力和有覺悟關心自身的健康問題，食物的營養衛生和檔次逐漸受到關注。

筆者粗略估計，年收入水準在 1,000 美元以下的居民就處在「尋求廉價食品、解決溫飽階段」，年收入水準在 1,000 美元～5,000 美元的居民處在「尋求實惠、強調口味階段」，年收入水準在 5,000 美元以上的居民處在「關注食物營養衛生和消費檔次階段」。由於中國大多數居民的年收入水準在 1,000 美元～5,000 美元之間，加之對食物營養衛生的知識知之甚少，因此大部分消費者外出就餐時仍然看重食物的味道，而不是營養衛生，那些強調菜品味道獨特的餐館也總是生意興隆[1]。儘管中醫非常講究食

---

[1] 甚至有學者認為，中華民族就是一個「口腔民族」。參見：李波. 吃垮中國：中國食文化反思 [M]. 北京：光明日報出版社，2004.

物的養生之道，強調「醫食同源」，但是相關理論在消費者中的傳播並不像西方食品科學那樣深入人心。這也是近年來雖然西方營養師在中國的培訓盛行，但真正找到工作的人甚少的原因之一。

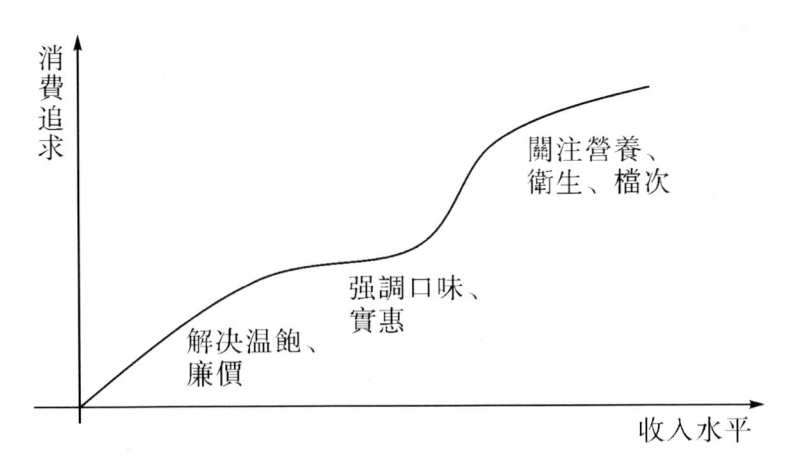

圖 2.5　消費者餐飲消費追求的變化

2.4　不僅僅是吃

無論是古代皇室貴族的列鼎而食和滿漢全席，還是當今社會中數十萬元一桌的豪門盛宴、頗有爭議的人體盛①和四菜一湯的接待標準，其包含的意義已經遠遠不是一個「吃」字所能解釋的了。即使在家裡就餐也不是一件簡單的事情，需要注意食物的正確分配和家人情感的照顧。人們到餐館中去就餐，也不僅僅只是選擇食物，還要選擇良好的就餐環境，看重餐飲服務質量的高低，欣賞餐飲文化的內涵和表現。概括地說，餐飲活動既要滿足消費者的生理需求，又需要滿足消費者的心理需要。

---

①　人體盛，起源於日本飲食文化——女體盛，即將食物放在人體上，顧客直接從人體上取食的一種飲食方式。

戰國時代的墨子就曾經說過：「食必飽，然後求美。」這也說明人類的餐飲活動除了滿足生理的需要外還有心理上更高層次的需求。餐飲之美體現在菜肴、器皿、環境和服務四個方面。一般人所謂的美食主要是指菜肴和器皿之美，而美食家就是評判美食的行家。菜肴之美在於色、香、味、型和意趣美，普通消費者尤其看重菜肴的味道美。飲食器皿不僅具有實用價值，而且具有審美價值。器皿之美在於質地、形狀、技術、意趣和協調，尤其是器皿的協調美，強調器皿與菜肴、餐廳環境、甚至服務人員和消費者之間的配合協調所創造的美感。環境美有自然環境和人造景觀之美，有餐廳建築風格、室內裝修、甚至還有歌舞音樂之美。服務之美主要是指員工的形象美（外表美、心靈美、談吐美、舉止神態美）和服務藝術美。餐飲之美能夠使人心情愉悅，更好地提高消費量。這是因為，人在悲傷、抑鬱、憤慨、煩躁之時，要麼對餐飲不感興趣，要麼失去理智地暴飲暴食。

美國著名心理學家馬斯洛（Abraham H. Maslow）提出了人類的需要層次理論。他認為，人類有生理需要、安全需要、社交需要、尊重需要和自我價值實現的需要，並且這些需要在滿足的先後次序上，表現出由低到高的層次性。人類的餐飲活動基本上都可以滿足上述需要。餐飲活動的基本功能就是滿足人的生理需要，主要是提供機體所需的能量和養分。俗話說得好，「人是鐵，飯是鋼，一頓不吃餓得慌」。餐飲活動的安全需要是指食物不得對人體健康有害，就餐環境能夠保證個人隱私和人身安全。餐飲活動有滿足社交的需要，如各種商務宴請、婚宴、交友酒會。餐飲活動有滿足尊重的需要，表現在就餐時的座次排列和各種生日聚會、謝師宴等。餐飲活動還有滿足自我價值實現的需要，如各種慶功會、節日宴會等。

實際上，每一次餐飲活動都可能滿足人類的多種需求。就拿商務宴請來說，首先，宴會人員可以填飽肚子；其次，宴會是在一個高檔、安全的餐廳雅間進行的，可以滿足人員安全需要，可

以結交新的生意夥伴滿足社交需要，宴會上表揚某些工作人員使其得到尊重需要，宴會上某些人能喝酒表現其豪爽，實現了自我價值。可見，消費者到餐廳就餐，不僅僅是吃飯，還希望得到其他方面的滿足。餐廳老板和廚師不懂得這一點，就很難為消費者服好務，也很難理解消費者為什麼寧願到一個菜品一般，而環境優雅潔淨的餐廳就餐的真正原因。許多時候消費者到餐館吃飯是次要的，滿足其他方面的需要反而是主要的。儘管餐飲活動有多種需要滿足功能，但在現實生活中，人們常常主要借助餐飲活動滿足感情需要、社交需要和展示社會地位、財富的需要。

除了從馬斯洛的需要層次理論來理解人類吃喝的內涵外，我們還可以從其他研究者的工作中進一步瞭解消費者就餐的具體價值。比如，奧爾德弗則認為人的需求應該分為三類：存在需求、關係需求和成長需求。需求不見得局限於層次，各種需求有可能同時發生，特別是當高級需求未被滿足時，人們會因為沮喪而更加關注和沉湎於低級需求的滿足。奧斯丁（Ostein）等人（2007）認為，一個消費者在餐館可獲得協調、卓越、情感激勵、自我和社會認可以及環境價值五個大的方面，十三個小的方面的價值（圖2.6）。

在現代社會中，由於工作壓力的增加和人際關係的淡漠，人們迫切希望通過餐飲聚會來進行感情交流和增加社會交往。情感生活是人們的基本需要之一，近幾年來社會上興起了一股所謂「煽情」的行銷方法，就是通過各種措施刺激和調動人們的情感，以達到促銷的目的。在飲食上消費者不太注重食物的味道，但非常注重進食時的環境與氛圍，要求進食的環境「場景化」、「情緒化」，從而能更好地滿足他們的感情需求，甚至在酒桌上大聲劃拳或盡情高歌以使感情宣洩。許多餐飲企業通過設立諸如情侶包廂、情侶茶座、情侶套餐等服務項目來促銷，或以加強家人之間的親情、同鄉情、同學情等來調動人們的消費慾望。

無論在國內還是國外，餐飲活動都有滿足消費者社交活動的

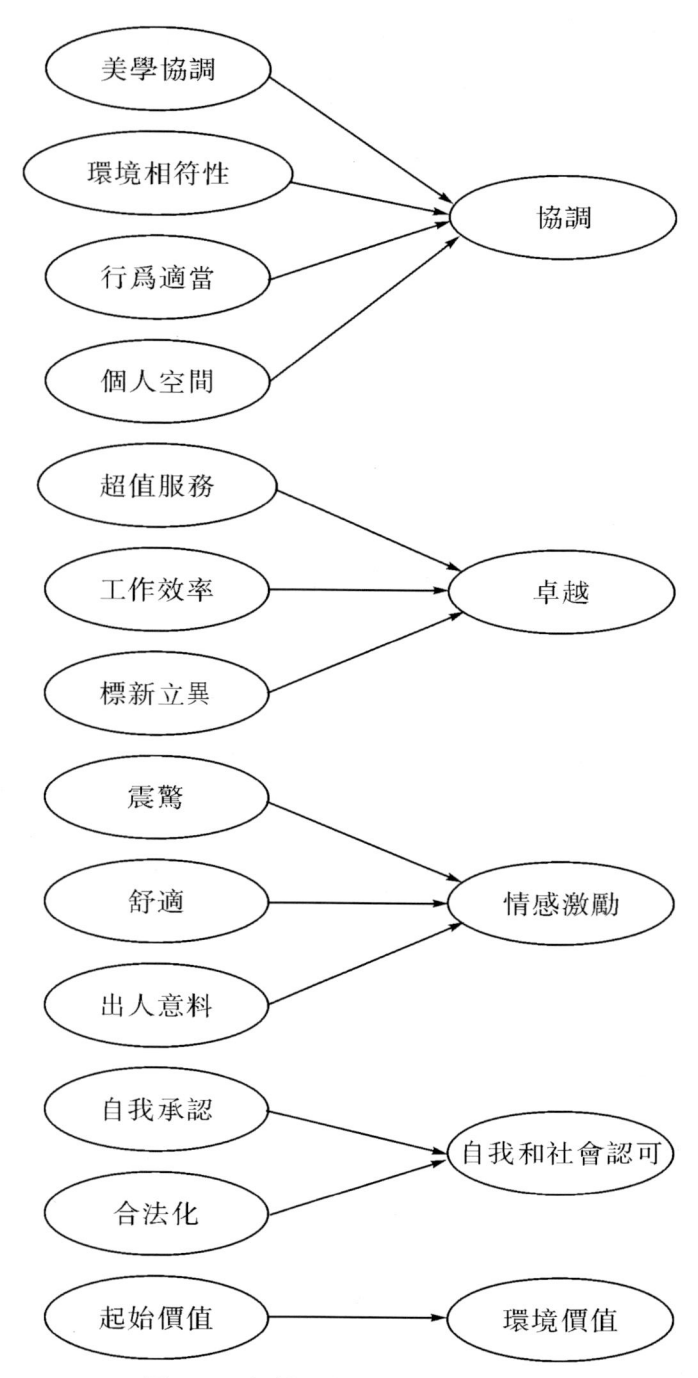

```
        美學協調 ──┐
                   │
        環境相符性 ─┼──→ 協調
                   │
        行為適當 ──┤
                   │
        個人空間 ──┘

        超值服務 ──┐
                   │
        工作效率 ──┼──→ 卓越
                   │
        標新立異 ──┘

        震驚 ─────┐
                   │
        舒適 ─────┼──→ 情感激勵
                   │
        出人意料 ──┘

        自我承認 ──┐
                   ├──→ 自我和社會認可
        合法化 ────┘

        起始價值 ─────→ 環境價值
```

圖 2.6　餐館環境下的消費者價值

摘自：Ostein Jensen, Kai Victor Hansen. Consumer values among restaurant customers [J]. Hospitality Management, 2007 (26): 616.

功能。餐飲活動既是一種滿足自身需求的個體活動，也是一種公共性、集體性的活動。在這種活動中人們進行思想、文化、情感、經濟以及政治的交流。國外的餐廳經常通過舉辦雞尾酒會、自助餐等形式，向顧客提供社交機會。有些飯店的餐廳設有專門的招待單身客人的餐桌，為那些無陪伴的商業旅遊者提供一個與飯店職員和其他客人相互認識的機會，這種辦法對那些定期到該地出差的人特別有效。西方社會普遍存在的咖啡館，原本是有錢人的社交場所，新興資產階級也在此進行政治、經濟和文化上的交往，後來也逐漸成為普通工人進行政治思想交流的地方。在東方國家，茶館與西方的咖啡店一樣是一個社交場所，人們去茶館大多不是去喝茶，而是談生意、交朋友、休閒娛樂、交流信息。

2.5 高深的飲食文化研究

義大利特拉莫大學的社會學教授米納爾迪認為，城市的功能正在發生改變[1]：由生產物質財富的中心向生產非物質財富的中心演變，並且變成了非物質消費不斷更新的場所，即由工業城市向服務城市轉變，由藝術城市向旅遊城市轉變。因此，遍布大街小巷的餐飲企業也應當順應時代的變化，更加強調餐飲文化的建設。義大利餐飲合作社集團研究與開發部負責人米爾科也認為，食物可以表示景觀、禮儀、教養、社會地位和財富、道德修養、好客、健康、情感、性感、節日、商務宴請和權力[2]。那麼，什麼是餐飲文化？研究餐飲文化的作用是什麼？利用餐飲文化行銷的原則有哪些？通過對學者們研究成果的歸納總結（賈岷江、王

---

[1] 奧斯卡·馬奇西奧. 餐飲也是媒體 [M]. 北京：社會科學文獻出版社，2006：24-56.

[2] 奧斯卡·馬奇西奧. 餐飲也是媒體 [M]. 北京：社會科學文獻出版社，2006：191.

鑫，2009），也許可以讓我們對人類餐飲活動所蘊含的文化涵義有更深刻的認識。

2.5.1 飲食文化的定義及相關概念

從字面來看，飲食和餐飲兩詞沒有多大區別，因此，國內大多數學者把飲食文化和餐飲文化等同起來，並且更多地稱為飲食文化，而不是餐飲文化。根據《辭海》的定義[①]，文化是一種歷史現象，狹義上是指社會的意識形態，以及與之相適應的組織機構文化；廣義上指人類社會歷史實踐過程中所創造的物質財富和精神財富的總和。關於飲食文化的定義，目前國內學者的研究同樣可以分為狹義和廣義兩大類。

狹義的飲食文化專注於飲食的精神方面，如毛麗蓉（2003）認為，所謂餐飲文化指的就是通過食物、烹飪以及餐具、就餐的形式等體現出來的價值觀念、習慣方式和被人們普遍接受、沿襲相傳的各種習俗。

廣義的飲食文化則同時關注飲食的物質和精神兩個方面。如趙榮光和謝定源（2000）認為，飲食文化是指食物原料的利用、食品製作和飲食消費過程中的技術、科學、藝術以及以飲食為基礎的習俗、傳統、思想和哲學，即由人們食生產和食生活的方式、過程、功能等結構組合而成的全部食事的總和，是關於人類在什麼條件下吃，吃什麼、怎麼吃、吃了以後怎麼樣的學問。在《中華膳海》中，飲食文化被表述為：指飲食、烹飪及食品加工技藝、飲食營養保健以及以飲食為基礎的文化藝術、思想觀念與哲學體系之總和。

從現有研究來看，廣義的飲食文化得到了多數學者的認同。巢夫（2004）認為，餐飲文化包括：

（1）觀念文化——圍繞餐飲活動所產生的一切思想、觀念和

[①] 辭海編輯委員會. 辭海 [M]. 上海：上海辭書出版社，1979：1533.

認識等觀念形態的東西；

（2）制度文化——直接用以規範企業群體以及職工個人行為準則的一種文化現象，亦稱為「行為文化」；

（3）環境文化——包含著企業外部與企業內部的諸多內容；

（4）倫理文化——在社會中人與人之間的道德關係、情感的表達方式及其行為規範以及烹飪文化、面食文化、小吃文化、藥膳文化、烹具文化、器皿文化、食俗文化、服務文化。

張少飛（2005）認為，中國飲食文化的內涵包括：飲食物質文化、技術文化、意識文化以及養生文化、藝術文化與社會文化等方面。

此外，少數學者提出了「烹飪文化」的定義。聶鳳喬（1997）認為，「烹飪文化和飲食文化是不同的，原因在於烹飪和飲食是兩種不同的行為，前者在於生產，後者在於消費；並且飲食是所有動物的本能，而烹飪則是人類的專利」。巢夫（2004）也認為：「烹飪文化只是餐飲文化中的一個分支，是指飯菜烹制過程中所體現出來的文化現象，它包括各種動植物原料的鑑別、取料和使用，竈具、火候的運用和掌握，調料、佐料的配製和使用，以及各種原材料的配伍和飯菜的烹制技能。說到底，它只是一種技能文化。而餐飲文化則不同，首先它是一種行業文化，它對整個餐飲行業的形成與發展，對餐飲企業的興衰都起著重要的制約或促進使用。同時它又是一種民俗文化，各個地域的民眾習慣吃喝什麼，各種節令、季節需要吃喝什麼，都有一定的道理和講究。」

一些學者認為飲食文化包含企業的組織文化（如巢夫對「餐飲文化」的定義和分類），實際上兩者是不同的。企業組織文化是指組織在長期的實踐活動中所形成的並且為組織成員普遍認可和遵循的具有本組織特色的價值觀念、團體意識、行為規範和思維模式的總和，其基本要素包括組織精神、組織價值觀和組織形象。

2.5.2 飲食文化的特點

一般說來，任何文化都有以下幾個特點：

（1）在階級社會中具有階級性；

（2）隨著民族的產生和發展，文化具有民族性，通過民族形式的發展，形成民族的傳統；

（3）文化的發展具有歷史的連續性，社會物質生產發展的連續性是文化發展歷史連續性的基礎；

（4）區域文化的融合和變化性。

同樣，飲食文化也具有上述特點。

季鴻昆（1994）認為，飲食文化具有時代特徵和民族特徵。

金炳鎬（1999）認為，中國飲食文化的特點在於：繼承性和發展性、層次性、地域性、民族宗教性。他尤其把中國傳統飲食文化的層次細分為果腹層、小康層、富家層、貴族層和宮廷層五個層次。

王子輝（1999）認為中國飲食文化是發展變化的。他甚至指出，注重快捷方便、崇尚綠色天然、講究營養平衡、強調口味清淡、鑒賞異俗奇食、追求身心愉悅將是未來中國飲食文化發展的六大具體走向。

朱基富（2005）認為，飲食文化具有民族性和涵攝性。飲食文化的民族性主要體現在傳統的食物攝取、食物原料的烹制方法及食品的風味特色以及由不同原因形成的不同的飲食習慣、飲食禮儀和飲食禁忌等幾個方面；飲食文化的涵攝性體是指在一種飲食文化和另外一種飲食文化相碰撞時表現的既不全盤否定，也不全盤吸收的一種特性。

阿莫斯圖（2005）認為，儘管歷史效應的存在使得外來飲食文化剛開始會受到多數人的敵視，仿佛不同文化之間是難以調和的，但是在全球化的今天，食物及飲食方式之間的文化障礙被迅速跨越。「有幾種力量可以穿透文化之間的障礙並促進食物的國際化，戰爭就是其中之一，此外還有饑餓、旅遊、文化模仿、殖

民和移民。」①

可見，飲食文化的特點主要有：

（1）具有階級或社會階層性，處於不同的社會階級或階層的人其飲食文化是不同的；

（2）具有民族性，不同民族的飲食文化存在區別；

（3）具有歷史繼承性和變化性，即飲食文化是漸進變化的；

（4）具有地域性，處於同一時代，具有相同民族和社會階層（或階級）人群的飲食文化也可能因地域不同而不同。

2.5.3 飲食文化的功能

根據飲食文化對飲食者和飲食經營企業的意義或用途，可以把飲食文化的功能研究分為兩大類：飲食文化的個體功能研究和飲食文化的企業功能研究。

有關飲食文化的個體功能研究主要有以下結論。金炳鎬（1999）認為，中國飲食文化的功能除了其果腹、營養和醫療功能外，還有許多特有的文化功能，包括：飲食成禮、孕和產靈、品飲與陶冶心性結合、飲食合歡。曹玲泉（2000）認為，藝術化是中國飲食文化的一個極為突出的特徵，廣泛地體現在飲食器具、食品製作和飲食行為等方面，從而使中國的飲食文化具有獨特的審美蘊義。趙榮光和謝定源（2000）提出了飲食文化的「十美風格」——系統完善的審美原則，包括：質、香、色、形、器、味、適、序、境和趣。武星寬和李俐（2002）認為，中國食文化以羊大為美（味美）、意境美和以和為美（和諧美）。徐萬邦（2005）認為，中國飲食文化中的審美情趣主要表現在食物形象、飲食環境、飲食器具、食物的香味名音等方面。

有關飲食文化的企業功能研究的代表人物是巢夫，他（2004）認為，飲食文化是提高餐飲企業整體素質和從業人員服

---

① 阿莫斯圖. 食物的歷史 [M]. 何舒平, 譯. 北京：中信出版社，2005：166-168.

務水準的主要途徑，是繼承和發揚中華民族傳統文化的一個重要方面，是提高企業競爭能力、增強經濟效益的有效途徑，是促進餐飲企業建立現代企業制度、向現代化企業發展的重要手段，是餐飲行業進行愛國主義教育、加強精神文明建設的內容之一。

總的說來，飲食文化的個體功能主要可以歸納為：

（1）生理功能——解決溫飽、營養和治病的問題。

（2）社會功能——實現社會交際和娛樂需要。

（3）審美功能——得到感官的刺激和心靈的愉悅。其中，中國飲食文化的社會功能和審美功能尤其突出，得到了眾多學者的關注。而飲食文化的企業功能則是提高餐飲經營水準，實現其經濟和社會職能的目的。目前這方面的研究較少，並且主要集中於企業如何設計其飲食文化。

（4）政治功能——維護社會穩定，提高居民身體素質。

2.5.4 餐飲文化行銷的原則

國家需要一定的飲食文化，個人和餐飲企業也需要適當的飲食文化。尤其是餐飲企業，受追逐利潤的本性決定，它必然要在不違背國家的飲食文化政策條件下滿足個人的飲食文化需求，因此在飲食文化的繼承、弘揚和發展中占據重要地位。同時，一定的經濟實力也使它能夠為此做出重要貢獻。根據飲食文化的功能和行銷學理論，筆者認為，餐飲企業對飲食文化的行銷需要注意以下五個原則：

（1）市場吻合原則。餐飲企業所倡導的飲食文化主題或特色必須與細分市場的需要吻合。企業生存發展的關鍵在於如何有效地尋找或創造目標市場的飲食文化需求，科學和藝術地挖掘文化、設計文化、製作文化產品與服務，調動各種因素深化特色、營造文化氣氛和豐富文化內涵，以更好地為消費者服務。

（2）基本功能原則。總的說來，飲食文化的國家功能、社會功能、審美功能和企業功能是附加的，不能脫離飲食文化的生理功能。飲食文化的生理功能要保證食物的衛生、營養。如果忽視

飲食文化的生理功能，則其他功能也不能很好地長久發揮。

（3）文明飲食原則。飲食文化必須符合消費者需要，但不能無原則地迎合，應當有所創新和引導，並且不能違背人類社會所能容忍的道德原則、法律規範和世界文明發展的趨勢。餐飲企業要弘揚真善美文化，保護生態環境，反對粗俗低級文化和鋪張浪費行為，反對暴力殘忍的進食行為。

（4）要素協調原則。飲食文化的國家功能、個體功能和企業功能需要在企業飲食文化主題下協調一致。每個餐飲企業都存在一個明確或模糊的飲食文化主題，該主題是通過具有一定質、香、色、形、味的食物，進食器具，進食禮儀，餐廳環境和娛樂活動等要素表現出來的。這些表現要素之間必須協調一致。

（5）組織文化原則。企業組織文化是企業在長期的實踐活動中所形成的並且為組織成員普遍認可和遵循的具有本組織特色的價值觀念、團體意識、行為規範和思維模式的總和，其基本要素包括組織精神、組織價值觀和組織形象。飲食文化和組織文化雖然不同，但是要實現企業飲食文化行銷的戰略目標，必須要求企業具有良好的組織文化。許多餐飲企業管理者通常忽略這一點，使得飲食文化的行銷最終只能流於形式。

2.6 吃喝的外部效應

就餐經常不是單個人的事情，還要尊重同桌就餐者的感受。荷蘭思想家愛拉斯謨（Erasmus）在 1530 年出版了《兒童的禮儀》一書，獲得了巨大的成功，在短短 6 年時間裡再版 30 多次。這本為當年法國王子寫的書對於就餐禮儀作了詳細的規定：注意在就餐前修剪指甲，否則指甲中的污物就會深入食物；不要第一個把手伸向盤子，只有狼和饕餮之徒才那樣做；同時不要把整個手伸進去——最多用三個手指取走觸及的第一塊肉或魚；不要在

盤中挑來挑去地想拿更大塊的食物。從這些細緻的規定可以看出，16世紀的歐洲已經開始注意在就餐時尊重他人，即使貴為王子也必須顧及鄰座的感受。

在現代社會中，一個人很難脫離社會，遠離人群生活。那麼，別人（或自己）外出就餐對自己（或別人）的就餐有什麼影響？在餐飲消費過程中，消費者的飲食需求及其滿足程度不僅取決於自身的需要，還要取決於他人的飲食行為和對消費者本人的評價。我們可以從消費的外部效應、消費需求規模效應、從眾效應和公平效應四個方面進行探討。

2.6.1 餐飲消費的外部效應

一項經濟活動不但要直接影響交易雙方，還會間接影響到與交易無關的第三者，使第三者意外地受惠或受損。這就是經濟學中所講的外部效應。外部效應包括兩種類型：外部經濟和外部不經濟。從生產和消費角度進一步可以分為以下四種類型：

（1）生產上的外部經濟，是指一個廠商的經濟活動的社會收益大於該廠商的收益，對其他廠商產生了有利的影響；

（2）生產上的外部不經濟，是指廠商的經濟活動所產生的社會成本大於該廠商的成本，對其他廠商產生了不利的影響；

（3）消費上的外部經濟，是指一個消費者的經濟活動的社會收益大於個人的收益，產生了對其他人有利的影響；

（4）消費上的外部不經濟，是指消費者的活動所產生的社會成本大於私人成本，產生了對他人不利的影響。

有關餐飲企業生產的外部效應在後續文章中會講到，這裡著重說一下餐飲消費者的外部效應。餐飲消費者的外部經濟可以表現在：一種發現有益身體的試吃行為也會為他人帶來新的飲食；主動消費滯銷農產品不僅有利於降低自己的食物花費，也有利於減少農民的損失。而餐飲消費者的外部不經濟可以表現在：毫無關係的個人可能要承擔某個（些）人無節制吃喝所帶來的環境污染和生態破壞惡果；在吃喝現場的不雅動作和大吵大鬧降低了其

他消費者的食欲。

2.6.2　餐飲消費的需求規模效應

對某些商品而言,一個人的需求也取決於其他人的需求。某一消費者是否購買或使用這些產品或服務,在很大程度上取決於其他消費者是否已經購買或使用了這些產品或服務。尤其是,已經購買該商品的其他人的數量可以影響一個人的需求,比如電話機的使用——使用電話的人越多,消費者越願意購買電話機。如果一個消費者的商品需求量隨著其他消費者購買數量的增加而增加,那麼就存在著一個「消費規模正效應」;反之,就存在著一個「消費規模負效應」。消費需求規模效應是「網絡外部性」(network externality)的一種體現,其實質是需求方規模經濟。

諾貝爾經濟學獎獲得者貝克爾(2000)認為:「消費者在餐館吃飯、觀看比賽或戲劇,參加音樂會或者談論書籍等行為都屬於社會行為。在這些行為當中,人們一起消費某種產品或者服務,並且這些行為部分地是在公共場所發生的。當許多人希望消費某種商品時,消費者從這種商品的消費中所獲得的樂趣就越多,這可能是因為每個個體都不希望與當前流行的東西脫節,或者是因為當某間餐館、某本書或某家劇院越受人們歡迎的時候,人們對食物的質量、書的內容或者表演的質量就越具有信心。」[1]貝拉(Bella)等人(2003)也發現,就餐人數與就餐持續時間正相關。總的說來,外出吃飯的人達到一定規模,附近的餐飲設施配套和齊全,才會使大家外出就餐變得更加方便。而那些經營良好的企業能夠吸引更多的消費者,消費者越多,餐飲企業盈利越多,也有能力提高服務質量,進而吸引更多的消費者。這就是餐飲經營中的「馬太效應」(Matthew Effect)。

2.6.3　餐飲消費的從眾效應

管理心理學認為,群體的規範和壓力會影響到每個個體的心

---

[1]　貝克爾. 口味的經濟學 [M]. 北京:首都經濟貿易大學出版社,2000:254.

理和行為。在群體中，只要有別人在場，一個人的思想、行為和他單獨一人時就有所不同，個人很容易出現從眾行為。影響個人從眾行為的因素有：群體規模、群體意見的一致性、群體中個體的社會地位、個體的心理和生理特徵、性別。一般說來，消費者的從眾行為的特點是消費的仿效性、重複性和盲目性。餐飲消費中大量存在著從眾效應，比如「餐飲消費時尚」的存在。時尚消費特別容易受到名人、權貴人士的影響，其有利的一面在於：健康的、合理的從眾行為可能帶動某一產業的發展，如綠色食品消費帶動綠色農業的發展；其不利的一面在於：不健康的、不合理的從眾行為可能破壞經濟良性發展和生態平衡，甚至帶來某種疾病的蔓延。

時尚消費的極端是「攀比消費」。貝克爾認為：「當一些人通過注意新潮流，從而使自己獲得聲望的時候，他們惡化了別人的社會環境。這將引起後者增加自身的努力（包括對這些新時尚的需求）以獲得社會聲望，因為他們生活的社會環境的某種外生性惡化，將促使他們增加自身對社會聲望所做的貢獻。」[1] 也就是說，某些人從其炫耀性餐飲消費中獲得了虛榮，卻使別人丟了臉面而不得不盲目攀比。

在餐飲活動中，攀比效應表現為：別人吃什麼，自己不但要吃，而且要比別人吃得更好。比如，20世紀改革開放後一部分先富起來的人，出於逆反心理的作用，瘋狂地掀起了一股不正常的揮霍浪費之風，炫耀性消費、腐敗性消費、超前消費在社會上泛濫[2]。18.8萬元的年夜飯、36.6萬元的滿漢全席，更有甚者把食用珍稀野生食品當成一種身分、地位和特權的象徵，從而形成一種所謂的「奢華時尚」。由於缺乏正確的輿論導向和政策的約束，這股不正常的風氣受到了許多人的羨慕和追捧，不斷蔓延。這種

---

[1] 貝克爾. 口味的經濟學［M］. 北京：首都經濟貿易大學出版社，2000：55.
[2] 宗蘊璋. 節儉型餐飲文化研究［J］. 中國市場，2007（26）：70-71.

情況甚至也蔓延到了普通人的日常生活之中，表現為人們的餐飲節儉意識正在逐漸淡化。隨便走到哪個餐館，都會發現「吃一半倒一半」的現象，有些菜甚至只動了幾筷，就整盤倒掉；在學校食堂的泔水桶裡每天都有大量剩菜剩飯；在住宅小區的垃圾箱內，被扔掉的糧食也屢見不鮮，等等。應當認識到，餐飲的節儉，不只是一種美德，更重要的是節約有限的食物資源，從而可以使社會獲得可持續發展。

2.6.4 餐飲消費的公平效應

公平效應可以用美國人亞當斯（J. S. Adams）於1963年提出的公平理論來解釋，其內容包括：

（1）員工的工作態度既受到絕對報酬的影響，又受到相對報酬的影響；

（2）員工會通過橫向比較（即「自己所得/自己付出」比「他人所得/他人付出」）和縱向比較（即「現在自己所得/現在自己付出」比「過去自己所得/過去自己付出」）來判斷是否公平；

（3）當人們感覺不公平時，就會採取措施，減少不公平感。

公平理論也可以用到餐飲銷售管理中，要求餐館對顧客的服務無論是橫向上比還是縱向上比都要一致。消費者在判斷自己所花費的支出和受到的待遇是否合理和公平時，總是需要借助其他人或自己以往經驗的參考。比如，不同消費者消費同樣的一道菜，如果某個消費者發現在沒有特殊理由的情況下自己菜品的份量、質量比別人（或以前）低，服務人員的態度變差，或價格比別人（或以前）高就會感到不公平。這種不公平就很容易增加顧客的反感和抱怨，減少下次消費的可能性；反之，消費者就會有一種受寵若驚的感覺。所以，餐飲管理人員如果針對不同的消費群體，採取不同的服務內容和收取不同的費用，消費者就不會感到不公平。

2.7 酒吧博弈

愛爾法魯酒吧問題（Bar Problem）是由美國斯坦福大學著名經濟學家布萊恩・阿瑟（Brian Arthur）於 1994 年提出的[①]。愛爾法魯酒吧是當地一家真實的酒吧。每週星期五，這家酒吧主打愛爾蘭音樂時就會大爆滿。當然，如果太擁擠的話，也會破壞氣氛，許多人就寧可待在家裡了。但問題是，所有人都有類似的想法。阿瑟的解決方式如下：如果愛爾法魯晚上滿座程度不超過 60%，每個人都會很盡興；反之，要是超過 60%，將沒有人開心。於是，人們只有在估計酒吧客人不超過 60% 的情況下，才會去；否則便待在家裡。很有可能前面幾周酒吧的滿座程度如下：44，76，23，77，45，66，78，22……就是這麼簡單的行為，但是它們的宏觀的結果顯現得是那麼雜亂和隨機。這裡有個有趣的怪圈，宏觀的行為是很多微觀行為的組合效應，但是這些微觀行為會根據以前的宏觀行為變化。例如，有的個體用非常簡單的規則來決定自己的行為，有的個體會用一些稍微複雜的規則。從宏觀上看，它就成了一個不可預測的複雜系統。

那麼，星期五晚上人們到底選擇去酒吧呢，還是不去？這是一個典型的動態群體博弈問題。阿瑟先假定，既然沒法用數學方式解決，不同的人將會依賴不同的策略。有些人就只簡單假設，本週五的客人數目大概和上週五晚上差不多；有些人則回想上次他們去那裡時，酒吧裡大約有多少人（在阿瑟的模型中，即使你本人沒有去，你還是能弄清楚酒吧的客人數）。有些人則採用平均法，算出前幾個星期的平均客人數。另外還有些人則猜測，本

[①] 李俊辰．愛爾法魯酒吧博弈：奇妙的 60% 客滿率 [OL]．http://www.cnstock.com/jrpl/2008-07/25/content_3534302.htm.

周人數會與上周相反。

阿瑟設計了一系列以愛爾法魯客滿程度為主題的計算機仿真實驗，連續運行100周。他實際上是創造了一群計算機仿真人，讓他們各自採取不同策略，然後由他們自行運作。由於這些計算機仿真人員依循的策略不同，結果是酒吧人數每週波動得很厲害，沒有規律，而是隨機變化，因此沒有出現特定的模式，沒有任何策略可供個人遵循，以確保選擇正確。相反，所有策略大概都只能用一下就失靈了。不過，這個實驗最引人注意的是：在這100周內，該酒吧的平均人數剛剛好落在六成滿，等於群體希望的客滿程度。換句話說，即使個人採用的策略都是要視其他人的行為而定，團體得到的集體判斷，仍然可以非常理想。

為了更接近生活，這個模型還有個前提限制：每個參與者的信息只是以前去酒吧的人數。因此，他們只能根據以前的歷史數據歸納出此次行動的策略，他們之間沒有信息交流。可以想像，每個人只要知道其他人的決策，就可以做出正確的決定。但矛盾在於，每個人擁有的信息來源是一樣的，那就是相同的歷史經驗，因此不可能知道其他人如何做決策。

阿瑟將這個有趣的酒吧問題在《美國經濟評論》上發表的《歸納論證和有限理性》一文中首先提出了。他提出的這個問題，其實質是強調在實際中歸納推理與行動之間的實際關聯。傳統經濟學認為：經濟主體或行動者是理性的，其行動是建立在演繹推理的基礎上；實際上，多數人的行動是基於歸納的基礎上的。不同的行動者可根據過去的歷史「歸納」出某個規律，從而做出預測。儘管每個人不是固定的去或者不去，但自發地形成了一個穩定的生態系統。後來在1999年著名的《科學》雜誌上題為《複雜性和經濟》一文中，阿瑟又再次闡述了這個博弈。

筆者2008年在調查消費者在不同餐飲企業集群規模條件下第二次前往的百分比時發現，在餐飲企業集群規模大於等於50

家時，該百分比逐漸上升，達到一定規模後變化趨於平緩；而在集群規模小於 50 家時，該百分比較小，且變化不大（圖 2.7）。正如酒吧博弈一樣，這個現象表明，消費者往往也是根據以往的經驗來選擇不同規模的美食街。

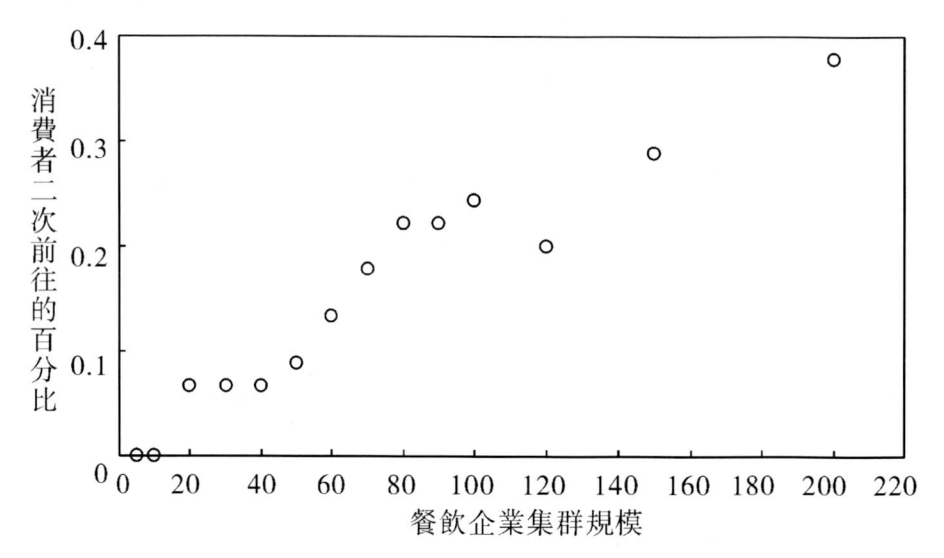

圖 2.7　不同餐飲企業集群規模條件下消費者二次前往的百分比

［資料來源］賈岷江，等．美食街的投資與管理［M］．成都：西南交通大學出版社，2008：28．

那麼，酒吧博弈對普通消費者和餐飲經營者有何啓發？這個問題留給讀者思考。

2.8　「熟人熟面」的思考

曾經看到一個麵館的門楣上掛了一個牌匾，上書「熟人熟面」。這不禁使人產生沮喪的聯想：是不是如果消費者是熟人，老板就將面煮熟一點，弄好吃一點？而如果消費者是陌生人，老板就把麵條的數量減少一點，服務質量也差一些？抑或這個麵館做的都是熟人生意？這個問題涉及消費者與老板的關係是否會影

響餐飲產品的質量和價格。

「關係學」淵源深厚、影響深遠，其產生的原因一方面是人們對公正公平、照章辦事還將信將疑，另一方面是「公開、透明」的規章制度實施起來還缺乏有力監督。在落後國家普遍存在著辦事托熟人的現象，並且形成了一種社會風氣，從找工作、看醫生，到評職稱、打官司，不少人都習慣於「先找關係」。儘管有些事情既不複雜，也不違規，但找不到「熟人」總覺得不保險。

李建民認為[1]，看重關係的熟人社會存在如下危害：首先，它腐蝕了人們的靈魂，擾亂人們的信仰，顛倒了人們道德、價值、審美觀念，使人們香臭不分、是非不明、黑白不辨；其次，它弱化了「法制」的功能，「熟人」的「情感」代替了法律的威嚴，很容易使得社會正義和公平的天平在熟人的「情」中發生傾斜；再次，它淡化了「競爭」的激勵，將管理家庭的親情、交情、友情這種溫情脈脈的手段移植到管理企業、管理國家、管理社會中來，導致社會管理喪失積極性和創造性的激勵，最終使得經濟停滯和社會退步；最後，它引發社會的腐敗、尋租行為的泛濫，導致整個社會風氣以及黨風、行風敗壞。

在市場經濟的利益誘惑面前，中國傳統的「熟人社會」也在改變。「斬」熟人、坑朋友，落入「熟人陷阱」之事屢見不鮮。如果懲罰對懲罰者本身的損害太大，懲罰就是不可信的。「燒熟人」現象的產生也是因為懲罰的不可信造成的。麵館老板偶爾也可能燒熟人。因為熟人顧客知道，如果離開這家麵館，可能要走很遠的距離去尋找新麵館，或者自己丟不下面子不敢批評老板，害怕老板說自己小氣。

我們經常聽到消費者要求餐館老板飯菜做好點，價格實惠一

---

[1] 李建民. 熟人社會病 [OL]. http://www.studa.net/shehui/080423/08531548.html.

點，說「下次還要來吃飯喲」，或「下次帶人來吃飯哈」。這些話實際上包含了一個經濟學概念，那就是「重複博弈」。重複博弈是指同樣結構的博弈重複多次，其中的每次博弈稱為「階段博弈」。重複博弈是動態博弈中的重要內容，它可以是完全信息的重複博弈，也可以是不完全信息的重複博弈。重複博弈可以減少欺騙，增加相互的信任。在無限期重複博弈中，對於任何一個參與者的欺騙和違約行為，其他參與者總會有機會給予報復。由於在無限期重複博弈中，報復的機會總是存在的，所以，每一個參與者都不會採取違約或欺騙的行為。重複博弈使陌生人之間的交易逐漸轉換為熟人之間交易。這是社會信用管理落後、法制屢弱的社會進入市場經濟社會的無奈選擇。遏制誠信缺失的博弈規則就是，一要增加信息的對稱性，將一次性博弈有效地轉化為重複性博弈；二要加大對不誠信行為的懲罰力度，增加對不誠信行為處罰的可信性。在現實生活中我們經常可以發現，消費者對車站附近的餐館菜品質量和價格信任度都極低，對餐館老闆的職業道德有很大的不信任感。原因在於，這些地方的餐館老闆對消費次數較少的外地消費者經常下狠心「宰客」，他們做的就是「一錘子買賣」。

在傳統社會中，有沒有「燒熟人」現象呢？傳統社會是一個安土重遷的社會，是一個流動性較低的社會，同時也是一個「熟人社會」①。人們生於斯、長於斯、死於斯，祖祖輩輩如此。正是在這樣一種結構之中，人們會把個人的名譽與信用看得重之又重，因為這種名譽與信用，不僅影響到自己這一代的生存環境，甚至會影響到子孫後代，因為子孫後代還要在這裡繼續生存。在這個社會裡面，由於大家相互瞭解，所以彼此之間根本不需要什麼合同之類的東西。傳統社會之所以要建立熟人社會，實際上就

---

① 孫立平. 信用管理：從熟人社會到隱名匿姓社會 [J]. 中國電子商務，2006 (5).

是要通過熟人之間的重複博弈來減少一次性交易帶來的機會主義行為，彌補法制的匱乏。

發展市場經濟，就要走出「熟人社會」，進入交易雙方可能是陌生人的「匿名社會」。並不是說搞市場經濟就不能交朋友了，不需要發展公共關係了。在法治社會中，關係有時候是一種經濟資源，正當的關係可以節約交易成本①。市場經濟是從本質上區別於「熟人經濟」的規則經濟，原因在於：衝破地區、國界、日益全球化的市場，通行的是平等競爭的非歧視原則，而不是「熟人社會」的親疏原則，只有這樣才能擴大規模，使市場更有效率。市場經濟需要在自主的市場主體之間形成的契約關係，有效的契約是離不開信用體系的。可見，讓人頓生歧義的「熟人熟面」的牌匾與市場經濟是否吻合就不得而知了。

2.9 零食還是正餐

經濟學上有一個原理叫「邊際效用遞減」。該原理指的是，一般情況下隨著消費品數量的增加，人們從增加的單位消費品中獲得的效用（或者說「滿足程度」）是逐漸下降的（圖2.8，可以看出：消費者從第2個單位消費品到第3個單位消費獲得的效用要比從第5個單位消費品到第6個單位消費品獲得的效用大）。比如，如果讓消費者長時間吃比薩餅，而不吃其他東西，即使是比薩餅貪吃者也可能會感到厭倦的。試想一下，如果是「邊際效用遞增」會出現什麼情況？消費者就可能不斷增加商品的消費量，以獲得更多的滿足，直到超出他的經濟的、生理的或心理的承受能力極限為止。

---

① 這就是為什麼西方企業重視客戶關係管理的原因之一。

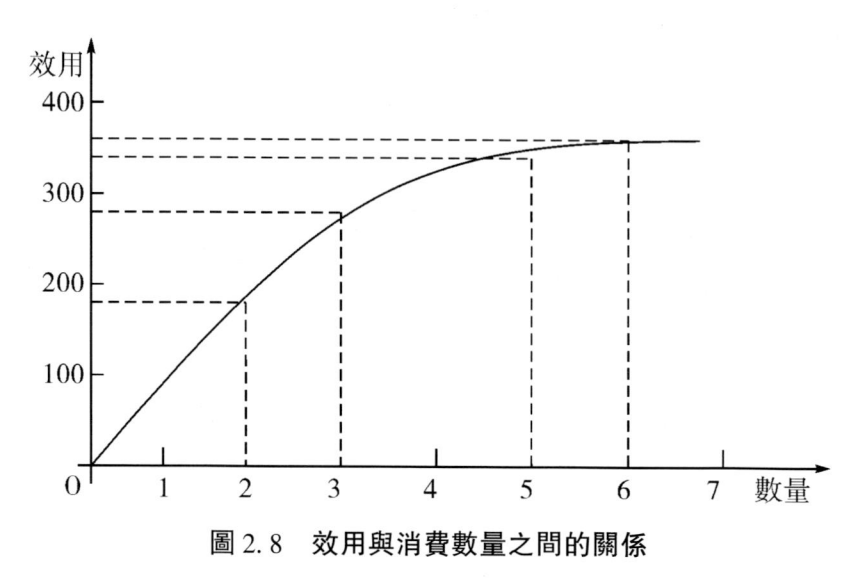

```
效用
400 ┤
    │           ┌─────────────────
300 ┤        ┌──┘
    │      ┌─┘
200 ┤    ┌─┘
    │   ┌┘
100 ┤  ┌┘
    │ ┌┘
  0 └┴──┴──┴──┴──┴──┴──┴──┴─── 數量
     1  2  3  4  5  6  7
```

圖 2.8　效用與消費數量之間的關係

　　有沒有「邊際效用遞增」的極端情況？有個笑話，講的是某人吃了兩個餅，還不覺得飽，又吃了一個餅，撐得肚皮滾圓。於是他懊悔地說：早知第三個餅能填飽肚子，何必多吃前面兩個餅？在這裡，此人就覺得第三個餅的效用就要比前面兩個餅的效用大。「邊際效用遞增」在餐飲消費者是存在的，特別是那些暴飲暴食者和具有成癮行為的人。但從長時間和生理承受極限來看，這種現象還是比較少的。

　　由於人們的收入有限，如何將有限的收入用於獲得最大的滿足，這是經濟上的一個重要問題。考慮到商品的消費邊際效用遞減，消費者會選擇更多商品組合消費，而不是單一商品消費。理性消費者會首先選擇那些單位支出獲得的效用較大的商品，直到邊際效用下降到與其他商品單位支出獲得的效用相同時，他才選擇其他商品。

　　從邊際效用遞減原理和組合消費效用最大化原理使我們想到了零食和正餐的關係問題。餐飲消費者經常在零食和正餐之間進行選擇。零食的效用在於新奇、方便、味道獨特，但其價格也往往比正餐高，而且營養不夠全面。正餐的效用在於營養全面、能夠以較低成本填飽肚子，但其不夠新奇、方便，並且味道普通。

我們來看一個例子：喜歡零食的女同學如何將其每月的生活費在零食和正餐之間進行分配。她能夠精確地根據效用最大化原則來分配她的生活費嗎？一般說來是不可能的，因為，效用是很難精確衡量的。但是，她會把錢在零食和正餐之間進行多次試分配，根據經驗得到一個比較合理的方案。如果她用於零食的錢太多，那麼用於正餐的錢就會減少，結果過了幾個月，人可能變得面黃肌瘦。於是她覺得零食吃得太多不好，於是減少零食的支出，增加正餐的支出。但這次又把正餐的錢支出過多，結果她忍受不了零食的誘惑。於是，又只好減少點正餐的支出，增加一點零食的支出。這一次分配比較合理，既保證了身體的需要，又滿足了愛吃零食的要求（如圖2.9）。

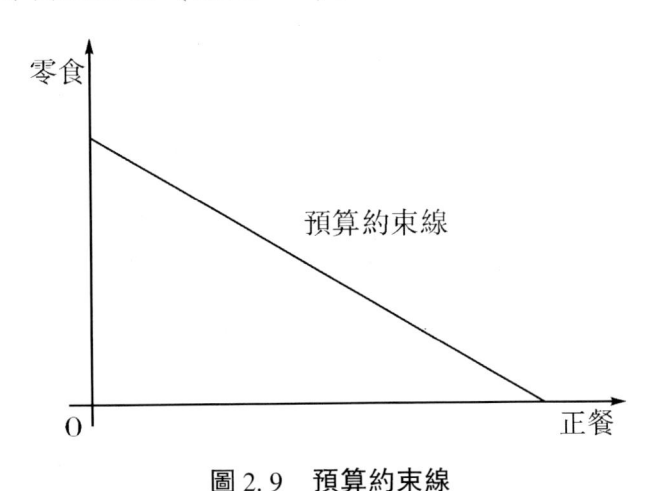

圖 2.9　預算約束線

從圖2.9中的預算約束線可以看出女同學在某一收入條件下零食和正餐不同的消費組合：增加零食只能減少正餐；反之，減少零食可以增加正餐的支出。預算約束線的左右移動受收入變化影響：當收入增加時，有能力購買更多商品，預算約束線向右移動；當收入減少時，商品購買力下降，預算約束線向左移動。前面我們還曾經介紹過無差異曲線。實際上，消費者的商品組合滿足約束曲線和無差異曲線的限制時，是最「經濟」的。

一般家庭的收入是有限的，家長們也會在食物支出和其他支

出（如購房、教育、保險等）之間，以及食物支出中的買菜做飯和外出就餐之間進行選擇，就像女同學在零食和正餐之間的選擇一樣，兩者使用的決策方法大同小異。

2.10　非理性飲食行為

大多數經濟學理論是建立在「人是理性的」這個前提上的，事實上人類並不總是理性的。許多時候人們會作出一些非理性的行為。個體非理性經濟行為一般是指個體在各種因素影響下做出的不合理的經濟行為，表現為個體經濟活動不遵循效用最大化原則，或消費時沒有考慮收入的約束，或不按邊際效用遞減規律進行消費。比如，人們在吃喝問題上表現出的過食、異食癖（吞食鋼鐵、玻璃、活物等），以及對菸酒和毒品的成癮行為就是非理性消費行為。

在日常生活中經常可以發現，人的飲食量並不是固定的：既有厭食，甚至拒食，也有飲食過量，甚至暴飲暴食的現象。毫無疑問，厭食和拒食對人體有害，而有些人習以為常的暴飲暴食也對人體無益。那麼，為什麼有些人會出現飲食過量的現象？研究發現，人類嗜好吃喝既有生理、心理方面的原因，也有經濟方面的原因。布萊恩等人通過觀察實驗發現在以下情況下人們可能比平常吃喝更多：

（1）任何經濟包裝的食物，大包裝商品或大容器會提高人的食欲，促使準備東西吃或者吃下比原先預期更多的食物。

（2）便利性及可得性可能讓人多食。為了隨時解決饑餓或嘴饞的問題，將零食放在視線內或伸手可及的距離，這種行為會讓人不經意地越吃越多。戴安（Dianne）等人（1996）也發現，如果飲用水離餐桌越遠，那麼消費者喝水越少。

（3）視覺假象可能讓人多食。即使兩個不同形狀、容量卻相

同的容器，多數人還是會覺得高瘦型玻璃杯比矮胖型玻璃杯能盛裝更多的液體。

（4）失控的分量可能讓人多食。多數人面對餐桌上大量食物時，會吃得比平常還多。

（5）食物選擇的多樣化也會增加暴食的機會。實驗者發現，提供 4 種不同餡的三明治以及受試者最喜愛的單一口味三明治，相比之下，受試者平均會嘗試 1～3 種口味的三明治。

（6）環境氣味會影響就餐者的消費行為。各種研究表明，氣味會影響消費者對產品和消費環境的評價。一般說來，令人愉快的氣味會使消費者對產品或環境的評價更好。尼古拉斯（Nicolas）和克里斯汀（Christine）（2006）進一步通過對比實驗發現，薰衣草花香可以使消費者在餐館待的時間更長，花費更多，而檸檬香味則沒有這種效果。

（7）餐廳背景音樂也會影響就餐者的消費行為[1]。葛根（Gueguen）等人（2004）指出，沉浸在高音中的顧客要比沉浸在低音中的顧客消費更多的飲料；克林（Celine）（2006）研究了古典音樂、卡通音樂和祝酒歌對酒吧消費者的影響後發現，祝酒歌能延長消費者在酒吧的時間，並且使其喝得更多。

（8）長時間的饑餓可以讓人一次吃得更多，甚至會使食者「脹死」或「撐死」。醫學專家認為，長期停止進食，突然獲救，大量進食，會引起「再喂養綜徵」，引起重要生命器官功能衰竭，甚至死亡。

（9）固定價格下的任意取食往往導致過食。每當一些餐館打出「每客××元」的自助餐以招攬顧客時，總有消費者為了從感覺上「撈回」就餐花費而一次性大量進食。

（10）就餐者之間的行為會相互影響。一些研究者發現，一

---

[1] CELINE JACOB. Styles of background music and consumption in a bar: An empirical evaluation [J]. Hospitality Management, 2006, (25): 716-720.

起就餐的人數越多，就餐者比其單獨就餐時進食更多，並且就餐者的進食量還會受到鄰座就餐者進食量的影響[1]。戴安（Dianne）等人（1996）研究發現，鄰座就餐者飲水越多，就餐者也可能多喝水；反之，就餐者飲水越少。

人類的成癮行為有增強效應和忍耐效應兩種效應。增強效應是指增加某種商品的當前消費會提高未來對該種商品的消費。忍耐效應是指當過去消費量較大時，從給定的消費水準所獲取的滿意程度將降低。理性的並且有害的成癮行為當中就存在某種形式的忍耐行為，因為過去對有害商品的更高消費降低了當前從相同消費水準上所獲取的效用[2]。而許多成癮行為對人體健康是有害的。有資料報導：菸霧中有2,000種以上化合物，主要有毒成分為尼古丁、多環芳香烴等約20種有毒氣體。尼古丁不但是一種神經毒，而且有成癮作用，所以吸菸實則是一種慢性中毒。醉酒對人體危害也大。各種酒類飲料中含有不同濃度的酒精：一般黃酒含10%～15%、白酒含40%～60%、果酒含16%～48%、啤酒含2%～5%。而酒精屬微毒類，是中樞神經系統抑制劑，作用於大腦皮質，表現為興奮，導致皮質下中樞和小腦活動受累，繼之影響延髓血管運動中樞和抑制呼吸中樞，嚴重者會出現呼吸、循環衰竭。一些「口重」廚師認為，鹹味是百味之王，有「味不夠，鹽來湊」之說，導致菜品含鹽量過高。醫學發現，鹽是與原發性高血壓發病最密切的物質，人群平均血壓水準與食鹽攝入量有關，攝入量少於每日3g時，平均血壓水準較低；而每日攝入8g者，患病率增高。

成癮是人類活動中複雜而又令人費解的一種行為模式，對成癮行為的研究是一個跨學科的新興課題。不同的學科對成癮行為有著不同的解釋，如醫學、精神病學、心理學、生理學、社會學

---

[1] DIANNE ENGELL, et al. Effects of effort and social modeling on drinking in humans [J]. Appetite, 1996 (26): 129-138.

[2] 貝克爾. 口味的經濟學 [M]. 北京：首都經濟貿易大學出版社，2000：74.

和生物學對成癮行為都有自己的理論分析和操作模式。梅松麗等人（2006）從精神分析、行為主義、社會學習、認知主義、人格素質等社會心理學的理論觀點對成癮行為進行歸納分析。

精神分析理論學者認為，藥物成癮者要從藥物中尋求「享樂」的感覺，以使得自己心裡踏實，適應環境。在自卑的人格中，毒品被用來逃避他們面臨的也許對別人來說並不構成潛在損害的精神創傷。

行為主義理論認為，人的大腦有三分之一的結構屬於行為強化系統。反覆做一件事情，就會使行為強化系統過度興奮，交感神經系統高度變化，這樣人便會對反覆從事的行為成癮。人們首次使用成癮物質後，由於體驗到成癮物質所帶來的欣快感，成為一種陽性的強化因素，通過獎賞機制促使人們再次重複使用行為，直至成癮。而停用成癮物質所引起的戒斷症狀，痛苦體驗的出現是一種懲罰，又是一種陰性強化因素或負性強化作用。除了成癮物質的強化作用外，社會因素也有強化作用，形成物質依賴的情景和條件也可形成環境上的強化作用，即二級強化。

社會學習理論對成癮行為的分析心理控制是指個體認為可以在多大程度上把握和控制自己的行為。內控者能夠看到自己的行為和後果之間的一致性，並體會到控制感；而外控者則往往把行為後果歸結為機遇、運氣，或自己無法控制的力量。研究表明：毒品依賴者的內控性低，有比較高的外控傾向；外控傾向與酒精依賴及飲酒問題的聯繫，即使在正常飲酒的範圍內，外控者也傾向於比內控者更多的使用酒精。

認知心理學認為，成癮的認知過程主要是由於成癮者信息加工缺陷，或者認知方式的偏差所致。信息加工缺陷主要是指成癮者的注意缺陷，過分的偏見和過分專注，如酗酒者一心一意地想著下一次飲酒，而病理性賭博者總想著下一次能夠把錢贏回來。另外，成癮者也有著獨特的思維習慣，以特定的方式對信息加以歪曲並且這種歪曲與成癮行為有著密切的關係。認知主義的研究

者認為，大多數關於渴求的理論直接或間接地指出藥物渴求的三種成分：

（1）個體感到需要藥物的主觀體驗；

（2）伴隨尋求藥物及預期注射藥物而產生的與享樂聯繫在一起的情緒狀態；

（3）來自於個體引發尋藥行為體驗的動機。

人格素質觀點對成癮行為的分析：吸毒是人們在空虛、挫折和壓力之下，尋求解脫和逃避現實的一種方法。但是在一個開放、充滿激烈競爭和迅速變遷的社會裡，人們遭受挫折、失意和各種壓力是不可避免的，只是程度有所不同而已。一些心理承受能力差的人，由於缺乏自我調節能力，使他們無法擺脫心理危機，導致一些人使用毒品來降低他們的不滿和提供對快樂的滿足。性格是成癮的基礎，發生成癮者，其人格往往有缺陷，稱為「成癮人格」。通常認為有三種人格缺陷者易產生物質依賴，即變態人格、孤獨人格和依賴性人格。這些人格缺陷所表現的共同特徵是，易產生焦慮、緊張、慾望不滿足、情感易衝動、自制能力差、缺乏獨立性、意志薄弱、外強中干、好奇、模仿。

2.11 吃掉意外之財

2.11.1 心理帳戶

張三和李四既是同事，又是酒友。兩人每月工資只有八九百元，同時又在存錢買房，從來沒有去過高檔餐館就餐，只能偶爾到附近的小餐館喝幾瓶啤酒。某日，張三花兩元錢買體育彩票中了五百元。一時高興，於是邀約李四下班後到酒樓破例大吃一頓，用這五百元犒勞一下自己。為什麼張三不把中獎的錢存起來買房呢？這裡涉及一個經濟學概念——心理帳戶。

心理帳戶是芝加哥大學行為科學教授理查德・塞勒（Richard

Thaler）提出的概念，是行為經濟學中的一個重要概念。他認為，我們每個人都有兩個帳戶，一個是經濟帳戶，一個是心理帳戶。經濟帳戶中，只要絕對量相同，每一塊錢都是可以替代的。在心理帳戶裡，對每一塊錢並不是一視同仁，而是視不同來源和用處有不同的態度。心理帳戶有三種情形：一是將各期的收入或者各種不同方式的收入分別放在不同的帳戶中，二是將不同來源的收入專款專用，三是用不同的態度來對待不同數量的收入。

由於消費者心理帳戶的存在，個體在做決策時往往會違背一些簡單的經濟運算法則，做出許多非理性的消費行為。這些行為集中表現為以下幾個心理效應：非替代性效應、沉沒成本效應、交易效用效應（魏勇剛、蘇小玲，2005）。這些效應在一定程度上揭示了心理帳戶對個體決策行為的影響機制。

心理帳戶的非替代性，是心理帳戶最本質的特徵。從經濟學角度看，金錢具有替代性，但在實際生活中，人的心理存在一個具有特定結構和特點的帳戶，金錢會被貼上不同標籤、歸入不同類別的心理帳戶而具有不同的功能與用途，達到專款專用，產生心理帳戶的非替代性效應。芝加哥大學薩勒教授在研究中發現：不同消費或支出類別、不同來源的財富、不同的儲存方式等所導致不同心理帳戶之間存在非替代性。

例如，人們一般會把辛苦賺來的錢和意外獲得的錢放入不同的心理帳戶內。正常人不會拿自己辛苦賺來的錢進行奢侈消費，不過如果是意外之財，奢侈消費的可能性就大得多了。這裡，張三就把自己的工資放在買房儲蓄帳戶中，把中獎的錢放在意外之財帳戶中。他不會把儲蓄帳戶中的錢放到意外之財帳戶中，也不會把中獎的五百元放到儲蓄帳戶中。張三明白，儲蓄的錢只能用來買房，不能挪作他用，而意外之財就可以任意處置。他也會對儲蓄的錢小心慎用，而對意外之財就可能大手大腳。這就是為什麼張三要把中獎的錢用來大吃一頓的原因。

所謂沉沒成本，是指已經發生的、不可回收的支出，例如時

間、金錢、精力等。根據古典經濟學「理性經濟人」的假設，沉沒成本是不應該影響我們的行為決策的。但是，由於心理帳戶的存在，往往使人們在做行為決策時成了一個「非理性的人」。沉沒成本效應是指人們在做某項決定的時候，不僅要分析各種因素的利弊，而且還要考慮過去在這件事情上的投入程度。利用心理帳戶沉沒成本效應可以解釋以下現象。

問題一：某自助餐火鍋店規定，每客30元管飽。為了不排隊就餐，你提前托人買了餐票。可是，當你到現場後發現餐票丟失，你還會再花30元去就餐嗎？

問題二：同樣是在該火鍋店就餐。當你到現場後購票時發現掉了30元，你還會繼續買票就餐嗎？

問在場的同學，發現前一個問題多數人回答「不會」，後一個問題多數人回答「會」。問題一和問題二實質上是相同的決策問題，但結果不同。在問題一中，丟失餐票的經濟損失是歸入就餐成本中的，一般消費者不願以兩倍成本享受一項消費；在問題二中，丟失的30元錢一般不會歸入就餐成本，而是認為丟錢和吃飯是兩回事。

所謂交易效用，是指商品的參考價格和商品的實際價格之間的差額所產生的效用。交易效用效應最早也是由薩勒教授提出來的。他設計了兩個情景來考察心理帳戶中的交易效用對消費行為的影響。

情況A：一個炎熱的夏天，你在海灘上納涼，渴望能喝上一杯冰涼的啤酒。此時，你的朋友正好要去附近的一個電話亭打電話，你托他幫你在附近的小雜貨店裡買一瓶×牌子的啤酒。他要你給他出個最高價。那麼你最多舍得花多少錢在這個小雜貨店買一瓶啤酒？

情況B：同樣情況下，你托朋友幫你在附近的一家高級度假酒店買一瓶×牌子的啤酒。他要你給他出個最高價。那麼你最多舍得花多少錢在這家高級度假酒店買一瓶啤酒？

研究結果表明，第一種情況下統計出的平均價格是 1.50 美元，而第二種情況下統計出的平均價格是 2.65 美元。都是在海灘上喝同樣品牌的啤酒，既享受不到高級酒店的優雅舒適，也感受不到小雜貨點的簡陋寒磣，為什麼人們從酒店裡購買就願意支付更高的價錢呢？原因在於，心理帳戶的存在使人們對各種商品有一個「心理價位」。大多數人對高級酒店的商品的心理價位要高於小雜貨店中同樣商品的心理價位。並且當心理價位大於商品的實際價格時，交易效用為正，人們就感覺占了便宜；當心理價位小於商品的實際價格時，交易效用為負，人們就感覺吃了虧。

心理帳戶的存在再次證明，人們的決策有時候是非理性的。認識到心理帳戶的存在後，我們應該明白，錢是等價的，對不同來源、不同時間和不同數額的收入一視同仁，做出一致決策。比如，張三完全可以把中獎的五百元存起來買房。人們使用信用卡支付往往就比使用現金支付更大方。

2.11.2 展望理論

由於難得出來瀟灑一回，張三和李四興致都很高，兩人在酒館裡一邊大杯喝酒，一邊對往日的事情進行擺談。到最後，兩人都有點醉了，但張三仍然要李四再喝一杯。李四不肯，張三出了個主意：要麼李四再喝一杯；要麼劃拳決定是否再喝。如果李四贏了就不喝，張三喝兩杯；否則，李四喝兩杯。李四想了一下，又繼續劃拳。為什麼李四不選擇直接喝一杯，而是選擇劃拳決定呢？我們仍然可以從經濟學中尋找答案。

1979 年美國普林斯頓大學的心理學教授卡尼曼（Kahneman，2002 年諾貝爾經濟學獎獲得者）和特沃斯基（Tversky）提出的展望理論（Prospect Theory，也譯作「前景理論」）是決策論的期望理論之一，認為個人基於參考點位置的不同，會有不同的風險態度。此理論是行為經濟學的重大成果之一，「將來自心理研究領域的綜合洞察力應用在了經濟學當中，尤其是在不確定情況下的人為判斷和決策方面作出了突出貢獻」。利用展望理論可以對

對風險與報酬的關係進行實證研究。

展望理論認為，價值函數具有參考點依賴、敏感性遞減（非線性）和損失厭惡（非對稱）等性質。此理論引申出三個基本結論：

（1）大多數人在面臨獲利的時候是風險規避的；

（2）大多數人在面臨損失的時候是風險喜好的；

（3）大多數人對得失的判斷往往根據參考點決定。

卡尼曼等進一步認為，框架效應、定勢效應、損失厭惡效應等認知偏差會極大地影響個體的經濟決策並出現非理性經濟行為。

（1）框架效應。理性決策理論認為，對內容一致的備選方案，其描述方式的變化不應改變決策者的判斷。但現實中人們常常會因為問題的表達方式不同而有不同的選擇。

（2）定勢效應。定勢效應即心理活動的一種準備狀態和傾向性，是一種先入為主的思想方法。在現實經濟活動中，當人們需要對某個對象做出定量估計時，會受某些特定的起始值的影響。如果這些起始值的位置有誤，那麼估計值就會發生偏差。

（3）損失厭惡效應。在現實生活中，人們常常具有「損失厭惡」的非理性行為特徵——損失對人們造成負的刺激度遠遠高於同等收益對人們正的刺激度。

在這裡，繼續喝酒對李四來說已經是損失，而不是收益，因此有風險喜好的傾向。如果他劃拳贏的概率為50%，那麼他就有50%的概率不喝酒，相比於確定地喝一杯酒似乎要劃算得多。

2.12　不得不吃

價格變動是影響需求量變化的主要因素。在其他因素不變的條件下，我們可以匯出不同價格條件下的需求量曲線（圖2.10），

其實質是價格和需求量之間的函數關係。一般情況下，價格上升，需求下降。當價格為 P_1 時，需求量為 Q_1；當價格下降到 P_2 時，需求量增加到 Q_2。因此，需求曲線是一條由左上向右下下降的曲線。當然，價格上升到一定程度，由於消費者的收入有限，需求量會為零；反之，價格下降到一定程度，由於人的生理極限存在，消費數量也是有限的。

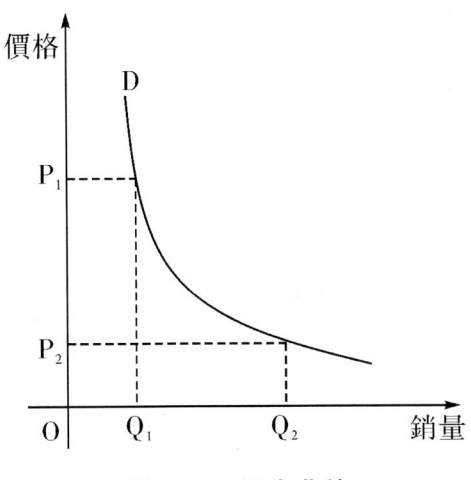

圖 2.10　需求曲線

需求曲線之所以向右下方傾斜，主要是受替代效應和收入效應兩方面的影響。替代效應是指商品價格上升後，人們用其他商品來滿足需求。比如，豬肉漲價後，人們可能減少豬肉消費，而改吃雞肉或魚肉；反之，商品價格下降後，替代效應會使消費者減少其他商品消費，增加該類商品的消費。收入效應是指當消費者的收入增加後，消費者有能力增加商品的需求；反之，收入減少會減少商品的需求。比如，收入增加，人們有能力購買更多大米，每餐吃乾飯；反之，收入減少，人們就會減少大米消費，每餐只能喝稀飯了。

需求曲線不會一成不變，需求曲線的形狀和位置可能受很多因素影響，其中主要是受收入的影響（圖 2.11）。比如，當收入增加時，需求曲線 D 可能向右邊移動到 D_2；當收入下降時，D

向左移動到 D_1。可以看出，在相同價格水準、不同收入條件下，消費者的需求量是不同的。

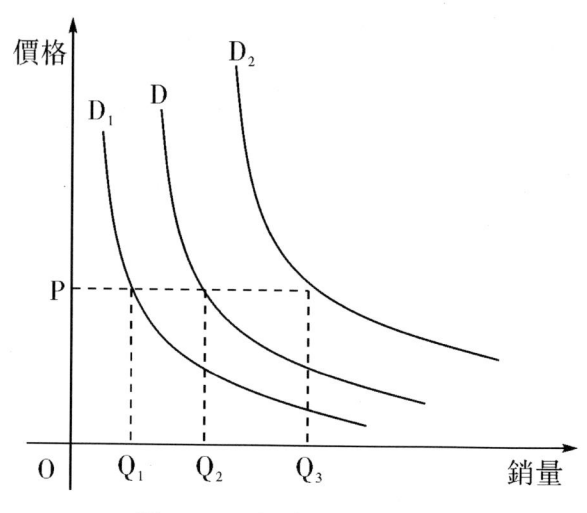

圖 2.11　需求曲線的移動

符合上述變化情況的商品叫做「正常商品」，如一些高檔食品。而有些商品的需求曲線隨收入的變化卻是與上述變化情況相反的：當收入增加時，需求減少，即需求曲線向左下方移動。這類商品叫做「低檔商品」，比如一些口味差、缺乏營養的食物，隨著人們收入增加會逐漸放棄其消費。需要注意的是，將商品劃分為正常商品和低檔商品並不是絕對的，它會受到不同消費者人群，不同時代的消費習慣等因素的影響。比如野菜在饑荒年代是人們主食不足的補充，當糧食逐漸剩餘後，野菜的消費減少。而當生活水準進一步提高後，人們覺得野菜是「綠色食品」，有利於身體健康，野菜又再次端上餐桌，受到消費者的寵愛。

理論上我們可以用「收入需求彈性系數」指標來衡量需求量隨收入變化的程度。收入需求彈性是商品需求量變化百分比與消費者的收入變化百分比之商，計算公式如下：

$$E = \frac{\frac{\Delta Q}{Q}}{\frac{\Delta I}{I}} \qquad (2.1)$$

其中，E 為收入需求彈性，Q 為商品需求量，I 為收入。

從收入需求彈性的符號可以看出商品屬於正常商品還是低檔商品。對於正常商品而言，需求量隨收入的增加而增加，收入需求彈性為正。對於低檔商品而言，需求量隨收入的增加而減少，收入需求彈性為負。

對於正常商品，如果收入需求彈性大於1，說明需求量增加的百分比超過收入增加的百分比，需求富有彈性，該商品屬於「奢侈品」或「高檔商品」；如果收入需求彈性小於1，且大於0，需求缺乏彈性，該商品屬於「生活必需品」；如果收入需求彈性小於0，該商品屬於「低檔商品」。

影響收入需求彈性的因素有：

（1）消費者對商品的需求程度；

（2）商品本身的可替代程度、用途的廣泛性、使用時間的長短、在家庭支出中所占的比例等。

一般說來，奢侈品的收入需求彈性大，生活必需品的收入需求彈性小。如果商品替代性大、用途廣泛、使用時間越長、在家庭支出中的比重大，則商品的收入需求彈性大。

我們可以根據對消費者食品均衡需求量（商品預算約束線與無差異曲線相切時的購買量）隨收入影響的調查來繪出一條函數曲線，該曲線又稱為「恩格爾曲線」。根據曲線來計算收入需求彈性，從而判斷哪些食品類商品是屬於高檔商品、生活必需品，還是屬於低檔商品，據此確定未來菜單的開發。

說到恩格爾曲線，我們不能不談到1857年德國著名統計學家恩格爾（Engel）。恩格爾發現，隨著收入的增加，收入中食品消費支出所占的比例降低。後來人們把家庭（個人）食品消費支出占其收入的比例稱為「恩格爾系數」。通過恩格爾系數我們可以比較各國居民的富裕情況。一般說來，窮國居民在食物上的支出占其收入的大部分，因而恩格爾系數較大，而富裕國家居民食物支出僅占其收入的一小部分，因而恩格爾系數較小。窮國居民

在食物上的開支相對較大並不能說明其比富國居民能吃，而是因為其總收入較少的原因。當然，這裡所說的食品是日常生活必需的一般食品，並不包括高檔食品。這類食品即使收入增加，對其支出也不會有太大增長；反之，即使收入減少，需求也不可能大幅度減少。

根據聯合國糧農組織提出的標準，恩格爾系數在59%以上為貧困，50%~59%為溫飽，40%~50%為小康，30%~40%為富裕，低於30%為最富裕。西方一些發達國家的恩格爾系數已達20%。統計數據表明，自改革開放以來，中國居民家庭的恩格爾系數是逐年下降的（圖2.12）。

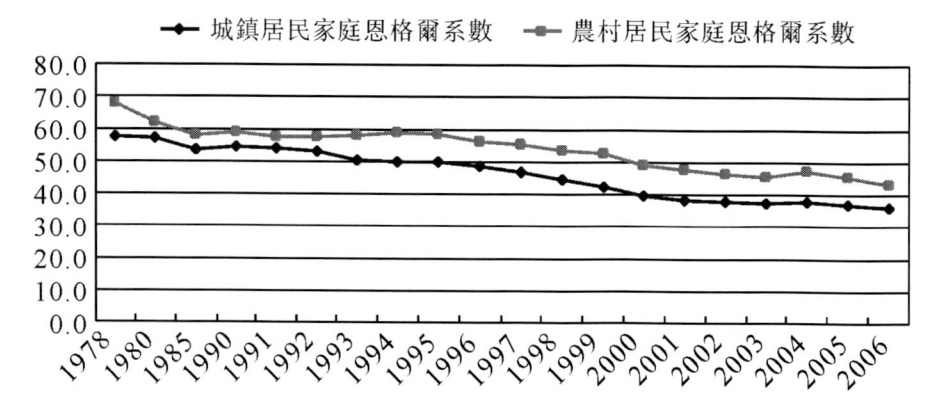

圖2.12 改革開放以來中國居民恩格爾系數的變化

［數據來源］中華人民共和國國家統計局. 中國統計年鑒［M］. 北京：中國統計出版社，2007.

2.13 食客能成為「上帝」嗎

經營者經常把消費者稱為「衣食父母」，甚至尊稱為「上帝」。那麼消費者真正能享受上帝待遇的機會有多少呢？我們經常聽到和看到甚至親身經歷過許多消費者利益被侵犯的事情。在餐飲業中主要有：缺斤少兩、提供過期有害食品、價格詐欺、虛

假廣告、強行搭配銷售、服務態度惡劣，甚至一些難以忍受的消費潛規則，比如謝絕自帶酒水、設置最低消費標準、不主動開發票或以飲料代替發票，等等。

消費者權益是什麼意思？簡單地說，就是指消費者在消費過程中依據法律規定應當享有的權利和通過交易過程實現消費需求的利益滿足。1962年美國總統肯尼迪首次提出了消費者的四項基本權利：安全權、知情權、自主選擇權、受尊重權。1985年聯合國大會通過《保護消費者準則》，提出了消費者六項權利。根據中國1993年消費者權益保護法，消費者享有的基本權利有：安全權、知情權、自主選擇權、公平交易權、求償權、結社權、獲得有關知識權、受尊重權、監督權。

在某些地方餐飲消費者的權益為什麼更容易受到侵害？歸納起來，主要原因有三個：

（1）消費者居住的分散性和索賠的不經濟性。當我們的權益受到侵害，除了當時「忍氣吞聲」或「非常憤慨」外，有沒有辦法來維護正當的權益？實際上，勢單力薄、居住分散的消費者往往沒有能力、精力、時間組織起來與有實力、有組織的經營者進行較量。雖然消費者可以借助其他組織或個人來幫助維護權益，但是維護權益也是有成本的。當爭取權利的收益小於其投入時，絕大多數消費者並不願意去維護自身權益，而寧願遭受商家的「小侵犯」。只有當權益遭到極大損害時，消費者才會借助外部力量要求經營者賠禮道歉和賠償經濟損失。

（2）消費者和經營者之間信息不對稱。俗話說，「買的沒有賣的精」。消費者對商品信息和市場情況的知曉沒有經營者多，這就造成在消費者和經營者之間的信息不對稱。這種信息不對稱是造成經營者詐欺的原因之一。儘管消費者現在獲得信息的渠道增多，社會逐漸容忍言論自由，但是社會分工的深化、知識信息的劇增、商品服務的多樣化和複雜化、市場的瞬息變化使消費者沒有能力和時間掌握更多的信息，消費者和經營者之間信息不對

稱程度甚至可能加劇。

（3）在不同市場結構條件下企業對消費者權益保護的態度不同。比如，在完全競爭市場中，企業迫於競爭壓力不得不尊重消費者的合法權益；而在完全壟斷市場中，企業往往肆無忌憚、故意侵害消費者的權益，以謀取最大的自身利益。餐飲消費者面對的市場結構在不同的地方、不同的時間可能是不同的，因而企業對待消費者的態度也是不一樣的。在現實生活中，消費者面對的餐飲市場結構有完全競爭、完全壟斷、寡頭壟斷和壟斷競爭四種。其中以壟斷競爭市場最多，而壟斷競爭市場並非一直都對消費者有利。

也許有人會問，什麼時候消費者才能真正享受上帝的待遇？表面上看，我們可以借助法律手段、依靠社會行政管理組織來維護自身的權利，或者寄希望於餐館經營者的素質和品德提高。實際上，這些辦法都有其局限性。且不說法律的完善和執法力度的加強還有待時日，單從經濟性角度來看，即使較為完善的法律也未必能解決所有問題。而在高額利潤的誘惑和市場生存競爭壓力下，餐館經營者的素質和道德也並不總是那麼可靠。總的說來，隨著社會的發展，基於以下幾方面的原因，餐飲消費者的權益保護會逐漸增強。

（1）賣方市場向買方市場的轉變增加了消費者與經營者的談判能力。消費者可以用鈔票來投票——決定買什麼和不買什麼。消費者的需求決定了商家的生產，這是消費者被稱為上帝的原因。從供求均衡角度來看，市場可以分為賣方市場、買方市場和均衡市場三種。在賣方市場中商家更容易以次充好、服務態度蠻橫、索要高價，消費者權益很難得到保證。在買方市場中消費者的選擇更自由，商家會面臨更大的競爭壓力，因而會自覺竭力討好消費者。隨著社會的發展，賣方市場正向買方市場轉變，這種轉變對於提高消費者在與商家談判中的地位是非常有利的。總體說來，餐飲業的進入門檻較低，因而企業數量較多，市場很容易

成為買方市場。

（2）多次交易的存在使本地餐飲經營者不敢膽大妄為。餐飲企業大多數位於消費者居住、學習或工作場所附近，餐飲企業產品不宜遠距離傳輸，長期經營需要依賴本地消費者的多次光顧。這種多次交易相對於一次性買賣來說更有利於保護消費者的權益。如果商家有任何傷害消費者的行為，而沒有賠禮道歉或補償，消費者就可能不再上門，並且向周圍其他消費者傳播不利商家的信息。在這種情況下，商家很可能失去本地市場而不得不離去。特別是在買方市場中，餐飲消費者喜新厭舊的可能性非常大，因此，商家必須花很大的力氣去吸引和留住消費者。但是在一些車站、碼頭、旅遊景點，一次性消費的存在仍然很容易使外地消費者的權益受到侵害，這是因為商家並不打算長期依賴消費者的二次光顧。

（3）消費者的成熟和覺醒有利於自身權益的保護。消費者的成熟和覺醒主要表現在：權益觀念和自我保護意識增強，消費者道德品質的提高，消費知識的累積三個方面。權益觀念和保護意識的增強使消費者勇於站出來與商家較量，哪怕所得個人利益遠小於維護權益的投入（比如要求商家賠償1元錢），不僅保護自己的利益不受侵害，也保護了其他消費者的利益。社會大眾、組織和法律對這些勇敢者是贊賞和支持的，而不應是嘲笑和袖手旁觀。在這種情況下，商家明白消費者不是分散的，每一個消費者背後都有強大的支持者。消費者道德品質的提高使商家利用消費者「貪圖便宜」心理進行違法亂紀的行為失去了基礎。消費者多次消費中對知識和信息的累積使其增強了鑑別產品和商家的能力，商家的詐欺行為只會使消費者日漸成熟。那些故伎重演的商家只會很快失去市場的關注和支持。

（4）信息的公開和廣泛傳播有可能扭轉消費者與商家之間的信息不對稱狀況。網絡技術的廣泛使用、公民的言論自由權和新聞自由都有助於各種信息的廣泛傳播，消費者也可以通過各種渠

道瞭解到商家的信息，從而盡可能避免由於無知造成的上當受騙。但海量信息的出現又必然增加消費者的另一種負擔：信息的選擇和甄別問題都需要付出更多的時間和精力。

（5）替代食品數量、價格優勢和獲得的方便性增加有助於抑制餐飲企業詐欺顧客的囂張行為。家庭廚房的存在和食品加工業的進一步發展可以打破餐館的市場壟斷，增加消費者選擇就餐的範圍和權利。比如，價格低廉、攜帶和食用方便的工業加工食品（特別是方便面）就在一定程度上限制了火車上用膳的高價格。如果餐館的消費價格大於消費者廚房的支出，那麼很多消費者就會親自下廚做飯，而不是選擇外出就餐。

怎樣來衡量消費者在餐館交易中獲得權益的大小呢？消費者按他對物品效用的評價來決定他願意為此支付的價格，但市場上的實際價格並不一定與他願意支付的價格完全吻合。消費者願意對某物品或勞務所支付的價格與他實際支付的價格的差額稱為消費者剩餘。消費者剩餘並不是消費者實際收入的增加，而只是一種心理感覺。我們還可以用顧客讓渡價值來衡量。顧客讓渡價值是顧客總價值與顧客總成本之差。其中，顧客總價值包括顧客在購買和消費過程中所得到的全部利益，這些利益可能來自產品價值、服務價值、人員價值或形象價值；顧客總成本包括顧客為購買某一產品或服務所支付的貨幣成本，以及購買者預期的時間、體力和精神成本。

當然，一味地責備餐飲企業的不良行為，有時候也是不對的。這是因為，有些消費者的道德素質太差，本身也不具備做「上帝」的資格。比如，在顧客當中存在極少數白吃不給錢的，有故意找茬要求索賠的，有自恃高貴瞧不起服務員的，等等。因此，有企業管理人員認為，「顧客永遠是對的」、「顧客是衣食父母」，甚至跪著為消費者服務等看法或做法是有問題的，正確的做法是「合理、合法、客觀公正、相互平等」地對待每一位消費者。

2.14 用腳投票

餐飲消費需要的產生、發展和變化，同現實的生活環境、當前的消費環境有著密切的聯繫。消費觀念的更新、社會時尚的變化、社會交際的啓迪、工作環境的改變、文化藝術的熏陶、廣告宣傳的誘導、消費現場的刺激、服務態度的感召等，都會不同程度地使消費者的興趣發生轉移，並不斷產生新的消費需要，潛在的需要變成現實的行為，未來的消費提前實現，微弱的願望轉化為強烈的需求。餐飲消費者的動機具有可誘導性意味著餐飲行銷人員與服務員可以針對消費者的主導動機指向，向餐飲消費者提供有關餐飲產品的信息和資料，使消費者的購買動機得以強化，對該餐飲產品產生喜歡傾向，進而採取購買消費。這種引導有時候是合理的，符合法律和道德的要求，但也有一些誘導是不良的。

前面章節的內容曾經提到餐飲活動可以滿足人類的許多需要，人類的消費動機可以分為生理性消費動機和心理性消費動機兩大類，而許多學者將餐飲消費者的行為分為：求便型、求廉型、休閒享樂型、求新求奇型、營養保健型、信譽型等。餐飲消費者的類型表明，消費者每次消費有一個主要的驅動因素。並不是所有的消費者都喜歡同樣的餐館，因此，儘管餐飲企業可以滿足消費者許多需要，但是很難滿足所有消費者的需要。餐飲消費者對餐飲企業是否滿意不僅是「用鈔票投票」——餐飲企業的產品越符合消費者需求，消費者消費量越大，而且「用腳投票」——前往符合消費類型的餐館或離開不滿意的餐館。

「用腳投票」最早是由美國經濟學家蒂伯特（Tiebout）提出的。他認為，在人口流動不受限制、存在大量轄區政府、各轄區政府稅收體制相同、轄區間無利益外溢、信息完備等假設條件

下，由於各轄區政府提供的公共產品和稅負組合不盡相同，各地居民可以根據各地方政府提供的公共產品和稅負的組合，來自由選擇那些最能滿足自己偏好的地方定居。居民們可以從不能滿足其偏好的地區遷出，而遷入可以滿足其偏好的地區居住。居民們通過「用腳投票」，在選擇能滿足其偏好的公共產品與稅負的組合時，展現了其偏好並作出了選擇哪個政府的決定。隨著時代的發展，「用腳投票」一詞已經廣泛地運用於其他的領域，當人們對某事件、某現象、某局面不滿意時，就可以選擇「三十六計走為上策」。

在餐飲業中，消費者對餐飲企業的產品滿意時就可能「用腳投票」——多次光臨。消費者在以往消費經驗的基礎上，對某一餐館或某一菜品產生了特殊的信賴和偏好心理，從而習慣性地重複消費。引起消費者信任消費的原因有：企業良好的信譽、優質的服務、公平或優惠的價格、便利的地點等。具有信任動機的消費者不但會經常光顧企業，而且會在其他顧客中起到宣傳和影響作用，帶動其他消費者前來消費。

餐飲交往的膚淺性，交往雙方的不信任性，以及交往過程中的不對等性（消費者可以隨意選擇餐館，而餐館很難選擇消費者）使得餐飲經營活動中，消費者和餐館服務人員之間經常發生衝突。這種衝突可能是公開的，也可能是隱藏的。「用腳投票」也是解決交易雙方爭端的一種辦法。有人認為這種解決辦法來自於現代股份公司中小股東的通行做法。在現代股份公司中，儘管法律賦予了投資人主人地位，比如擁有選擇和監督經營者、表決公司重大經營決策等權力，但在現實中，很多小股東因其權益比例甚小，其能量不僅不足以約束或影響經營者，反倒連自己的某些權益都掌握在經營者手中。當小股東的「用手投票」顯得無足輕重甚至可以忽略不計的時候，小股東保護自己權益的唯一辦法就是「用腳投票」——賣掉股票走人。可以說，「用腳投票」是市場法則下的一種公平和自由選擇。

在法律還沒有明確「公有理」還是「婆有理」的情況下，「用腳投票」機制也許對「勢單力薄」的餐飲消費者來說是一種最適用的權益保護辦法。比如，開瓶費到底該不該收，顧客與店家往往各執一詞，雙方的說法可謂「公說公有理，婆說婆有理」。顧客認為，不讓自帶酒水損害了消費者選擇權，拒付開瓶費於法有據，所以就有人把店家告上了法庭；店家認為，此店是我開，我給你提供服務、提供環境，掙的就是這個錢。《消費者權益保護法》雖有「消費者選擇權」的條款，但具體到開瓶費之爭，這個「選擇權」應該認定為選擇酒店的權利，還是在酒店提供酒水與自帶酒水之間選擇的權利，並沒有界定清楚。據《北京晨報》報導，從 2007 年 7 月 10 日起，北京市工商局就《北京市訂餐服務合同》範本草稿廣徵民意①。針對目前爭議頗多的「自帶酒水」問題，合同中提出雙方協商解決的方案，即由雙方協商選擇是否可以自帶酒水。這樣的合同規定，充分體現了「合同自願協商」的原則，既考慮了對消費者合法權益的保護，又體現了對企業自主經營權的應有尊重。北京市工商局擬制定的《訂餐服務合同》，引導雙方以協商方式解決「自帶酒水」問題，是順應市場規則的明智之舉，同以往那種動輒以行政手段介入市場調節範疇的習慣相比，北京的這一舉措體現了政府角色的歸位，值得提倡。這裡，「自願協商」的合同原則實質上體現了消費者選擇「用腳投票」的權利。

儘管作為「弱勢群體」的消費者可以依賴政府機構、民間組織對餐飲企業的不良行為施加壓力或懲罰，但是消費者不再消費是對餐飲企業最好的懲罰。而消費者能否對餐飲企業「用腳投票」，主要看其與餐飲企業在市場上的相對權力地位。通常把賣方市場和買方市場劃分為三個層次：

---

① 朱爍. 北京市擬規定不給發票 顧客有權拒絕付款 [N]. 北京晨報，2007-07-09.

（1）總體的買方市場和賣方市場；

（2）局部的買方市場和賣方市場；

（3）單個商品的買方市場和賣方市場。

在餐飲業中，局部的或單個商品的買方市場和賣方市場是普遍存在的。

買方市場是指在商品供過於求的條件下，買方掌握著市場交易主動權的一種市場形態。其主要特徵是：

（1）市場商品豐富，貨源充沛，消費者能夠任意挑選商品；

（2）賣者之間在產品的花色、品種、服務、價格、促銷等方面展開激烈競爭；

（3）賣者積極開展促銷活動；

（4）消費者需求是企業生產與經營的軸心；

（5）顧客能夠獲得滿意的售前、售中、售後服務；

（6）商品的市場價格呈下降趨勢，賣者削價競銷。

賣方市場就是價格及其他交易條件主要決定於賣方的市場。由於市場供不應求，買方之間展開競爭，賣方處於有利的市場地位，即使抬高價格，也能把商品賣出去，從而出現某種商品的市場價格由賣方起支配作用的現象。這種狀況的出現可能是因為在現行的價格水準下，某種商品的供給遠小於需求，也可能是因為發生嚴重的自然災害而導致某種產品的短缺。這種提價可以一直進行到供求關係在某種價格水準上重新達到平衡為止。

可見，在買方市場上消費者用腳投票的可能性大，而在賣方市場上則很難用腳投票。消費者對餐飲服務是否滿意的另外一種投票方式是選擇支付小費。

2.15　該不該支付小費

在西方國家，小費是服務行業中顧客感謝服務人員的一種報酬形式，源於 18 世紀英國倫敦[1]。當時酒店飯桌中間擺著寫有「to insure prompt service」（保證服務迅速）的碗。顧客將零錢放入碗中，將會得到招待人員迅速而周到的服務。把上面幾個英文單詞的頭一個字母聯起來就成了 tips，譯為「小費」。各國是否支付小費是不一定的。

美國：小費現象是極普通而自然的禮節性行為。

日本：進入飯店門前須向女服務員支付小費，對於其他人員可不必付。

泰國：對象無論男女必須付小費，顧客所付的小費，無論多少，都是需要的。

瑞士：在飯店餐館中付小費是不公開的，但出租車明文規定收取車費 10% 的小費。

法國：付小費是公開的，服務性行業可收不低於價款 10% 的小費，財政稅收也將小費計入。

義大利：不公開但要給，當遇到「拒收」的「示意」時，最好是乘送帳單之機遞上小費。

新加坡：付小費是被禁止的，如付小費，則會被認為服務質量差。

北非、中東地區：必須要給小費，若顧客沒有給，服務員會追上去索取，因為小費是老人和小孩的生活費用。

墨西哥：將付小費與收小費視為一種感謝與感激的行為。

中國人向來沒有支付和收取小費的習慣。改革開放以來，隨

---

[1]　參考百度百科網頁資料（http://baike.baidu.com/view/221252.htm）。

著外國人湧入國門，一些高檔酒店、賓館的菜單、酒水單上，除餐品飲料外，還會有一項「服務費」。在個別涉外星級酒店，「服務費」一般是顧客消費金額的 15%。業內人士指出，這 15% 的「服務費」其實就是公開收取的小費。當然，有些地方「小費」並不會直接發到服務生手中，但酒店經常會組織員工進行一系列免費培訓，提高其素質，員工個人因此受益。

儘管有些國家禁止小費，認為小費有損於「文明」，但這些國家的許多服務人員會在私下收費或收禮。這種私下收費或收禮，其價值往往高於公開的小費。那麼，從經濟學理論的角度來說，小費的本質是什麼？小費該不該給？小費是不是資本主義社會的特有產物，適不適合在社會主義國家推廣？

實際上，許多國家均流行顧客向服務人員付小費的習俗，他們一般是把消費總額的 10% 作為小費來付給餐飲、旅行、司機等行業的服務者[1]。小費在許多國家是下層服務人員的一項重要收入，付小費既能代表客人對服務人員付出勞動的尊重，表達客人對服務工作的一種肯定和感謝之情，也體現客人的文化修養和文明禮貌。按照慣例，除了飯店不曾謀面的打掃房間的服務生一定要給小費外，對許多當面給客人提供特殊服務的人也要付小費。如飯店的行李員幫顧客將行李提到了房間，那顧客按理應當付給小費，但並不是所有的服務都要給小費。奧弗（Ofer）（2007）把日常生活中的小費分為 6 種形式：服務發生之前給予以誘使優質服務的「事前小費」，事前希望給予特別照顧的「賄賂小費」，作為服務報酬的「價格小費」，事後給予的「獎勵性小費」，在節日中給常年服務人員的「節日小費」，非金錢形式的「禮品小費」。

付小費雖然只是一個消費的習慣，客人自願給錢，但這是對餐飲服務的一種肯定，對高質量服務的鼓勵。在當今社會中，越

---

[1] 阿蘭（Alan）（2003）的研究表明，消費者實際感覺到的食物和服務質量與其期望值之間的差距越大，他支付給服務人員的小費越多。

來越多的行業向「服務」的職能轉變，小費其實也是對服務品質的一種變相評估。餐館所有者總是希望服務員向顧客提供優質服務，以吸引更多的顧客。餐館所有者向提供優質服務的員工頒發獎金，以激勵更多的員工努力工作。但是，由於時間和精力有限，餐館所有者並不能完全對服務員的行為進行監督，以確保服務員確實提供了優質服務。顯然，讓顧客對服務員的行為進行監督和獎懲是最有利的和最方便的。因此，由顧客向提供優質服務的員工支付小費更有利於激勵服務員的工作。在國外，一些餐廳甚至不會為前來打工者提供底薪，打工者的日常收入全憑小費，所以，服務員都會十分賣力地招呼客人。這樣做會使服務人員覺得拿客人小費是合情合理的。儘管是否給小費是消費者「自願」的，但是，如果大多數消費者不給小費或少給，也不能排除部分服務人員人向客人公開索要、暗示或變相收取小費，甚至辱罵、虐待顧客，對不同消費能力的顧客提供不同的服務等。也就是說，服務員從小費獲得的激勵力太小，顧客是很難得到優質服務的。

　　無論是事前還是事後，小費對服務人員的激勵都可以用期望理論來解釋。期望理論是美國學者弗魯姆（Victor H. Vroom）在1964年提出的，他認為，只有當人們預期到某一行為能給個人帶來既定結果，並且這種結果對個人是非常重要的時候，才會被激勵起來去做某些事情。期望理論的基本描述：M(激勵力) = E(期望值) × V(效價)。這裡，期望值就是得到一定效價的概率。如果期望值太小，或效價太小都對會使激勵力太小，這樣的激勵對人們的行為沒有影響。期望理論要求服務員只有得到的小費數量要足夠合理，並且服務員提供優質服務後獲得小費的期望值也要足夠大，小費制度才對員工的行為有激勵力。

　　餐館如果不給服務員工資，或給很少的底薪，大部分收入來源於小費，以此來激勵服務人員工作，那麼這種做法在中國是否可行？實際上這種做法很難施行。原因是國內消費者一般收入不高，大多喜歡占小便宜，沒有支付小費的習慣，或者不知道小費

應該給多少。

在中國，服務人員接受小費也可能引起餐廳後臺人員的眼紅，特別是廚房工作人員。這是因為，某些後臺人員認為有理由與前臺服務人員共享小費。如果後臺人員覺得餐館的分配制度不公平，就會採取一些「陰謀手段」阻礙服務人員收取小費。但讓後臺工作人員和前臺服務員共享小費也有不妥之處，那就會使小費對服務員的直接激勵力降低。但是，如果把小費當做是對餐廳服務人員現場菜品、酒水銷售和熱情周到服務的激勵，服務人員銷售越多，後臺人員的工資也會越高，那麼這些後臺人員是沒有理由共享小費的。事實上，根據「一堂、二爐、三墩子」的經驗說法，前廳服務人員的地位應該比後臺人員高。

再進一步，小費是在顧客就餐後支付的。如果顧客是外地人，只在餐館就餐一次，就餐後他會對服務員提供的優質服務支付小費嗎？如果顧客是自私的人，他有很大可能不支付小費。除了可能遭受服務員或其他人的譴責和鄙視外，不會有其他損失。如果顧客是本地人，無論他是否自私都可能支付小費，這是因為，本地顧客再次消費的可能性大，容易被服務員記住。如果提供優勢服務的服務員沒有收到顧客的小費，那服務員有機會在顧客下次就餐時以劣質服務報復。為避免報復和獲得更多、更好的服務，本地顧客大都願意支付小費。餐館的顧客多數以本地人為主，服務員有時候很難區分前來就餐的顧客是本地的還是外地的，而即使是外地顧客也可能支付小費。這就使得服務員對所有顧客都可能提供優質服務。因此，小費制度對服務員的工作激勵通常認為是有效的。但也有研究認為，小費與良好服務之間的聯繫是非常微弱的，支付小費並不能有效激勵和監督服務人員努力工作[1]。

---

[1] MICHAEL LYNN. Restaurant tips and service quality：a weak relationship or just weak measurement [J]. Hospitality Management，2003（22）：321-325.

賈躍千等人（2005）運用新制度經濟學、微觀經濟學以及管理學等基本理論研究小費制度後認為，小費產生於服務人員勞動的不確定性，是一種在服務人員和消費者之間不便成文也無須成文的潛規則，帶有明顯西方社會背景的服務價格雙軌制（基本服務對應正常報酬，迅捷服務或額外服務對應小費），並且對服務人員具有工作激勵和收入補償作用，其多樣化的合約安排則受到不同國家和地區的文化背景以及不同行業的服務勞動所占比例的影響（典型行業的小費形式隨著服務勞動占總產品的比例提高，呈現出從定比例小費到較高定額小費變化的趨勢），目的在於克服消費者和服務人員的機會主義行為（逆向選擇和道德風險）。

2.16　分餐制和 AA 制

中國烹飪協會 2003 年提出《餐飲業分餐制設施條件與服務規範》（以下簡稱《規範》），要求各地餐飲企業推行分餐制。《規範》指出，分餐制是指服務人員或消費者通過使用公用餐具分配菜點，使用各人餐具進食的就餐方式，主要有三種形式：廚師在廚房將菜點按每客一份分配；服務員在臺面將菜點分配給每位就餐者；就餐者通過使用公筷、公勺分取菜點，再用各自餐具進食。最嚴格的分餐制是事先分配好聚餐者的食物。但除了食物短缺和非常少見的場合，這種做法顯然沒有必要。自助餐作為分餐制的一種，不事先分配食物，而是由就餐者各取所需。

合餐製表現的一般形式是：桌上中間放著器皿盛裝的各種菜肴，人們各自盛自己的飯，用筷子向中間的器皿裡夾菜。這種進餐方式，在中國到處都可見到：上至國家宴請，下至普通百姓，多以這種方式吃飯。這種就餐方式反應了中國農耕民族以家庭血緣關係進食的特點，與遊牧民族分餐式進食方式有著很大的不同。

分餐制在世界範圍內並非古已有之。即使在西方，它也僅有幾百年的歷史。在文藝復興運動之前，合餐制在世界範圍內都曾占統治地位，是人類在前現代時期的共同傳統①。在前現代階段，人的個體意識尚未普遍生成，自然不會強調在聚餐時尊重人的個體性，以合餐的方式共享食物就是理所當然的。根據資料記載，古代希伯來人聚餐時圍著餐桌進食，不但用手直接抓食物，而且還習慣於把手中的食物遞給夥伴。古代希伯來人曾居住在兩河流域，其飲食結構和生活方式與阿拉伯人接近，不少阿拉伯人至今仍保留著合餐的傳統。希伯來文化又對西方有著決定性的影響（通過基督教），早期歐洲人在用手進食這一點上與古代希伯來人完全相同。

　　直到中世紀，西方人尚沒有實行現代意義上的分餐制。這時的宴會往往讓兩個或兩個以上的就餐者共用一個湯碗，人們還習慣於用手直接取食物。為了表示對他人的尊重，在就餐前公開洗手就成為禮儀性的活動，以便其他就餐者知道他的鄰座的手在伸向餐盤拿食物時是乾淨的。如果大家仍在共同的餐具中用餐，則要求就餐者「在到其他盤子中拿食物前，應該每次都擦自己的勺子，因為別人不想喝你用過的勺子碰過的湯」，「甚至如果與你進餐的是非常優雅的人，擦自己的勺子已不足夠，你應該不用它而另要一把」。後來，擦勺子和換勺子之類的習慣逐漸被使用公共餐具的習俗所取代，「勺子與餐盤一起端上來，用以盛湯或獲得調味汁」。經過一系列細緻的變革，新的就餐方式建立起來了：每個人有自己的盤子和勺子，湯則由專門的公共工具來分配。分餐制——確切地說，現代就餐制的興起與文藝復興時期形成的平等、自由、尊重他人的理念有因果關係，生產力水準的提高（可以普遍設置公共餐具）則為之提供了客觀條件。

---

　　① 王曉華. 分餐制與現代精神（2009－03－18）［2010－09－12］. http：//www. eyii. com/news/speech/2009318/5824. html.

查閱中國春秋以前的史書就可以知道，君主進餐或者宮廷舉行宴會，每個大臣或者君主面前都有各自的餐桌，都有等級分明的器物，如「天子食九鼎，王食七鼎，諸侯食五鼎，大夫食三鼎」。可見，中國上層階級吃飯時是實行分餐制的。這一傳統一直延續到明朝，只是到了滿族統治的清朝，皇帝請大臣吃飯才成了聚餐式的進餐方式①。這種改變可能是受了中國民間大家庭進餐方式的影響，也可能是為了迎合漢族的習俗。

現代社會中的東方人仍然喜歡一家人都在一個盤子裡夾菜吃飯，或一桌人輪流喝同一杯酒，西方人則喜歡分餐制。有人認為，這是因為東方人重親情、友情，講求集體主義；西方人重個人尊嚴和獨立，講求個人主義。最近幾個世紀以來，西方文明的發達程度逐漸超越東方，於是許多人認為，西方的分餐制更科學，因為它講究飲食衛生，避免了疾病在人群之間的傳染。歸納起來，分餐制相對於合餐制有以下優點：

第一，有利於節約糧食，減少浪費。中國各種合餐（家宴、請客、會餐等），抱著讓大家吃好、吃飽的心理，總是要剩一些飯菜，結果造成很大浪費；而分餐制各取所需，根據自己的飯量和需要進食，避免了浪費。合餐制時，難以把握進食的標準和尺度；分餐制可以按照要求配備他們的食譜，不至於過量進食，避免陪吃、陪喝造成的過量飲食浪費。中國相對來說是個食品短缺的國家，我們有著世界上最龐大的人口，而人們面對食物的嚴重浪費，往往無動於衷，不能不讓人感到心痛。分餐制可以知道誰在浪費食物。西方人在吃飯時顯得很莊重，甚至飯前還要祈禱。在他們看來，吃飯是人們生活的一個重要組成部分，也是充分享受生活恩賜的時候，因此，無故浪費食物是一種不可接受的行為。

---

① 張麗萍認為中國民間實行合餐制開始於唐代。張麗萍. 分餐制的歷史探析與發展 [J]. 綏化師專學報，2004，24（3）：48.

第二，防止「病從口入」。食源性傳染病種類繁多，危害巨大。如果其中一人是傳染病患者或病菌攜帶者，其用過的筷子、接觸過的食物，都有可能成為傳染疾病的源頭。合餐時，很可能使某些人的唾液、口腔中的幽門螺旋杆菌傳染給他人，這種病菌較為頑固，是造成慢性胃炎、消化道潰瘍的主要原因。在2002年非典型肺炎疫情處於高峰時，國人曾短暫地提倡過分餐制，但隨著瘟神的逐漸退隱，這種僅僅強調防病避災的飲食實驗很快就消失在萌芽狀態。中國人群中的乙肝病人是世界上最多的，有1億之多。有人懷疑，中國乙肝患者發病率較高的原因之一是沒有實行分餐制。

第三，分餐制、合餐制體現了食物分配習慣的差異。合餐制雖然名義上是有飯同食，但實際上不公平。在合餐制中，就餐者一般只可以夾自己面對的就近的食物，否則會被視為無禮，攝於權威有時也不敢多食；需要等長輩和小孩先吃，自己後吃、少吃；吃的時候要給小孩夾菜，以示長輩對晚輩的關心，但夾菜的人得有權威，否則有人會不服氣。合餐制這種吃飯方式反應不出誰多吃、誰少吃了，特別是動作慢的很難說能吃飽，通常那些吃得快的人容易多吃多占。分餐制的好處在於按需取食，盡可能分配公平。

第四，合餐制講求吃飯時家庭的濃鬱感情和氣氛，分餐制講究個人獨立自主、尊重他人的人文精神。一家人吃飯的時候可碗筷共用，同一個酒杯喝酒更常見，在國人眼裡這是增進情誼的有效方法。分餐制中使用刀叉將菜取後放到自己餐盤進行第二次加工，以免在公共餐盤中切菜不雅觀。有學者認為，刀叉必然帶來分餐制，而筷子肯定與家庭成員圍坐桌邊共同進餐相配。西方一開始就分吃，由此衍生出西方人講究獨立，子女長大後就獨立闖世界的想法和習慣；而筷子帶來的合餐制，突出了老老少少坐一起的家庭單元，從而讓東方人擁有了比較牢固的家庭觀念，有利於提高大家「有飯同食」的樂趣。

第五，分餐制最大的好處就在於，隨著生活水準的提高，人們越來越注重營養的均衡搭配，推崇個性化的飲食風格。分餐制能夠很好地滿足這兩項需求，也能夠使中國餐飲業更好地與世界接軌。

說到分餐制，很容易使人想到餐飲聚會中的「AA制」。有人認為「AA」是「Algebraic Average」的縮寫，也有人認為是「Acting Appointment」或「All Apart」的縮寫，都是按人頭平均分擔帳單的意思。普遍認為，「AA制」來源於16世紀—17世紀的荷蘭。當時荷蘭是海上商品貿易和早期資源共享本主義的發跡之地，因為終日奔波的荷蘭商人流動性很強，一個人請別人的客，被請的人說不定這輩子再也碰不到對方而不能回請了。為了大家不吃虧，彼此分攤餐費便是最好的選擇了。荷蘭人極其精明，凡事都要分清楚，逐漸形成了「let's go dutch」（或Let's go fifty-fifty, Going Dutch）的俗語，幽默的美國人將這句話引申成為「AA制」。從20世紀60年代末到70年代初開始，隨著女性社會地位的提高，女士感覺到和男士聚會時也應該付帳，而不是全部由男士買單，於是「AA制」開始盛行起來。

「AA制」在美國還有另一種表現形式，那就是在聚會時每個人都帶一個菜。在中國也有同樣的做法。並且國人歷來講究「親兄弟，明算帳」，在各地方言中也有「AA制」的說法，如，上海方言叫「劈硬柴」，四川話叫「打平伙」。此外，中國人在請客吃飯時，一般召集人負責買單，但這並不代表沒有實行「AA制」。他們往往採取「這次我買單，下次你買單」，這種「AA制」要比西方的「AA制」含蓄得多。總吃大戶的結果會導致關係中斷，除非花錢買氣派。一般情況下，如果事先沒有說好誰請客，採用「AA制」付錢方式的好處是各付各的帳，心安理得，免得欠下別人請客吃飯的人情債。

2.17 筷子與刀叉的經濟涵義

世界各地早期的人們吃飯都是用手抓——即使到了現在，一些地區的居民還沿襲用手抓的習慣。後來人們學會了在就餐過程中使用工具輔助取食：東方人用筷子，西方人用刀叉。在一般人看來，餐具的不同僅僅是飲食習慣的差異問題。雖然筷子和刀叉的來源有不同的解說，但是從餐具的製造和使用經濟的角度來看，我們卻能產生不同的猜想。

（1）猜想一：筷子的使用是因為其製造和使用成本低廉。設想一下，在遠古時代，東方人的祖先捕獲的動物實在稀少，植物的地下莖和果實逐漸成為主食。遠古人類偶然發現，經過火烤熟的食物味道鮮美，更利於消化。於是，人們逐漸使用火來烤熟食物。那麼，如何將烤熟的食物從燙手的火堆中取出來？同樣是偶然的原因，人們發現用樹枝將食物從火堆中刨出來，不會把手燙壞，並且用兩根樹枝比用一根樹枝更容易夾取食物。兩根樹枝就成為東方筷子的雛形。顯然，筷子的製造成本極低——到處都有樹枝。北方多木，南方多竹，我們祖先便就地取材，故竹木是中國筷子的主要原料。

筷子的使用成本也低——相比於刀叉的扎和挑，筷子夾取食物更省力和更容易成功：可以完成扎、穿、挑、夾、撈、扒、拌、攪、拉等多套動作，還可以免去飯前、飯後洗手的繁瑣禮儀和清潔的必要。

（2）猜想二：刀叉的使用同樣是因為其製造和使用成本低廉。遠古的西方人也許比東方人幸運——能夠捕獲到更多的動物。他們對肉類的食用辦法也許只有兩個：一是借助於雙手的撕扯，二是借助於石刀或者骨刀來分割食物，用大的魚刺叉取肉屑（這比用粗大手指和樹枝更容易拾取到細小的肉末）。石刀、骨刀

和魚刺可以從四周或死去的動物屍骨中很容易找到，這就是原始形態的刀叉製造成本低的原因。

其次，原始的刀叉比筷子更容易用來宰殺、解剖、切割動物，且可以反覆多次使用，這是其使用成本同樣低的原因。隨著銅和鐵等金屬冶煉技術的發現，石刀、骨刀和魚刺逐漸被金屬刀叉所替代。因為用刀把食物送進口裡不雅觀，而且很危險，15世紀西方人改用叉叉住肉塊。但在叉取食物前，要用刀子切割。

為什麼在西方餐具中沒有筷子，而在東方餐具中幾乎不用刀叉？有人認為，這與農業結構有關（張吳湖，2006）。西方農業結構以畜牧業為主，主食是牛羊肉，用刀切割肉；麵包之類是副食，直接用手拿。東方的農業結構以種植業為主，主食是米面和雜糧，副食有蔬菜和禽畜肉（一般烹煮之前都用刀加工好），主副食都可用筷子。

談到筷子和刀叉的使用，不能不使人聯想到廚師的刀功和炒菜動作，進一步聯想到了生產與運作管理研究領域的一個重要分支：動作研究。動作研究，又稱為工作研究、工作設計或是方法工程，其研究的對象都是在工作中，如何找出最簡最優的方法，以最少的動作達到節約人力、提高效率、降低時間成本以提高經濟效益的目的，包括「方法研究」和「時間研究」兩大類。

動作需要符合經濟原則。動作經濟原則又稱省工原則，是使作業（由動作組成）能以最少的「工」的投入，產生最有效率的效果，達成作業目的的原則。「動作經濟原則」是由美國人吉爾布雷斯（Gilbreth）開始提倡的（他被後人尊稱為「動作研究之父」），其後經許多工業工程的專家學者研究整理而成。熟悉掌握「動作經濟原則」對有效安排作業動作，提高作業效率，能起到很大的幫助。動作經濟的四項基本原則為：減少動作數量、追求動作平衡、縮短動作移動距離、使動作保持輕鬆自然的節奏。這

四個原則又可以整理成動作經濟的 16 原則①，基本上集中於人體、設備和環境三個方面。

1. 關於人體動作方面

（1）雙手並用的原則：能熟練應用雙手同時進行作業，對提高作業速度大有好處。單手動作不但是一種浪費，同時也會造成一只手負擔過重，動作不平衡，雙手除休息外不能閒著。另外，雙手的動作最好同時開始，同時結束，這樣會更加協調。

（2）對稱反向的原則：從身體動作的容易度而言，同一動作的軌跡週期性反覆是最自然的，雙手臂運動的動作如能保持反向對稱，雙手的運動就會取得平衡，動作也會變得更有節奏。

（3）排除合併的原則：不必要的動作會浪費操作時間，使動作效率下降，應加以排除；而即使必要的動作，通過改變動作的順序、重整操作環境也可減少。

（4）降低動作等級的原則：動作等級越低，動作越簡單易行；反之，動作等級越高，耗費的能量越大，時間越多，人也越容易感到疲勞。人身體的動作可按其難易度劃分等級，具體如表 2.2 所示：

表 2.2　　　　　　　　　　動作等級

等級	動作
1	以手指為中心的動作
2	以手腕為中心的動作
3	以肘部為中心的動作
4	以肩部為中心的動作
5	以腰部為中心的動作
6	走動

---

① 美國加州大學的巴恩斯（Ralph M. Barnes）將其歸納為 22 原則。

（5）減少動作限制的原則：在工作現場應盡量創造條件使作業者的動作沒有限制。這樣在作業時，人的心理才會處於較為放鬆狀態。

（6）避免動作突變的原則：動作的過程中，如果有突然改變方向或急遽停止必然使動作節奏發生停頓，動作效率隨之降低。因此，安排動作時應使動作路線盡量保持為直線或圓滑曲線。

（7）保持輕鬆節奏的原則：動輒必須停下來進行判斷的作業，實際上更容易令人疲乏。順著動作的次序，把材料和工具擺放在合適的位置，是保持動作節奏的關鍵。

（8）利用慣性的原則：動作經濟原則追求的就是以最少的動作投入，獲取最大的動作效果，如果能利用慣性、重力、彈力等進行動作，自然會減少動作投入，提高動作效率。

（9）手腳並用的原則：腳的特點是力量大，手的特點是靈巧。在作業中如果能夠一起使用，一些較為簡單或者費力的動作可以交給腳來完成，對提高作業效率會大有幫助。

2.17.2　關於工具設備方面

（10）利用工具的原則：工具可以幫助作業者完成人手無法完成的動作，或者使動作難度大為下降。因此，從經濟的角度考慮，當然要在作業中盡量考慮工具的使用。

（11）工具萬能化的原則：工具的作用雖然巨大，但是如果工具的功能過於單一，進行複雜作業就需要用到很多工具，不免增加工具尋找、取放的動作。因此，組合經常使用的工具，使工具萬能化也就成為必要了。

（12）易於操縱的原則：工具最終要依賴人才能發揮作用，在設計上應注意工具與人的結合方便程度，工具的把手或操縱部位應做成易於把握或控制的形狀。

2.17.3　關於環境布置方面

（13）適當位置的原則：工作所需的一應材料、工具、設備等應根據使用的頻度、加工的次序，合理進行定位，盡量放在伸

手可及的地方。

（14）安全可靠的原則：作業的心理安定程度對作業效率也會有直接影響，如果作業者在作業過程中總擔心會受到傷害，心理的疲憊會導致生理疲憊。因此，應確保作業現場的一應設施、材料、布置、作業方法不會存在安全隱患。

（15）照明通風的原則：作業場所的燈光應保持適當亮暗程度和光照角度，這樣，作業者的眼睛不容易感到疲倦，作業的準確度也能有所保證。良好的通風、適當的溫濕度也是環境布置上應重點考慮的方面。

（16）高度適當的原則：作業場所的工作臺面、桌椅的高度應該處於適當的高度，讓作業者在舒適安穩的狀態下進行作業。工作臺面的高度還會因操作的內容不同而有所差異。

雖然這些原則對許多就餐者和廚師來說，並不完全清楚，但是，對於那些進餐動作講究的消費者和技藝高超的廚師們來說，他們的動作都或多或少透露了一些上述原則①。更重要的是，利用這些原則來研究烹飪技藝和服務動作，以及開發更有效率的廚房設備和餐具是有現實意義的。比如，臺灣學者陳一郎（Yi-Lang Chen，音譯）1998年通過實驗研究了6種不同形狀的筷子，在以其發生「夾」、「拉」和「移動」3種不同的動作後發現，圓柄和頭部刻槽的筷子使用效果最好，但是成本高且難以清洗②。因此，他建議使用圓柄方頭的筷子，而不是在臺灣廣泛使用的圓頭方柄的筷子。

---

① 比如「庖丁解牛」的故事，就說明了戰國時代的庖丁對解牛的動作和程序是深有研究的。

② Yi-Lang Chen. Effects of shape and operation of chopsticks on food-serving performance [J]. Applied Eegonomics, 1998, 29 (4)：233-238.

2.18 外出就餐的經濟學解釋

根據《中國統計年鑒1993—2003》的數據,中國城鎮居民外出用餐的費用占消費性支出的比例在十年間是逐年上升的(圖2.13)。統計數據表明,2005年中國餐飲業零售額實現8,886.8億元,同比增長17.7%,比上年淨增1,336億元,高出社會消費品零售總額增幅4.8個百分點,占社會消費品零售總額的比重達到13.2%,對社會消費品零售總額的增長貢獻率和拉動率分別為17.4%和2.3%,全年實現營業稅金488.8億元,同比增長17.8%。2006年,中國餐飲消費全年零售額首次突破萬億元大關,達到10,345.5億元,同比增長16.4%,比上年淨增1,458億元,連續16年實現兩位數高速增長,與改革開放初期的1978年相比增長了188倍。

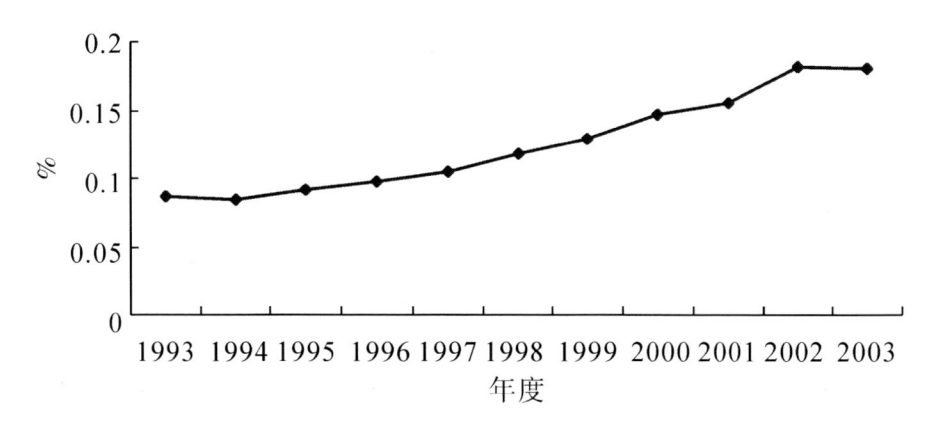

圖2.13 1993—2003年中國城鎮居民外出用餐的費用占消費性支出的變化

阿詩瑪(Ashima)和巴里(Barry)兩位博士在2004年研究了1987—2000年間美國人外出就餐的趨勢與營養之間的關係,發現:儘管出現了更多的營養問題,但相比於1987和1992年,在1999—2000年間更多的美國人外出就餐,並且外出就餐的頻率也大大增加。那麼,人們外出就餐花費增加的真正原因是什麼?

要從經濟學上來回答這個問題，我們必須把消費者「外出就餐」和「在家就餐」兩種選擇的成本—收益進行比較。人們在家就餐的成本有：購買烹飪原料的支出和時間——特別是買菜的支出和時間成本、做飯的時間成本、飯後收拾餐桌和廚房用具的時間成本、水電氣支出和廚房設備折舊費用等，用 C_{home} 表示；在家就餐的受益有：不用東奔西跑花費時間、精力和交通費用選擇餐館，家庭親情氛圍的享受，就餐時間一般沒有限制，家庭成員展示烹飪手藝所獲得的自豪感等，用 R_{home} 表示。

消費者外出就餐的成本包括：選擇餐館的成本、餐費價格、排隊等待時間成本、就餐時間限制等，用 $C_{away-home}$ 表示；外出就餐的收益包括：節約買菜、做飯和飯後收拾餐桌的時間成本，社會交際需要，享受餐廳氛圍，享受美食等，用 $R_{away-home}$ 表示。顯然，從個人理性選擇的角度看，當在家就餐的淨收益 $NR_{home} = R_{home} - C_{home}$ 大於外出就餐的淨收益 $NR_{away-home} = R_{away-home} - C_{away-home}$ 時，個人會選擇在家就餐；反之，當 $NR_{home} < NR_{away-home}$ 時，個人選擇外出就餐；當 $NR_{home} = NR_{away-home}$，個人既可能選擇在家中就餐，也可能選擇外出就餐。

根據對消費者在家就餐和外出就餐的成本、收益進行分析，我們可以發現，在現代社會中人們外出就餐日益增加的原因有以下幾點：

（1）由於人類社會的發展變化，個人外出工作的機會成本會改變。隨著外出工作收入的增加，大多數人在家做飯的機會成本會越來越大，他們越可能放棄在家做飯和選擇外出工作。如果外出就餐節約一部分做飯時間就可能獲得更多收入，那麼增加的收入甚至可能超過外出就餐所需的餐費。Wendy 等人（2000）研究了英國不同人群屬性（年齡、性別、職業、家庭收入、教育層次、種族等）在不同類型餐館就餐的概率之間的關係，發現了諸多有用的結論，比如，在大多數情況下收入越高的人群越可能外出就餐，隨著年齡增長人們到快餐店就餐的可能性越小，等等。

（2）現代家庭人口規模的減少也是人們選擇外出就餐的原因。傳統大家庭可能專門分派一個或幾個成員負責買菜做飯。這個工作通常由家庭主婦來完成，實際上她是集中了每個人的買菜、做飯及飯後收拾餐桌的工作時間。如果家庭成員人數足夠多的話，她的工作是值得的。這個時候的家庭人口數可以稱為最優家庭就餐規模。而如果家庭就餐人數太少，那她專職做飯的事情不夠她一天的工作量，如果沒有其他事情可做，一天中會有段時間空閒，這是不經濟的；如果家庭人數太多，但又不夠幾個家庭成員全職做飯，其中總會有人閒置部分時間，這也是不經濟的。當家庭人數減少到一定程度，即使家庭主婦也會外出工作。

（3）生活節奏加快、消費觀念更新和社會交往活動頻繁將進一步加快餐飲社會化發展的步伐。商務交易、會展活動、居家消費、商務與個人旅行、休閒娛樂等均成為帶動餐飲消費的動因，這意味著外出就餐的人員將日益增多，餐飲業消費需求將不斷擴大，與之相對應的消費門類將突破傳統的就餐範疇，呈現出便利化、多元化、現代化的發展趨勢。

（4）餐飲集中加工技術和管理水準的提高，使得餐飲產品和服務價格下降。過去，經濟危機的爆發會使大多數工薪階層的收入下降，人們被迫選擇在家就餐以節省開支[①]。現在，同樣是由於經濟危機導致的薪水下降，極少數發達國家的一些上班族發現，由於餐館的大規模生產導致菜品成本大幅度下降，外出就餐的花費反而比自己在家買菜做飯的成本低，相對於經濟繁榮時期他們更不願意在家就餐了。

此外，交通的日趨便利，餐館的就近社區分佈使人們更容易找到餐館；烹飪已經日益成為一門高技術活，一個人如果沒有受

---

① 在最近幾年，金融危機的爆發使大部分的美國人收入減少，人們外出就餐的支出和頻率也相應減少。據 Harris Poll 2009 年 3 月 9 日至 16 日通過網絡對 2,355 個美國成年人的調查，74% 的美國人準備在接下來的六個月內減少到餐館就餐的開支，而去年十一月的數字是 65%。

過長期專門訓練，他通過在家做飯獲得的滿足感也可能很小；人們更多地選擇外出就餐是滿足美食需求。上述原因均可能使在家就餐的淨收益小於外出就餐的淨收益（即 $NR_{home} < NR_{away-home}$），最終導致越來越多的人選擇更頻繁地外出就餐。

2.19 公共食堂和社區餐廳

在中國一度出現過興辦公共食堂，搗毀私人廚房的事情[①]。在大躍進初期，公共食堂雖然在全國許多地方出現，但是沒有遍及。1958 年 8 月中共中央《關於在農村建立人民公社問題的決議》公布後，受到河南省人民公社模式的引導，在 100 多天的時間內，全國農村辦公共食堂 265 萬個，在食堂吃飯的農民達到 90%。1960 年初，城市和街道舉辦的食堂有 50,311 個，就餐人數 522 萬人，占城市人口的 7.8%。1961 年 3 月至 6 月間各地食堂遭到群眾強烈反對，逐漸被解散。

農村合作化以後，在農忙時節為了方便農民及時、及早出工，就有臨時性的公共食堂出現。除此原因外，在辦公共食堂的初期，大部分人歡迎公共食堂的原因有：

（1）農村婦女擺脫家務勞動的要求，從此把婦女叫做「做飯的」和「家裡的」的代名詞也逐步消失[②]；

（2）婦女適合種植蔬菜的工作，婦女參加勞動可以增加收入；

（3）人多勞動力少的困難戶和「五保戶」願意吃食堂；

[①] 有關公共食堂的描述參考了王逍（2001）、李若建（2004）和陳仁濤（2005）的相關研究文獻。

[②] 美國人阿莫斯圖認為，由女權主義者和社會主義者發起的「反烹飪」運動已有 100 多年的歷史了，該項運動旨在把女性從廚房中解放出來，用廣泛的社團代替家庭。阿莫斯圖. 食物的歷史 [M]. 何舒平，譯. 北京：中信出版社，2005：22.

(4)公共食堂體現了「有飯同食」、「吃飯不要錢」的共產主義社會的優越性。

而反對公共食堂的原因有:
(1)吃食堂不能體現多勞多得;
(2)公社食堂的初期消費是非理性的,存在大量浪費現象;
(3)總是有人利用職權佔有比別人更多的資源。

實行公共食堂的後果是各地出現大量餓死人的現象。劉少奇1961年在湖南家鄉調查時發現,有一個食堂原有120人,死了近20人,跑了十幾人。1960年是人口損失最嚴重的時期,當年人均糧食消費164斤,日平均0.45斤,基本上能夠維持生命的最低極限。如果糧食平均分配,全國不會餓死那麼多人。著名學者李若建(2004)分析了不同利益群體在大躍進公共食堂中的行為,指出,「向上負責而不是向下負責的權力模式和缺乏制衡是導致困難時期悲劇發生的主要原因之一,但在公共食堂這一問題上,人的良知與慾望的衝突,個人的價值取向,特別是利己的價值取向也是導致悲劇發生的重要因素」。現在看來,悲劇的產生緣於:大鍋飯破壞了人們勞動的積極性,沒有監督的權力導致腐敗和事實上的分配不公,沒有考慮勞動者個人的特殊需求而破壞生產力。

由於按人頭平均分配食物能夠簡化管理工作,迅速解決很多人的就餐問題,保證人們在沒有支付能力下的基本生理需要,公共食堂雖然在現實生活中沒有普遍存在,但並沒有完全從生活中消失,如軍隊食堂和許多福利院食堂就具有公共食堂的特點。在某些特殊情況下,公共食堂又可能再次出現。比如,2008年「5/12」汶川大地震中,災區出現的公共食堂解決了很多人的吃飯問題,既穩定了災區人民的情緒,又保證了救災工作的順利進行。

幾十年過去了,二十世紀末期在有些居民相對集中的社區內又出現了「社區餐廳」(又稱為「社區食堂」)這一現象。社區餐廳和公共食堂的共同點是幫助就餐者節約買菜做飯的時間,唯一不同的是,前者吃飯要錢,後者不要錢。社區餐廳出現的主要

原因是人們的生活節奏變得越來越快了，用於料理一日三餐的時間越來越少。比如，在現代社會中，剛成家的年輕夫婦對於休閒生活的熱愛遠甚於對於日常生活問題的重視，中年夫婦由於工作繁忙和對家人的照顧沒有更多時間解決吃飯問題，至於那些老年家庭要麼無暇做飯，要麼沒有能力料理三餐。此外，相對於餐館和私人廚房，社區食堂更便宜和方便。那麼，社區食堂為什麼會出現，在什麼時候出現？從經濟學角度進行探討也許能給我們一些答案。

通常一個勞動者除節假日外其每日時間可以分為以下四個部分：①工作時間，包括上班時間和上下班往返時間；②生理需要時間，包括吃飯、睡覺、上廁所時間；③家務勞動時間，包括買菜做飯、洗衣服、照料和教育小孩、照顧老人等時間；④閒暇時間，包括娛樂、鍛煉、旅遊等時間。

由於每個人每天的時間是固定的，如果要延長某部分時間，必然要減少其他部分時間的消耗。延長工作時間，就需要縮短生理需要時間、家務勞動時間或者閒暇時間；延長娛樂時間，就需要縮短工作時間、家務勞動時間或者生理需要時間。

雖然人們並沒有用金錢來準確衡量花費每部分時間所得到的總效用，但是會自覺或不自覺地比較延長或縮短每部分時間所獲得的邊際效用，以合理安排整日時間，使得從各部分活動中獲得的總效用最大。比如，如果勞動者延長單位工作時間所獲得的效用比縮短單位生理需要時間所損失的效用大，他就會延長工作時間；反之，勞動者就可能縮短工作時間，而在生理需要時間上花費更多時間。

一般說來，在一定社會環境條件下勞動者的工作時間變化不大，勞動者現在對閒暇時間愈來愈看重，就可能縮短生理需要時間和家務勞動時間。生理需要時間中睡覺、上廁所吃飯時間幾乎無法減少，而家務勞動時間減少的可能性最大。

目前，家務勞動時間的縮短主要有兩條途徑：一是家務勞動

的機械化，二是家務勞動的社會化。儘管廚房設備的發明和使用可以簡化家庭烹飪工作，減輕勞動強度，提高勞動效率，甚至將人從廚房中解放出來，但是缺點也是明顯的：機械對人工的替代有一定的限度，家庭機械的閒置率較高，會造成社會勞動的浪費。況且，除非有人把烹飪作為一種工作享受，沒有多少人願意每天花幾個小時待在廚房勞作。因此，社區食堂比家庭廚房更經濟。隨著收入的增加，消費者首先會通過家務勞動的機械化縮短家務勞動時間；收入水準的進一步提高後，家務勞動社會化可能逐漸成為消費者的必然選擇。

在社會範圍內實現的公共消費活動不同於以家庭為單位的個人消費，其存在是為了滿足人類的共同需要，並且可能獲得規模經濟的好處。恩格斯在《愛北裴特的演說》一書中對消費的規模經濟問題曾經做過詳細的分析。他非常贊成空想社會主義者羅伯特·歐文（Robert Owen）關於消費本位選擇和消費規模經濟的某些主張。恩格斯認為，在私有制經濟條件下家庭廚房是非常浪費的，因此假設有了公共食堂和公共服務所後將會有 2/3 從事家庭廚房工作的人會被解放出來。

比如，買菜做飯所用的時間就比較大。如果自己做，早餐需要半個小時，晚飯要 1 個半小時，中午吃食堂或者下館子，那麼每天花費在做飯上的時間也至少要兩個小時。假設每個家庭由 1 個人負責做飯，則 100 戶居住集中的家庭每天需要 100 人花費 200 小時。如果雇請專職廚師為這 100 戶人家做飯，每名廚師每天工作 8 小時，那麼只要 25 個人就可以完成 100 戶人家做飯的工作，從而大大減少每個家庭的家務勞動時間。如果再考慮社區餐廳的規模經濟，則需要的專職廚師會更少。

但是，社區食堂容易暴露家庭的飲食隱私，不能完全滿足就餐者的特殊要求（如時間、地點和烹飪原料、技法的要求），由於信息不充分在分配制度和監督制度上也容易出現問題，因此社區食堂在一定程度上也有其局限性。

原始社會實行公共食堂，實行「有活同干、有飯同食」的社會制度，原因是當時生產力低下、需要公共食堂的平均分配來保護每一位社會成員。私有制開始後，廚房進入家庭，目的是顯示個人對私人財物的處治權，盡可能照顧個人和家庭的特殊需求，避免公共食堂分配上的不公平對個人利益的損害。隨著經濟社會的發展，家庭廚房的不經濟性日益顯現。人們開始是通過廚房設備的機械化、自動化來節省時間，減輕勞動強度，或者從原材料的社會加工方面來節省時間，比如使用淨菜（經過處理、可供烹飪的蔬菜）、半成品食品等。在現代社會，大量婦女從家庭走向社會，家庭廚房日趨受到冷落，人們經常外出就餐和食用快餐食品或現成的工業化生產的食品。隨著食品工業化生產成本和銷售成本的下降、社會物流系統的發達，當食品多樣化能夠滿足個人的特殊需求後，人們更願意放棄家庭廚房，選擇社區餐廳或現成食品了。至於吃飯不要錢的公共食堂是否能在全社會實現，可能性還是相當渺茫。沒有食物的最終約束和激勵，人類社會就會失去發展的原動力。

2.20　就餐成本及菜品的性價比

下班後，兩個同事相約去吃火鍋。但是究竟是去門口的小攤點吃串串香呢，還是去離公司較遠的一家重慶火鍋店吃火鍋？經過一番討論，最後還是決定舍近求遠，破費一次去吃重慶火鍋。理由是，無論在色、香、味，還是在服務和菜品質量上，重慶火鍋都與門口的串串香存在較大差別。曾經聽說，成都的好吃嘴們經常駕車跑100多公里遠的路程去吃一碗傳說中特別有味道的麵條。諸如此類的事情還很多，並且這些就餐地方的選擇都涉及餐飲消費的成本和收益權衡問題。根據對生活經驗的歸納，餐飲活動的成本主要有：餐館搜尋成本，前往餐館的交通成本，菜品、

飲料和服務的消費成本,以及精神負擔成本①,進一步可以劃分為餐前、餐中和餐後成本。

(1) 餐館搜尋成本。消費者找到餐館的方式有直接走訪,電話、網絡和報紙廣告查找,熟人諮詢,甚至道聽途說,搜尋成本通常包括時間成本、交通成本和其他查詢費用。餐館搜尋成本隨著搜尋次數增加而增加。由於搜尋成本的制約,消費者對餐館的搜尋次數是有限的。最佳搜尋次數是搜尋的邊際成本等於預期的邊際收益時的搜尋次數,由搜尋成本和搜尋的預期收益之間的相互關係確定。一般說來,隨著搜尋次數的增加,每次搜尋的預期邊際效益都在減少,而邊際成本卻在增加。這就說明,餐館的最佳搜尋次數是存在的。假設 DD' 代表搜尋的預期邊際收益曲線,CC' 代表搜尋的邊際成本曲線,則其交點 N 表示最佳的搜尋次數。當搜尋次數小於或等於 N 時,搜尋是經濟的;當搜尋次數大於 N 時,搜尋是不經濟的(圖 2.14)。理論認為,最佳搜尋次數就是搜尋邊際成本等於邊際收益時的搜尋次數。從生活經驗來看,居住在某地的消費者搜尋附近餐館的次數大約在 3 次左右。

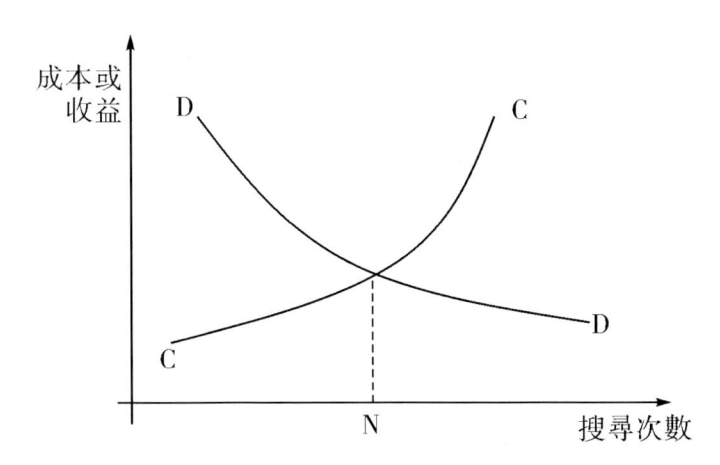

圖 2.14 搜尋次數的邊際成本與邊際收益

---

① 克里斯多夫(Christopher)(1999)認為,消費者在餐廳就餐的成本有:時間成本、食物成本和勞動成本。其中,時間成本包括等待時間、食物生產時間和服務週期,以及便利性(消費者搜索時間、易達性和旅行時間)。

（2）前往餐館的交通成本。餐館離消費者越遠，消費者前往餐館所需的時間越長，交通成本越高。消費者對不同距離上的餐館的外出概率是不一樣的，他們往往遵循就近用餐的原則，致使餐館的經營區域局限於當地。餐館經營區域是指以餐館為中心，以消費者願意前往就餐的距離為半徑所確定的一個區域，其空間半徑的界定可以用步行時間界定法或行車時間界定法。據調查，一家餐館的業務量有70%分佈在5分鐘步行距離，即400米半徑的範圍內，20%的業務量在5分鐘～8分鐘步行範圍，即400米～600米半徑範圍內，10%的業務量在600米以外的距離內。而乘車或開車時間在20分鐘～30分鐘內的範圍是餐廳重要的經營區域。

（3）菜品、飲料和服務的消費成本。在餐館就餐中，消費者經常會感覺菜品和飲料的價格偏高，這是因為他們通常只盯著菜品的原料成本，忽略菜品的製作成本、餐桌服務的人工成本、顧客占用餐廳空間的成本，以及企業所需要上交的稅費和必要的利潤。此外，追求口味的消費者有時候還要支付菜品在烹飪過程中因為營養損失而增加更多食物消耗的隱形成本。大多數食物經過加工，貯存和烹飪會損失一部分營養成分。比如，炸製的面食（如油餅等）可使一些維生素幾乎全部被破壞，葉類蔬菜中維生素C在100℃水中燙兩分鐘後損失率為65%。為了滿足人體健康的需要這些消費者不得不增加消費數量或其他菜品以彌補營養損失。

（4）精神負擔成本。比如，等待就餐時的著急心情，對食品安全與衛生狀況的擔憂，遭受劣質服務時的憂慮、憤怒、煩躁等精神折磨都屬於精神負擔成本。精神負擔成本很難用貨幣衡量。在管理落後的餐館，消費者要承受較大的精神負擔成本。

那麼，消費者有沒有辦法降低餐飲成本？消費者到附近規模較大的餐館、品牌餐館以及餐飲企業聚集的街區就餐都可以增加消費者的餐飲選擇範圍，增加安全消費的信心和降低消費成本。

消費者通常根據產品的性價比大小進行購買決策。性價比是一個產品性能與售價之間的比例關係，不同產品之間的性價比比較應該建立在同一的性能基礎上。通常消費者在購買產品時，傾向於選擇性價比高的產品。消費者在進行餐飲消費決策的過程中，也可能考慮餐飲服務活動的性價比。赫斯克特等人曾經提出了顧客服務的價值等式[①]：

$$價值 = \frac{為顧客創造的服務效用 + 服務過程質量}{服務價格 + 獲得服務的成本} \quad (2.2)$$

其中，服務效用的具體價值量取決於服務任務的大小及其對顧客的重要程度；服務過程質量取決於服務的讓渡過程，顧客通常根據服務實際接受值和預期值之間的關係來判斷；服務價格和獲得服務的成本是不同的，大多數人往往忽略後者的存在。

餐飲消費既包括菜品和飲料的消費，也包括服務活動的消費。一般情況下，服務的價格包含在菜品和飲料的價格中，不再單獨收取。由此，餐飲消費的性價比公式可以表述為：

$$\frac{餐飲消費}{性價比} = \frac{菜品、飲料的功能 + 為顧客創造的服務效用 + 服務過程質量}{菜品、飲料的價格 + 獲得服務的成本}$$

$$(2.3)$$

其中，獲得服務的成本包括餐館搜尋成本、前往餐館的交通成本和精神負擔成本。總體說來，公式中的分子代表了消費者就餐的收益，而分母代表了消費者就餐的成本。

消費者通常也會無意識地對不同餐館的消費性價比進行比較。在相同菜品和飲料功能、服務效用和服務質量的條件下，消費者總是選擇菜品和飲料價格低，獲得服務成本小的餐館就餐。通過餐飲消費性價比公式我們也很容易理解，即使獲得服務的成本高，消費者如果從餐飲活動中能夠獲得(或感覺到)較多的功能、效用，或較高的質量，那麼他仍然覺得其性價比高而選擇消費。

---

① 赫斯克特，等. 服務利潤鏈 [M]. 北京：華夏出版社，2001：43-45.

消費者對餐飲產品成本的判斷和經營者對餐飲產品價值的判斷經常憑藉經驗和自覺來進行，難免犯兩類錯誤：一是低估成本。如中央電視1臺的「夕陽紅」欄目在2009年9月介紹了一款「苗家野菜圓子」的做法和成本。主持人認為一道菜品成本只需3.4元，包括1.00元的肉餡、0.30元的韭菜、0.40元的雞蛋、1.20元的油、0.20元的麵包糖、0.30元的調料，石米原料自採免費。該成本連菜品製作的人工成本和燃料成本都沒有包含，顯然是不夠準確的。二是高估價值。2009年故宮博物院餐廳推出了30元一碗的高價「故宮面」。有人說貴，普通的一碗面10元錢就頂天了。經營者認為不貴，因為「吃的不是面，而是故宮文化，故宮文化轉移到面上了，30元一碗面還便宜呢」。

2.21　如何吃得更經濟

現代營養學指出，人們完全可以通過合理安排普通食物來滿足健康需要。因此，除了無知、炫耀和滿足好奇心外大款們是沒有必要進高檔餐館享受山珍海味，甚至使珍稀動植物瀕臨滅絕的。那麼，經濟學中有沒有辦法通過合理安排膳食，既滿足生理需要，又能降低餐飲成本？這實際上涉及如何以最少的錢選擇不同的食物組合，同時又要保證身體健康的問題。

在經濟學中，無差異曲線是兩種產品的任意數量組合，每種組合對消費者的效用（或滿足程度）是相同的，離原點越遠的曲線代表的總效用越大（圖2.15）。無差異曲線總是一條斜率為負值、凸向原點且向右下方傾斜的曲線。它表明：在保持總效用不變的條件下，消費者增加其中一種商品的消費量，則需減少其他商品的消費量，顯示了消費者的偏好。消費者偏好是指消費者在存在多種商品的選擇性購買和消費時所表現出來的行為傾向。在圖2.15中曲線上 C 點和 D 點兩處消費組合給消費者帶來的效用

是一樣的。但是，兩處不同消費組合的總支出是否一致（注意與預算約束線的區別）？

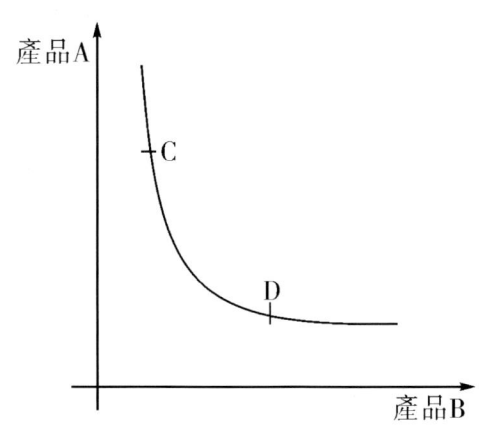

圖 2.15　無差異曲線

線性規劃技術可以幫助上述問題。線性規劃技術是解決在一定的資源約束條件下，怎樣合理使用資源，使目標達到最佳效果的一種運算方法，用數學公式表示如下。

$$\min f = c_1 x_1 + c_2 x_2 + \cdots + c_n x_n$$

$$s.t. \begin{cases} a_{11} x_1 + a_{12} x_2 + \cdots + a_{1n} x_n \leq b_1 \\ a_{21} x_1 + a_{22} x_2 + \cdots + a_{2n} x_n \leq b_2 \\ \cdots \\ a_{m_1} x_1 + a_{m_2} x_2 + \cdots + a_{m_n} x_n \leq b_m \\ x_1, x_2, \cdots x_n \geq 0 \end{cases} \quad (2.4)$$

其中，$f = c_1 x_1 + c_2 x_2 + \cdots + c_n x_n$ 是目標函數，$x_1, x_2, \cdots x_n$ 是一組決策變量，$s.t.$ 是約束函數，通常由一系列函數式組成。整個數學公式表示為選擇一組決策變量 $x_1, x_2, \cdots x_n$ 的值，在滿足約束條件 $s.t.$ 下，使目標函數 $f = c_1 x_1 + c_2 x_2 + \cdots + c_n x_n$ 的值最小。當求解目標 $f = c_1 x_1 + c_2 x_2 + \cdots + c_n x_n$ 的最大值時，只需使該函數變號即可，即 $\max f = c_1 x_1 + c_2 x_2 + \cdots + c_n x_n = \min(-f) = -c_1 x_1 - c_2 x_2 - \cdots - c_n x_n$。對於該函數式的求解通常較為繁瑣，

一般運用計算機軟件求解。

例2.1 假設一個人平均每天的能量和蛋白質推薦攝入量（RNI）分別為：1,800kcal和60g，每天可供選擇的食物有秈米飯、青蘿蔔和豬肉（里脊），其能量、蛋白質含量及單價見表2.3[①]。試計算在滿足能量和蛋白質推薦攝入量的條件下，如何安排上述食物，每日花費最少？

表2.3　　每kg食物所含能量、蛋白質及其單價

食物（kg）	能量（kcal）	蛋白質（g）	單價（元）
秈米飯	3,280	75	3
青蘿蔔	230	12	0.4
豬肉（里脊）	1,500	196	12

解：設某人每日消耗秈米、青蘿蔔和豬肉分別為x_1、x_2、x_3，該題的線性規劃數學模型為：

$$\min f = 3x_1 + 0.4x_2 + 12x_3$$

$$s.t. \begin{cases} 3,280x_1 + 230x_2 + 1,500x_3 = 1,800 \\ 75x_1 + 12x_2 + 196x_3 = 60 \\ x_1, x_2, x_3 \geq 0 \end{cases}$$

用Excel軟件求解可知，每天進食約0.35kg秈米，2.80kg青蘿蔔，花費2.18元即可滿足推薦的能量和蛋白質需要。顯然，如果他進食含蛋白質較多的豬肉，即可以少食青蘿蔔和秈米，但勢必增加他的支出。實際上，人體還需要很多維生素，並且人類的食物品種極為繁多，但這只是使本題的目標函數和約束函數增加，其算法與本題是一致的。可見，線性規劃技術可以讓我們不

[①] 楊月欣. 中國食物成分表 [M]. 北京：北京大學出版社，2005：78，92，307.

必進「高檔」餐館享受山珍海味，或花大價錢買高級營養補品，以較少的支出就能保證身體所需的足夠營養和能量。

2006年，中國疾病預防控制中心營養與食品安全所的於冬梅博士和她的同事一起用線性規劃模型計算了中國18~49歲不同體力活動水準的男、女成年人合理營養所需的最低食物支出[1]。結果發現，目標人群達到13種主要營養素或者僅達到能量、脂肪、蛋白質低限，並滿足居民膳食平衡寶塔食物量要求前提下，科學合理的膳食並不需要很高的花費。比如，對於一個20歲輕體力勞動成年男性，當滿足能量、蛋白質、脂肪、鈣、鐵、維生素、硫胺素、核黃素等13種營養素，同時達到居民膳食平衡寶塔食物量下限要求的最低食物攝入量時，在2005年每天只需花費3.48元。該結論對於不同收入人群採取不同的膳食安排有指導意義。可以想像，如果全國人民每天在飲食上節約1塊錢，每年將會節省開支近5,000億元。這是一筆多麼大的財富！

因此，人類完全可以通過大量的進食來獲得必需的營養，而不是吃精細食品。阿莫斯圖就曾經說過，「如果使用量足夠大，馬鈴薯能夠提供人類身體所需的全部營養物質」[2]。由此，理論上來看，關於人們如何吃得更經濟的問題可以歸入社會營養學的研究範疇。社會營養，又稱社區營養或公共營養，是近年發展起來的一門邊緣學科，涉及營養學、社會管理學、統計學和經濟學等學科知識。社會營養以人體營養需要為基礎，研究解決各類人群營養合理化的有關科學技術、社會因素、社會條件和組織法制方面的理論、措施和方法，具體內容包括人群營養生理需要量的制訂、營養調查與社會營養監測、食物資源的開發利用、食物結構、膳食指導方針與食譜、社會營養的宏觀控制措施。

---

[1] 於冬梅，翟鳳英，等. 對中國八省居民合理營養所需最低食物支出的估計和預測［J］. 衛生研究，2006（6）：759-781.

[2] 阿莫斯圖. 食物的歷史［M］. 何舒平，譯. 北京：中信出版社，2005：120.

3 餐飲管理經濟學

　　管理經濟學是把微觀經濟學的理論和方法應用於企業經濟決策的一門應用經濟學科，具體說來就是用微觀經濟學的基本理論和方法研究企業應該生產什麼、生產多少，以及如何生產等問題，其基本的研究方法有邊際分析法、均衡分析法和計量經濟模型法。

　　一般管理經濟學的主要內容包括：

　　（1）需求理論，主要分析不同價格水準的產品的需求量，以及在價格、收入和相關商品的價格發生變化時的需求改變率；

　　（2）生產理論，主要涉及生產組織形式的選擇和生產要素的組合；

　　（3）成本理論，包括各個不同成本的性質、成本函數、規模經濟的選擇和最佳產量的選擇；

　　（4）市場理論，分析在不同性質的市場條件下，企業選擇什麼樣的行為能夠達到自己預期的目標。

　　本書不準備詳細介紹管理經濟學中的一般內容，而是選擇涉及餐飲業的相關內容予以重點介紹。餐飲管理經濟學的研究領域涉及餐飲服務產品的提供者（餐飲企業）的一切經營活動，特別是與企業管理會計、財務管理、生產管理、市場行銷、人力資源管理、戰略管理等學科聯繫緊密，在內容上既有交叉，也有不同之處。

　　具體說來，本書對餐飲管理經濟學的闡述包括以下內容：餐飲服務的類型和市場定位，餐飲企業經營形式和規模選擇，餐館選址、租賃和轉讓，餐飲設備的管理、標準化生產模式的選擇，

業務分工問題，上菜循序和顧客排隊管理的研究，員工流動和甄選管理，價格管理，企業經營成本的降低，原料的採購和庫存，市場競爭戰略選擇，企業經營盈虧狀況的判斷，餐飲目標市場的調查和預測方法，餐飲企業的規模擴大和壽命延長等。

3.1 前廳與後臺的差異

要討論餐飲生產組織的供給理論，首先得弄清楚其提供的產品是什麼。表面上看，餐飲組織主要提供服務。服務是一種行為，按來源可分為人的服務和物的服務，按服務對象分為對人的服務和對物的服務，按服務的目的分為盈利性服務和非盈利性服務。服務和通常所說的有形產品的區別在於：

（1）無法儲存。製造企業可以儲存自己的有形產品，而服務企業無法儲存服務，但餐飲企業可以儲存提供服務的能力，如員工、設備和場所等都可儲備。現場的服務只能當時消費完畢，不能留到以後消費。並且，服務如果不能在短時間內提供給消費者，消費者就會離去。

（2）質量難以控制和界定。服務的質量受服務人員的技能和態度，消費者的情緒和價值取向影響很大，其質量是由顧客感知來衡量的，比有形產品往往更難以清楚定義和控制。這就是為什麼很多服務企業強調員工培訓和激勵的深層次原因。

（3）服務具有無形性。服務是一種行為，一種體驗，而不是一個物質實體。這就導致服務往往難以描述、測量或標準化。

（4）消費和服務過程結合。服務的消費過程和提供過程是同時進行的，在空間上一般也不能分離。顧客選擇時間和地點接受服務，並參與到服務過程中去，是服務傳遞過程中的一部分。

（5）與有形產品相比，服務產品在交易過程中並不涉及所有權的轉移，它涉及的僅僅是對人和物在一定時間和空間上的使用

權。自從人類社會禁止將人作為商品買賣後，人力資源的交換只能限於使用權而不是所有權的讓渡。有人形象地將服務產品定義為可以購買但不屬於買者的產品。

餐飲服務的提供集中在餐廳，除了具有一般服務的上述特點外，還具有以下特點：

（1）服務更加周到和完善；

（2）不同的餐廳具有不同的服務次序、內容和檔次；

（3）服務盡可能滿足消費者的精神需要。

按照習慣的分類方法，餐飲業屬於服務行業。可是，餐館也是生產菜品、提供飲料和服務的場所，餐飲服務離不開有形實物產品的支撐：在服務過程中需要通過物的使用來滿足消費者的需求，甚至通過物的使用代替人的服務。即使是咖啡館、酒吧和茶樓也要生產少量產品、或者對產品進行少量簡單的加工。從這一點看，餐飲業既屬於製造業，也屬於服務業。因此，餐飲業的產品更符合廣義產品的定義。

餐飲業有形產品的生產一般集中在廚房，與工廠有形產品的生產相比，主要具有以下特點：

（1）生產週期短，一道菜生產時間在幾分鐘到幾十分鐘之間；

（2）屬於訂制生產，產品規格多、批量小，極少進行大批量生產；

（3）各種產品每天需求波動較大，生產量難以控制，生產計劃很難準確制定；

（4）原料、產品容易變質，不能長期儲存，需要當時生產、當時銷售；

（5）生產過程的管理難度大；

（6）銷售量受餐飲經營空間大小的和就餐時間的限制；

（7）菜品、飲料的生產與餐飲服務的提供不同，可以與消費過程分離並單獨儲存；

（8）產品承載豐富多彩的飲食文化。

企業的產品狹義上講指有形的生產物品，廣義上還包括服務。通常，大多數人比較認可產品的狹義定義。製造業和服務業的劃分標準最基本的依據就是看企業提供的是有形的產品還是無形的服務。但是，隨著市場經濟的發展，企業的產品逐漸廣義化，即企業也可能提供無形的服務（出現製造企業越來越重視售前、售中和售後服務），服務企業也開始提供部分有形產品的現象。因此，現代企業究竟屬於服務業還是製造業，有時候很難分清其歸屬，大體上主要看企業所提供的有形產品和服務所占的比重來確定其歸屬類別。可見，廣義的餐飲企業產品包括餐飲菜品、飲料和服務，其生產過程具有依賴設施設備和人員進行前期生產、後期服務的特點。可以說，餐飲企業是製造企業和服務企業的綜合體。

在餐飲企業內部，廚房（後臺）負責餐飲食品加工，屬於「製造成分」；餐廳（前臺）負責接待顧客，屬於「服務成分」。廚房與餐廳之間的員工配置比例以及餐館的毛利率，都能反應出該餐館「製造成分」與「服務成分」之間的比例。「製造成分」所占比例越大的餐館，對餐飲食品質量的依賴程度越大；相反，「服務成分」所占比重越大的餐館，那麼對服務質量的依賴程度越大。餐飲業業態不同，「製造成分」與「服務成分」所占比例也不相同。「服務成分」所占比例最大的是飯店餐飲，然後依次是酒樓、家常菜館、快餐店和送餐企業。

美國烹飪學院的調查表明，現代社會中導致人們去一家餐廳用餐而不去另一家的原因，最主要的是服務。在餐飲業激烈競爭的今天，已不能僅僅依靠廚師的烹飪技藝來確保成功了。餐飲企業必須提供有特色的服務，一種讓客人感覺舒適，使在外用餐成為一種享受的服務。這樣才能擁有忠實的顧客。這就是為什麼許多餐廳盡可能向消費者提供餐飲以外的其他服務的原因。理解了餐廳服務的多樣化，也可以讓消費者明白，即使是同樣的菜品，

在不同的餐廳其售價也可能不一樣。

餐飲企業究竟是重視一流菜品、飲料的生產，還是強調優質服務的提供？決策的最終依據是消費者的需求及其大小。廚師出身的餐飲管理者大多數重視一流菜品的提供，而科班出身的管理者則重視營造良好的就餐環境和提供細緻的人員服務。實際上，兩者都有偏頗。高明的經營者懂得：三流的菜賣一流的價格，關鍵在於服務。有時候，消費者並不是衝著菜品而來，而是衝著就餐環境和服務而來的。優質的服務並不能掩蓋餐飲的質量問題和消費者的基本生理需求。這就要求餐飲企業的管理者要清楚消費者的真正需求，對企業的經營定位要正確。需要注意的是，無論怎樣定位，食品和飲料仍然是餐飲企業的基礎產品，是其服務的重要依託，兩者必須密切配合、相得益彰才能使企業贏得市場。

正是因為廚房（後臺）和餐廳（前臺）的功能差別較大，許多企業將兩者從空間上分隔開來。從經濟上看，這種分離也是有效率的。首先，避免了顧客過多干擾廚房工作，使其能夠平穩進行。其次，實現了廚師和服務人員的分工，廚師專職於食物的認真準備和加工，服務人員專職於對顧客的細心觀察、熱情接待和菜品推銷。這種分工能夠大大提高勞動效率以及菜品和服務的質量。再次，分離的和專門化的任務可以集中完成並形成規模經濟，進一步提升產品質量和降低成本。比如，廚房中的菜品就可以在更大面積內集中，實現大規模生產，最終降低單位菜品的加工成本。最後，廚房的某些加工環節並不適合展示給就餐的顧客，以免降低其食欲。

當然，廚房（後臺）和餐廳（前臺）的分離也不是沒有成本的。這些成本主要表現在以下幾方面：

（1）前廳和後臺空間上的分離使得菜品的傳遞距離、傳遞時間和菜品傳遞錯誤增加；

（2）廚房人員和服務人員職責上的不同可能導致企業員工的閒置，兩類人員不能相互救急；

(3）與顧客沒有直接接觸的廚房人員不能完全理解顧客的需求，導致服務質量下降。特別是，當菜品加工大多數按標準化或半標準化進行時，固然可以保證菜品數量和質量的一致性，但顧客的偏好千差萬別，這種分離顯然很難完全滿足顧客的個性化需求。

3.2 餐飲服務的類型

消費者在餐前、就餐過程中和餐後，都需要餐館人員的服務幫助。消費者得到服務越多，餐飲企業需要雇傭的員工越多，用工成本越高；相反，消費者得到的服務越少，企業雇傭的員工越少，從而可以節約大量的勞動成本。企業增加的用工成本最終會轉嫁給消費者。隨著勞動力成本的上升，這種成本的轉嫁會越來越多。而消費者有時候希望加入到餐飲生產過程中來，不僅是為了減少消費支出，更重要的是為了享受自我服務的樂趣。因此，現代餐飲服務出現了兩種極端情況，一種是盡可能向消費者提供更多服務，另一種是盡量減少服務，甚至不提供服務（圖3.1）。根據就餐過程中餐館提供的服務多少，目前餐飲服務有餐桌式服務、自助餐、櫃臺服務、外賣式服務四種類型。不同服務類型也決定了企業經營方式的不同。

| 餐桌式服務 | 櫃臺服務 | 自助餐 | 外賣服務 |

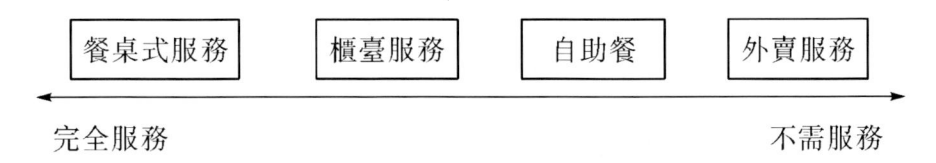

完全服務　　　　　　　　　　　　　　　　　　不需服務

圖3.1　餐飲服務的類型

（1）餐桌式服務。客人落座後由服務員幫助點菜、上菜和清臺，就餐過程中始終得到服務員提供的桌邊服務。經營傳統菜式的餐館大多數提供餐桌式服務，一般裝修豪華、食品精美、環境

舒適的現代餐廳也都提供桌邊服務。

（2）櫃臺式服務。顧客坐在餐櫃（臺）旁，菜品和飲料由服務員傳遞或廚師直接提供，顧客得到的服務比餐桌式服務較少。

（3）自助餐服務。大多數食品和飲料在固定地方陳列，消費者自己選擇所需食物，並將其端至餐桌，用餐後將餐具放在指定位置，就餐過程中幾乎不需要服務員的服務，甚至連食物的某些最後加工工序都由消費者自己完成[1]。國外自助餐通常分為兩種形式：一種是客人自行至餐臺取菜，而後按所取食物付帳，英文稱之為 cafetering；另一種也是客人自行取菜，但是一次付費管飽，英文稱為 buffet。目前，自助餐已成為全世界流行的一種用餐方式[2]。

（4）外賣式服務。餐館將烹制好的食物打包，由顧客帶走或送食上門。外賣式服務是快餐業（又稱為「盒飯業」，臺灣稱為「便當業」）的主要服務方式。外賣式服務的餐館接受消費者的電話或網絡預定。盒飯種類有限，便於組織規模化和標準化生產，因此價格較便宜。盒飯的主要供應對象是學生、工廠、機關和商店的員工及醫院中的病人。

約瑟夫・派恩二世（B. Joseph Pine II）與詹姆斯・吉爾摩（James H. Gilmore）認為，通常企業只有「產品、商品和服務」

---

[1] 在某些餐館已經開始提倡「讓顧客更自由」的餐飲形式，極大地提高了顧客在就餐過程中的參與程度和主導地位，不但滿足了顧客的個性化需求，而且降低了餐館的人力成本。

[2] 自助式餐廳的雛形源自 1891 年美國密蘇里州堪薩市的基督教女青年會。1893 年湯姆遜（John R. Thompbom）在芝加哥購買一家餐廳，並且成功地引進這種服務觀念，由顧客自行到餐臺選取其所喜愛的食物，成為第一家自助式餐廳，同時也是第一家使用電動輸送帶及中心配給來控制食物供需的餐廳。1926 年，他在美國中西部及南部已擁有 126 家餐廳，其成功的關鍵在於將人力成本降至銷售額的 15%，比其他餐飲業的人力成本（20%~30%）低很多。自助餐的宗旨是以低廉的價格快速供應營養豐富、菜式多樣的飲食，供在外工作、上學的人食用，目前除了廣泛運用於學校、機關等團體外，還為一般商業型餐廳普遍接受。在人工費用昂貴的現代社會，自助餐服務方式將是不可避免的餐飲潮流趨勢。在中國，火鍋是一種廣受消費者歡迎的自助餐。

三種經濟提供物，體驗是新經濟時代的企業應該擁有的第四種經濟提供物。產品是從自然界中開發出來的可以互換的材料，商品是公司標準化生產銷售的有形產品，服務是為特定顧客所演示的無形活動，體驗是使個人以個性化的方式參與其中的事件。由兩人合著的《體驗經濟：工作是劇院，業務是舞臺》一書，被《哈佛商業評論》認為是「繼產品經濟和服務經濟後，（標誌著）體驗經濟的時代已經到來」。

兩位作者認為，體驗經濟的基本特徵有：

（1）非生產性。體驗是一個人達到情緒、體力、精神的某一特定水準時，意識中產生的一種美好感覺，它本身不是一種經濟產出，不能完全以清點的方式來量化，也不能像其他工作那樣創造出可以觸摸的物品。

（2）短週期性。一般規律下，農業經濟的生產週期最長，一般以年為單位，工業經濟的週期以月為單位，服務經濟的週期以天為單位，而體驗經濟是以小時為單位，有的甚至以分鐘為單位。

（3）互動性。農業經濟、工業經濟和服務經濟的經濟產出都停留在顧客之外，不與顧客發生關係，而體驗經濟則要求顧客全程參與其中。

（4）不可替代性。農業經濟中產品的需求要素是特點，工業經濟中商品的需求要素是特色，服務經濟中服務的需求要素是服務，而體驗經濟中體驗的需求要素是突出個性化的感受。

（5）深刻的印象性。任何一次體驗都會給體驗者打上深刻的烙印，幾天、幾年、甚至終生。

（6）經濟價值的高增值性。一杯咖啡在家裡自己衝，成本不過2元錢，但在鮮花裝飾的走廊、伴隨著古典輕柔音樂和名家名畫裝飾的咖啡屋，一杯咖啡的價格即使超過20元，也會被認為物有所值。

他們還把體驗分為四種類型：娛樂的體驗、教育的體驗、逃

避現實的體驗和審美的體驗。娛樂當然是吸引客戶的良好方式；教育型體驗要求觀眾有更高的主動性，目的是增進個人的知識或技能；逃避現實的體驗是指觀眾完全沉浸其中，積極參與整個體驗的塑造過程；審美體驗則可以從遊覽大峽谷或在巴黎歌劇院看演出之類的活動中產生。通常，讓人感覺最豐富的體驗，是同時涵蓋四個方面，即處於四個方面的交叉的「甜蜜地帶」（sweet spot）的體驗。

由於體驗是企業以服務為舞臺、以商品為道具，圍繞消費者創造出值得其回憶的活動，因此，約瑟夫與詹姆斯建議企業應當進行主題體驗設計，即一個題目的設計要在一個時間、一個地點和所構思的一種思想觀念狀態，重複出現該題目或在該題目上構建各種變化，使之成為一種獨特的風格，並且根據消費者的興趣、態度、嗜好、情緒、知識和教育，通過市場行銷工作，把商品作為「道具」，服務作為「舞臺」，環境作為「布景」，使顧客在商業活動過程中感覺美好的體驗，甚至當過程結束時，體驗仍長期停留在腦海中。

實際上，許多年來一些餐飲企業都在有意或無意地提供體驗消費服務。比如，一個帶有開放式廚房的餐館①允許消費者在就餐大廳觀看廚房裡的操作，不僅能夠營造出一種家庭的氣氛，讓消費者放心就餐，而且使得餐館就像一個製作食品的劇場——每次烹飪和服務都是一次表演，服務員、廚師都是演員，消費者是觀眾。消費者既是觀眾，可以一邊品嘗美食，一邊欣賞廚師嫻熟的烹調、調酒師不斷變換和舞動酒瓶，服務員熱情的招呼和優雅的動作；也可能是學習者，他會把看到的東西驕傲地告訴別人，甚至回到家裡嘗試學到的東西，如果他沒有學會，下次還會來就餐。近年來，餐飲體驗消費已經成為時尚之舉，許多主題餐廳（如鳥巢餐廳、監獄餐廳、紅衛兵餐廳、車廂餐廳、歌舞餐廳等）

---

① 又稱為「透明餐廳」，廚房和餐廳之間用一堵玻璃牆隔開。

的出現就是一個很好的說明。在有些主題餐廳中，消費者不僅是觀眾，而且也是演員。

從服務類型上看，餐飲企業提供的體驗消費本質上是介於餐桌式服務和自助餐服務之間的一種服務形式，只不過這種服務更加強調服務主題氛圍的營造，更加重視消費者的感覺。餐飲服務就是要通過味覺（酸甜苦辣咸）、嗅覺（香味、臭味、刺鼻味）、聽覺（咀嚼食物的咯吱咯吱聲、烹炸食物的滋滋聲、餐廳的背景音樂）、觸覺（冷熱、軟硬、光滑和粗糙）、視覺（菜品顏色、造型，以及餐廳的布置、員工的形象和服務）幾個方面的共同作用，讓消費者感受美食和舒適的就餐環境，給他們留下深刻印象，以此招攬回頭客。

3.3 餐飲業的經營形式和規模

「餐廳」（Restaurant）[1]，又稱為「餐館」，英文單詞原意是「一杯湯」（一種滋補劑）[2]，有使人恢復精神與力氣的意思——在特定地方提供飲食當然可以使饑餓的人恢復精神和力氣。有人認為餐廳誕生於 18 世紀法國大革命時期的巴黎，而 Nicholas（2002）指出，早在 13 世紀餐廳在中國杭州就普遍存在了。

一般認為，餐廳應該由三個要素構成：一是提供飲食，二是有固定場所，三是存在使人放鬆的環境或氣氛。Christopher（1999）認為，從根本上講，餐廳向消費者提供兩種零售產品：時間和消費體驗，餐廳對消費者的價值在於食物成本、時間成本

---

[1] 英文中用 Hotel、inn 和 boarding house 指以提供客房服務為主，以餐飲服務為輔的飯店、賓館或旅館；以 Motel 指汽車旅館；以 Restaurant 指有固定場所，提供飲食和服務的機構，如餐廳、餐館、飯店；以 Bar 和 tavern 指酒吧。

[2] Nicholas M. Kiefer. Economics and the origin of the restaurant [J]. Cornell Hotel and Restaurant Administration Quarterly, 2002 (3): 58-64.

和勞動成本。也就是說，餐廳存在的意義在於它能夠幫助消費者比在家就餐節約更多的食物成本、時間成本和勞動成本。

根據飲食內容，餐廳可以分為中餐廳、西餐廳；按消費方式，餐廳可以分為豪華餐廳、主題餐廳、家庭式餐廳；按經營方式，餐廳可以分為獨資經營餐廳、合夥經營餐廳；按企業，餐廳可以分為個體餐廳和企業餐廳；按服務方式，餐廳可以分為餐桌服務式餐廳、櫃臺服務式餐廳、自助式服務餐廳等；按是否連鎖經營，餐廳可分為連鎖餐廳和非連鎖餐廳兩類。

餐廳與旅遊飯店有什麼區別呢？飯店是通過向公眾，特別是外出旅遊的人們提供以住宿為主的多種相關服務來實現自己利益的資金密集型服務企業①。旅遊飯店可分為國際旅遊飯店和一般旅遊飯店，其中國際旅遊飯店除了為國外遊客提供住宿上的需求外，還以其高雅的格調、精美的餐具、開放的飲食觀和完善的服務，吸引大量本地的客源。由於飯店的場地大、設備齊全、員工專業水準高，因此可同時兼具美食宴會、婚喪喜慶、產品展示和召開會議等其他功能，引導餐飲潮流的盛行。

根據法律規定，中國餐廳有個體經營和企業經營兩種組織形式②。個體工商戶是指除農戶外，生產資料屬於私人所有，主要以個人勞動為基礎，勞動所得歸個體勞動者自己支配的一種經濟單位。按照中國改革開放後的法律規定，公民在法律允許的範圍

---

① 丁力．飯店經營學［M］．上海：上海財大出版社，1999：3.

② 楊小凱和張永生認為，企業組成必須滿足三個條件：第一是不對稱剩餘控制權，即雇主對雇員的勞動有最後決定權和任意處置權；第二是收益的剩餘權，即按合同支付雇員薪酬後，餘下的收益無論盈虧都歸雇主；第三個條件是雇主利用雇員的勞動生產出來的某種產品或服務必須是為了出售獲利而不是全部由自己享用（楊小凱，張永生．新興古典經濟學和超邊際分析［M］．北京：中國人民大學出版社，2000：82）。吳樹青等人也認為，企業是「具有內部分工協作，實行自主經營和自負盈虧的生產經營單位和獨立的經濟實體」（吳樹青，等．政治經濟學（社會主義部分）［M］．北京：中國經濟出版社，1993：138）。由此來看，中國絕大多數有多個雇員的個體工商戶應屬於企業的範疇。

內，依法經核准登記，均可從事工商業經營。

個體工商戶包括：

（1）按照《民法通則》和《城鄉個體工商戶管理暫行條例》規定，經各級工商行政管理機關登記註冊、領取《營業執照》，從事工業、商業、建築業、運輸業、餐飲業、服務業等活動的個體勞動者；

（2）依據《民辦非企業單位登記管理暫行條例》，經國務院民政部門和縣級以上地方各級人民政府民政部門核准登記、領取《民辦非企業單位（合夥）登記證書》或《民辦非企業單位（個人）登記證書》的民辦非企業單位；

（3）沒有領取《營業執照》但實際從事個體經營活動的城鎮、農村個體經營單位。

個體工商戶對債務負無限責任，所以個體工商戶不具備法人資格。

餐飲企業是以盈利為目的，具有固定場所，自主經營，獨立核算，依法設立，具有經濟法人資格，提供食品、飲料和服務的社會組織，其產權形式有三種：單一業主制、合夥制和股份公司。單一業主制和合夥制企業通常是小企業，業主和合夥人對企業債務負無限責任，所有者的全部財產都處於風險中，合夥人之間相互還要負連帶責任。股份公司是將資本分成若干股份，同股、同權、同利，持股人（股東）以持股份額對公司債務負有限責任。

餐飲企業的類型是餐飲投資者經營決策的重要方面。餐飲企業的類型不同，所面對市場就有差異，在經營管理上也有差別。按不同的分類方法，餐飲企業的類型主要有以下幾種：

根據經營內容的多少，餐飲服務企業可以分為綜合性餐飲企業和單純性餐飲企業兩大類。綜合性餐飲企業的突出特點是不僅經營餐飲業，而且兼營住宿、娛樂、康體健身等多種項目，體現了服務的綜合性特點。單純性餐飲企業包括連鎖餐飲企業、風味

和主題餐飲企業。風味餐飲企業又可分為經營風味菜系、經營風味菜肴、經營地方或民族風味小吃三類，具有明顯的地域性，強調菜品的正宗、地道。主題餐飲企業通過特殊環境布置、特殊裝飾或娛樂安排，全方位創造出具有特定文化主題的餐飲企業。它為客人提供一種整體感覺，不單純是餐飲，更強調文化氛圍。

按是否依附於其他經營組織，餐飲企業可分為獨立性餐飲企業和附屬餐飲企業。前者的消費者不屬於某個組織，如各種酒樓、飯館；後者剛好相反，如工商企業、醫院、學校的餐飲企業。

目前中國大多數規模較小的餐館均屬於個體戶經營，規模較大的餐館普遍採用企業形式運作。按經營規模的大小，餐飲企業可分為小型餐飲企業和大中型餐飲企業。

小型餐飲企業和個體餐館的優點有：

（1）適應性強，小型餐飲企業規模小、設施簡單、服務單一，能夠充分利用各種市場機會，迅速適應市場需求的變化；

（2）容易管理，管理機構簡單，管理者的意圖可以較快地得到貫徹執行；

（3）貼近市場，在時間上和行程上方便顧客；

（4）服務更有針對性，服務市場有限，店員容易熟悉顧客，更容易瞭解消費者的需求。

小型餐飲企業和個體餐館的缺點有：

（1）資金不足，進一步發展容易受到限制；

（2）經營風險大，不能分散市場變化的風險；

（3）經營成本高，小規模企業不能獲得規模經濟或者範圍經濟的好處，顧客可能付出更高的價格或者接受較低質量的服務。

大、中型餐飲企業的經營優勢有：

（1）容易獲得規模經濟和範圍經濟的好處，降低為每一位顧客服務時所需付出的單位成本，大餐館為每一位顧客服務所需的員工數量比小餐館少，庫存和運輸成本也會降低；

（2）資金雄厚，人才眾多，市場開拓能力強，市場範圍廣，能有效分散區域市場的風險；

（3）服務項目和菜品種類較多，增加了消費者的選擇範圍。

但大、中型餐飲企業的劣勢也很明顯：組織結構複雜，容易產生管理成本高，效率低下和市場反應速度慢等問題。

儘管不同規模的餐廳各有優缺點，但是隨著餐飲烹飪技術和管理水準的提高，餐飲業的進入門檻也在逐漸提高。這顯然對小規模的餐廳是不利的。據中國烹飪協會的預測，2010年全國餐飲業零售額將達到2萬億元左右，超過90%的個體化經營餐飲企業將成為各方資本角逐的獵物，而能被迅速複製的連鎖餐飲成為這輪淘汰賽中的佼佼者。由於特許經營對特許者和經營者來說，都可以減輕或克服他們開辦時期遇到的投資與金融困難，特許經營可以看做是大小企業之間的虛擬聯繫，因此，它對小規模餐廳的生存是有幫助的，不但幫助它們進入市場或行業，並且促使市場相對集中，結果使那些大型企業和跨國公司以及小規模餐飲經營組織都能夠生存發展。

小規模餐廳提高其生存概率的另一種辦法是將休閒產業與餐飲業結合起來。休閒產業需求的增加，以及傳統與現代技術的結合，會對城市結構產生巨大影響：一方面，提供娛樂的場所傾向多樣化，除傳統的餐館外，還有酒吧、啤酒屋和迪廳；另一方面，娛樂活動中出現了縱向結合的趨勢，如迪廳、夜總會和俱樂部與餐飲企業結合起來。比如，美式快餐就是兼顧服務和娛樂兩種性質的餐館。

在某一個區域市場，餐廳究竟採取多大的規模合適，這個問題往往不是由經營者隨便說了算，而是由區域市場規模決定的。一般說來，餐廳規模與其經營區域是相互影響的。餐廳的經營區域要受到經營規模、經營特色、競爭狀況、所處的地理位置影響。餐廳規模越大、經營越有特色、競爭餐廳越少、所處地方越偏僻，餐飲企業的經營區域越大；反之，則越小。

3.4 選址、選址，還是選址

餐館的地理位置不僅決定了餐館商圈的大小、好壞，而且一旦開張後要改變地址的成本極高，因此經營者都非常重視選址。美國人艾里克指出，麥當勞公司具有完美的選擇餐館地點的藝術[1]。麥當勞公司開發了一種叫「昆體龍」的電腦軟件，它可以綜合衛星成像的詳細地圖、人口統計信息和電腦輔助設計自動進行地點選擇。像「昆體龍」一樣，地理信息系統現在也是發達國家快餐連鎖店老板和其他零售商經常用來選址的工具。而在中國古代，甚至現在，許多老板在選擇店址時往往依靠風水先生的迷信活動。

由於外出經濟成本、時間成本和精力成本的存在，消費者外出就餐在空間距離上有不同的概率分佈。一般說來，距離越近，外出的概率越大；反之，外出的概率越小（圖 3.2，其中「外出概率」可以用一定時間內消費者最可能到達空間內某餐館的次數來表示）。以餐館為中心、一定半徑區域內（即「商圈」）的消費者數量是有限的，消費者光顧餐館的概率也是可以測算出來的，由此可以估算餐館所在區域的消費市場大小。而一定數量的顧客是餐館生存的基本條件。可見，餐館與消費者的相對地理位置對其經營成敗非常重要，以至於許多行家認為，餐館經營成功最關鍵的幾個原因是「選址、選址，還是選址」[2]。

餐館在選址時不僅要考慮與消費者的距離，還要考慮與競爭者的相對位置。1929 年美國經濟學家豪特林（Hotelling）用模型

---

[1] 艾里克・施洛瑟. 快餐國家發跡史、黑幕和暴富之路 [M]. 北京：社會科學文獻出版社，2002：39.

[2] 現代美國飯店之父埃爾斯沃思・斯塔特勒認為，飯店經營成功最關鍵的三個原因是「選址、選址，還是選址」。

图3.2 外出概率与距离的关系

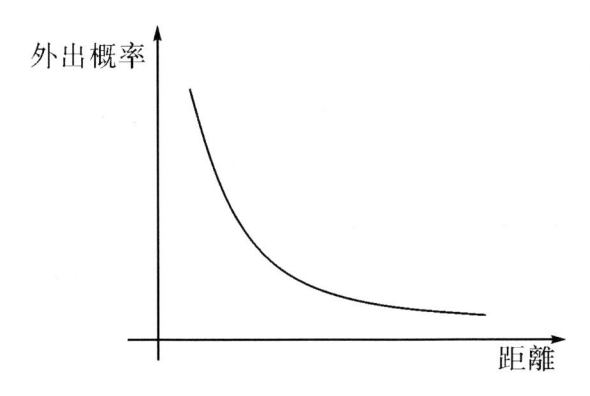

证明，同类企业之间的競爭也可能導致企業集中。在豪特林的模型中，假設消費者以密度 1 均匀分佈在長度為 AD 的街道上，在該街道上有兩家以相同價格銷售相同產品的企業甲和企業乙分別位於 B 和 C 處（圖3.3）。假設消費者只向距離最近的企業購買商品，並且旅行成本為 td（t 為常數，d 為旅行距離），則企業甲的消費者有 $AB + \dfrac{BC}{2}$，企業乙有 $CD + \dfrac{BC}{2}$。乙企業為了獲得更多的消費者，會將企業由 C 處盡量向 B 處移動，但不會和企業甲在同一地方。這樣企業甲的顧客數將會減少。企業甲並不甘心，會將地址重新選在企業乙的右邊。同樣，企業乙會再次將地址選在企業甲的右邊，直到兩企業均將地址選在街道 AD 的中間 E 處為止，兩者各得一半的消費者。

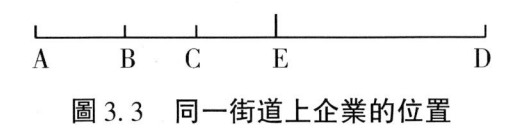

```
  |----|----|----|--------|
  A    B    C    E        D
```
圖3.3 同一街道上企業的位置

在圖3.3中企業甲和企業乙有沒有可能分別位於街道的兩端 A 和 D 處，各得一半街道的消費者？理論上看這是不可能的，因為這種安排並不能使企業安於現狀，總有企業企圖獲得更多消費者而改變地址。同樣可以證明，假設該條街道上的市場容量允許三家及以上企業存在，他們的最優選址仍然是聚集在街道的中

央。當然，現實中消費者對距離在一定範圍內並不敏感，那麼這些企業是可以相隔一定距離的，但仍然可能靠得比較近。如果該條街道上的市場容量只能允許一家企業存在，那麼它的最優位置也是選在街道的中間，首先進入該條街道的企業同時獲得占先優勢[1]，後來企業如果不能比占先企業有更大的競爭優勢，將很難經營成功。如果兩個企業具有相同的競爭力，則兩家都很難繼續經營。

單個餐館在選址時除了考慮與消費者的距離因素外，還要考慮以下幾個重要因素：

（1）一定區域內居民的數量、收入水準及其變化趨勢；

（2）區域消費者的社會屬性，如文化教育、民族生活習慣、宗教信仰、社會價值觀念和文化氛圍等；

（3）區域規劃情況，包括商業區、文化區、旅遊區、交通中心、居民區、工業區的劃分；

（4）區域內餐館之間的競爭狀況，如競爭餐館的規模、檔次、地址、數量和變動情況（壽命）；

（5）具體地點特徵，如所在區域的街道形狀和交通情況；

（6）經濟成本，如土地價格或建築物租金、水和能源的供應、原材料的供應及價格水準、勞動力供應狀況及工資水準、稅收和行政管理費用等；

（7）餐館自身的經營內容、規模和特色等。

郭（音譯，Gwo）等人（2002）用層次分析法（AHP）研究了臺北餐館選址的標準，將這些標準進一步歸為經濟、交通、競爭、商業環境和環境治理5大類，並遴選細分為租金成本、交通成本、公交系統的便利性、停車能力、步行者數量、競爭者數量

---

[1] 在選址上的占先優勢是指，首先在某地開店的餐館雖然要支付開拓新市場的成本，但可以比後來者搶先占據有利地點，甚至可以自然阻礙後來者的進入。若當地市場極大，則後來者可以利用先行者在經營上的經驗教訓，反而可能比先行者做得更好，這就是後來餐館的後發優勢。

和競爭強度、商業區規模、公共設施數量、垃圾處理及其處理能力等 11 個小類，基本上涵蓋了餐館選址所需考慮的方方面面。除了上述因素外，人造餐飲企業集群（美食街、美食城）在選址時還需要遵循規模原則、依附原則和距離原則（賈岷江、鄭賢貴，2008）。

3.4.1 規模原則

（1）市場規模原則。區域內無論是流動顧客還是常住顧客的數量越大，越容易吸引更多餐飲企業聚集。因此，一定區域內（通常是美食街周邊 1,000 米半徑以內）消費市場的規模要足夠大，以滿足所有企業的經營需要。

（2）設施規模原則。餐飲企業集群的配套設施齊全，能夠滿足企業和消費者的需要，包括充足的電力供應（動力、照明）、水源供應、天然氣供應，完備的污水排放設施、消防設施等。特別是停車場的大小，將會隨著駕車外出就餐人數的增多在未來的美食街規劃中占據重要地位。停車場面積大小將會直接制約餐飲企業集群的生存發展和規模擴大。

（3）餐飲企業聚集規模原則。餐飲企業集群的企業數量不能太少，一般需要在 50 家以上才能吸引更多的消費者。企業數量如果太少，不能發揮美食街（城）的廣告效應，對消費者的吸引力較小。

3.4.2 依附原則

餐飲企業集群總是寄生型的，孤立型餐飲企業集群幾乎不存在。雖然餐飲是人們每天都要進行的活動，但人們即使是把品嘗美食作為一種娛樂也不可能將一天的時間都花在進食上。因此，大多數時候餐飲企業集群總是依附於大型社區、商業圈、車站碼頭、工廠、學校、風景點等人口密度大或流動人口多的區域。孤零零地遠離人群，沒有任何依附的美食街，哪怕規劃建設得相當精美，也很難長期吸引顧客前往。比如在鬧市區，商業活動極為頻繁，把餐廳設在這樣的地區，餐廳營業額必然高。這樣的店址

就是所謂的「黃金口岸」。因此，鬧市區容易形成美食街區。相反，如果在非鬧市區，在一些冷僻的街道開店，人跡罕至，營業額就很難提高，在多數情況下這些地方只適合單個餐館生存。也有個別餐飲企業集群是依附於烹飪原料產地。依附於原料產地的原因有：原料供應成本低，便於保證原料的原有風味，可以增加消費者挑選和認識原料相關知識的樂趣。

3.4.3 距離原則

單個餐館選址在交通上所遵循的一般原則是：選擇旅客上下車較多的車站，或者在幾個主要車站的附近；在顧客步行不超過20分鐘路程內的街道開餐廳是較理想的。同樣，餐飲企業集群不能離車站或停車場太遠。餐飲企業集群的街道也不能太長。根據中國步行商業街工作委員會近年的總結和研究結果，一條步行商業街有長、寬、高的比例要求。他們認為，一般的步行商業街的長度在300米左右為宜，特大城市稍長，以600米以內為最佳。

3.5 店多隆市

經常聽見有人說「同行是冤家」，其實未必。國內外絕大多數城市都有自己的美食名街或美食名城，如成都的羊西線餐飲一條街、武漢西餐一條街、杭州的清河坊餐飲一條街、重慶的南濱路美食街、北京的簋街、上海的東方新天地餐飲廣場、南京的夫子廟美食街、西安的鐘樓美食街區、廣州的沙面異域風情美食區、大連的綠港灣海鮮餐飲一條街……日常生活中經常可以發現，許多聚集在一起的餐館生意相當紅火，而分散的單個餐館即使促銷價格定得很低，也少有食客上門。那麼餐館聚集的原因是什麼？聚集對餐館經營有什麼影響？

筆者2008年調查研究了許多地方的餐館聚集區的分佈和發展情況，撰寫了中國第一部有關美食街投資與管理的學術著作。

從企業集群理論來看，餐館聚集的原因不外乎以下三點：

（1）滿足較大社區消費市場的需要

每個餐館在菜品、口味、檔次和規模上存在差別，很難滿足較大商業、生活社區或旅遊娛樂景點所有消費者的需要。這就給不同餐館提供了生存空間。首先開業成功的餐館將吸引更多的同行企業聚集在其周圍。影響餐館聚集區形成、分佈和經營內容的具體市場因素有：消費者的規模、消費能力、消費者空間分佈情況，以及周邊交通、公共設施和風景點情況。一般情況下，除運動場所和旅遊景點外，城市中的商業網點、休閒娛樂企業、文化教育機構、賓館飯店、公司企業、地產小區、商務大廈、金融銀行網點和政府機關都是人口密集的地方，自然這些設施附近必然分佈較多的餐飲服務企業。可以認為，餐館在既定區域內是否聚集，以及聚集的規模在通常情況下與區域內企業、機構、小區等設施的數量和性質密切相關，其實質是受消費者聚集狀況的影響。

（2）消費人氣集聚的結果

同樣，消費者「扎堆」消費心理或到較大規模美食街的主要原因是可以增加消費者的餐飲選擇範圍，增加安全消費的信心和降低消費成本。消費者對美食街發展的作用是相互的，即餐館越多，前往就餐的消費者越多；反之，消費者越多，餐館的聚集也會逐漸增多，直到達到極限為止（圖3.4）。但是，當美食街規模小於一定值時，前往就餐的消費者的概率較小，隨著美食街規模增大而變化的幅度也極小，這就容易導致美食街的衰落。因此，發展美食街需要達到一定的「閾值」規模，才有利於其順利發展。

（3）聚集可能提高餐館績效

這是因為餐館通過聚集可以獲得以下好處：利用公用設施，降低企業經營成本；便於不同餐館之間的技術交流，利於菜品和服務創新；形成勞動力市場，利於餐館人才招聘；強化餐館相互

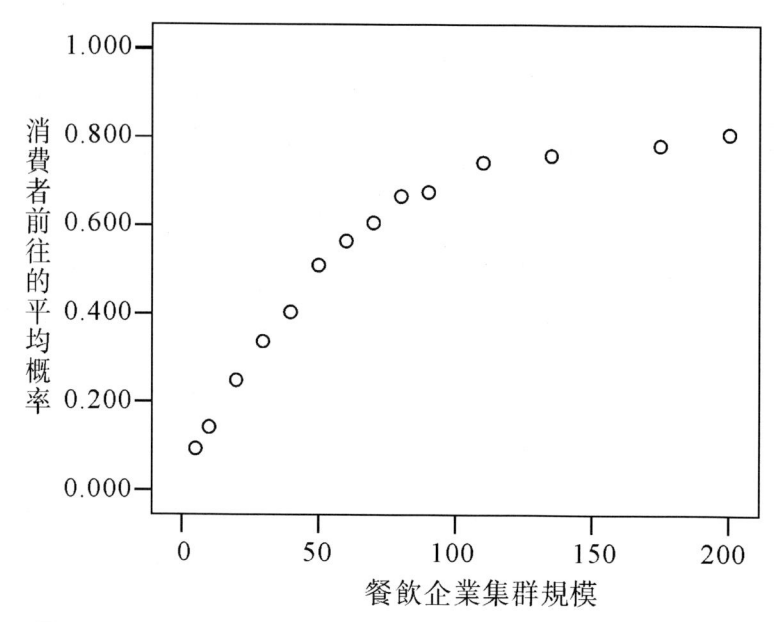

图 3.4　不同美食街规模条件下消费者愿意前往的平均概率

摘自：贾岷江，郑贤贵. 美食街的投资与管理 [M]. 成都：西南交通大学出版社，2008：25.

监督，利于公平竞争，竞争迫使各家在菜肴的价格以及服务上下工夫，吸引客源，食客能享受的超值服务多，反过来提高餐馆经营绩效。通过实地调查发现：聚集餐馆的平均租金水平高于分散餐馆，聚集餐馆的经营时间相对较长，但聚集餐馆的经营档次和经营规模与分散餐馆没有较大的区别。

当然，餐馆聚集在一起，也会给经营和环境带来不利影响，比如：

（1）同行竞争可能降低经营利润

同处于一个地方的同行竞争是不可避免的，激烈的竞争不仅可能抬高当地的房租和人员工资，分散客源，而且可能降低菜品的销售价格，从而减少餐馆利润。理论上将这种现象称为「拥挤效应」。餐馆是否长期聚集最终取决于由聚集带来的好处与拥挤效应的净效果。

（2）加重区域污染和交通拥挤

餐馆的潲水、油烟、生产噪音、原料废弃物以及由食客带来

的環境污染是餐飲業主要的污染源。如果大量餐館聚集在一起，當地的污染控制措施不力就會加重區域污染，變成「污染一條街」。此外隨著遠距離食客到來，車輛增多也會導致餐飲聚集區的交通擁擠。污染和交通擁擠加重，只會減少食客，不利於企業生存發展。

(3) 使用共同品牌，增加餐館經營風險

根據企業集群理論，位於同一區位的同行企業無形中使用某種共同品牌。這種共同品牌可以為企業節約部分廣告費用。但我們知道，大多數食客是屬於風險迴避型的，如果少數餐館出現宰客現象或服務不周，就可能使餐飲聚集區的所有餐館聲譽大打折扣。並且大多數食客有「湊熱鬧」心理，如果一些餐館冷冷清清，必然會影響到其他餐館就餐者的情緒（圖3.5）。可見，餐飲聚集區的餐館是相互影響的，這就必然增加了餐館的經營風險。

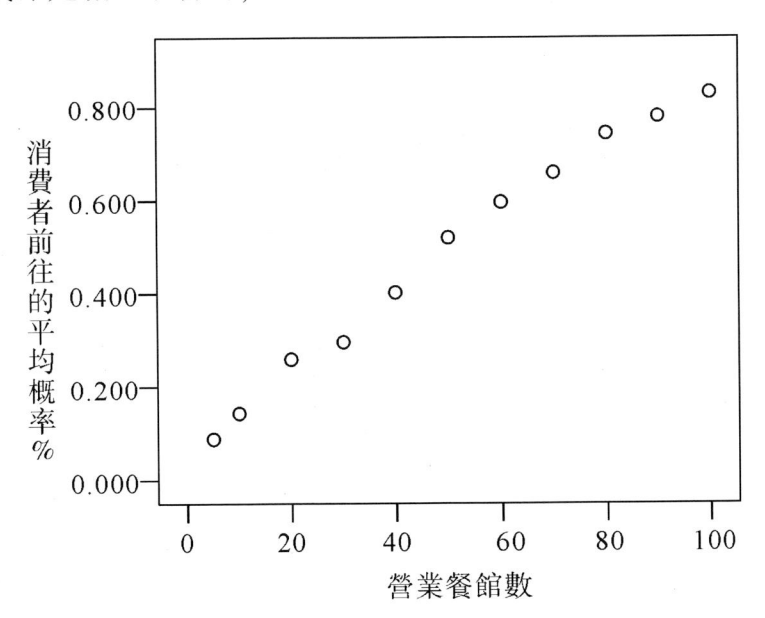

圖3.5 不同營業餐館數量條件下消費者願意前往的平均概率

摘自：賈岷江，鄭賢貴．美食街的投資與管理［M］．成都：西南交通大學出版社，2008：26.

從理論角度來看，餐飲企業聚集一方面可以獲得英國經濟學家馬歇爾所說的外部經濟：勞動力市場效應、中間投入效應和技術溢出效應[1]。此外，餐飲企業集群也是一種商業集群，因此，蔣三庚（2005）認為，商業集群除了具有消費帶動效應和知識溢出效應外，還有節約成本效應和區位品牌效應（即翁暉嵐（2000）所說的廣告效應）。另一方面，餐飲企業集群同樣存在「擁擠效應」。擁擠效應產生「聚集不經濟」（agglomeration diseconomies）（或外部不經濟）。聚集不經濟產生的原因主要歸結於集群規模的擴大，企業間競爭加劇所致。因此，聚集對餐飲企業的最終影響要看聚集經濟（聚集對企業經營績效的有利影響）和聚集不經濟（聚集對企業經營績效的不利影響）的淨效果，換句話說，有時候店多雖可隆市，但未必賺錢。

3.6　餐館的租賃和轉讓

商鋪的價值包括房地產價值和商業價值，房地產價值是通過商業價值實現的，其價值評判的唯一標準是產租能力。根據商業地產投資人和餐飲企業投資人之間的管理，可以將商業地產的盈利模式分為以下幾種：全部出售、全部出租、出售加部分出租、共同經營。

大量商業地產的出現固然使零售服務企業選址機會增大，但招商難度增大。開發商可以通過與餐飲企業共同經營來帶動商業地產的開發，具體方式有兩種：

（1）「保底＋營業額提成」模式，即開發商提供商業物業，餐飲企業負責其餘部分投資，並負責經營管理。開發商得到保底金額和一定比例的營業額提成。雙方約定的保底金額一般低於該

---

[1]　實際上這種外部經濟對餐飲企業集群的影響還是比較小的（賈岷江，2008）。

項目正常出租時的租金。這種模式可以降低餐飲企業的經營風險，對餐飲企業的吸引力較大。

（2）參股經營模式，即開發商為了吸引國內外知名的主力餐飲店而出資參股該主力店設在其商業地產內的分店，分店每年按雙方約定向開發商支付租金，同時向主力店交納品牌使用費和人員輸出管理費。該模式的優點是容易通過主力店帶動其他商家產生聚集效應，缺點是開發商參股資金的分紅受分店經營狀況限制，要承擔一定的經營風險。

餐館商鋪租賃可以降低投資規模，規避轉移投資風險，比自有商鋪經營餐飲業有優勢。租金可分為固定租金和浮動租金兩種基本形式：前者為房地產投資人根據餐飲企業實際占用的房屋面積按約定的時間長度（月、季、年）收取固定數額的租金，其大小由當地租金水準或投資人的投資回收期決定；後者為房地產投資人的租金全部根據餐館的月（季、年）總收入或淨利潤按雙方約定比例提成。浮動租金可以由房地產投資人和餐館定期或不定期根據當地租金水準的變化協商決定。

如果考慮租金，餐館的利潤為：

$$\Pi = R - C = R - C_{other} - C_{rent} \qquad (3.1)$$

其中，Π：餐飲企業月（或季、年）淨利潤；R：餐飲企業月（或季、年）總收入；C_{other}：餐飲企業除租金以外的其他成本；C_{rent}：租金。

考慮浮動租金和固定租金，則總租金為：

$$(R - C_{other} - C_{rent}) p_{net} + C_{rent\,1} = C_{rent} \qquad (3.2)$$

$$或：Rp_{revenue} + C_{rent\,1} = C_{rent} \qquad (3.3)$$

其中，p_{net} 為淨利潤中浮動租金提成百分比，$p_{net} = \dfrac{C_{rent} - C_{rent\,1}}{R - C_{other} - C_{rent}}$，$(R - C_{other} - C_{rent}) p_{net}$ 是按照淨利潤提取的浮動租金；$p_{revenue}$ 為總收入中浮動租金提成百分比，$p_{revenue} = \dfrac{C_{rent} - C_{rent\,1}}{R}$，$Rp_{revenue}$ 是按照

總收入提取的浮動租金；$C_{rent\ 1}$為固定租金。

當$p_{revenue}$或p_{net}為零時，房地產投資人收取的租金全部為固定租金；當$p_{revenue}$或p_{net}不為零、$C_{rent\ 1}$為零時，房地產投資人收取的租金全部為浮動租金；當$p_{revenue}$或p_{net}不為零、$C_{rent\ 1}$也不為零時，房地產投資人收取的租金中既有浮動租金，也有固定租金。從長期來看，房地產投資人按浮動租金方式收取的租金不應低於按固定租金方式收取租金的總和。

雖然全部收取固定租金便於簡化房地產投資人的管理活動，但若當地的地租水準上升，則會減少部分租金收入。餐飲企業可能遷移到低租金區域，同樣會減少房地產投資人的租金收入。浮動租金不但不會造成餐飲企業的遷移和租金損失，反而增加了對餐飲企業的吸引力，特別是當固定租金$C_{rent\ 1}=0$更有助於餐飲企業的聚集。這是因為餐飲企業集聚的初期，收入通常較低，支付較低的租金有助於減輕其經營壓力。但浮動租金會增加房地產投資人管理活動的難度和投資風險。此外，固定租金不利於調動房地產投資人管理的積極性，不利於餐飲企業集群的管理水準提高，而浮動租金則將房地產投資人和餐飲企業捆綁在一起，有助於調動各方的積極性。

正是由於餐飲業商鋪的租賃極其普遍，而各個具體的地址未必適合不同經營內容的餐飲企業，因此對未到期商鋪的轉讓也很頻繁。在租賃期間內，商鋪所有人向轉租人收取租金R_1，轉租人除了向後續承租人收取同樣的租金外，還要多收一筆費用（通常稱為「轉讓費」、「轉租費」），或者轉租人單位期間內向後續承租人收取租金R_2，並且$R_2>R_1$（R_2與R_1的差額就是每期的轉讓費，實際中這種情況較少）。

為什麼轉租人要收取轉讓費？楊會（2005）在討論動產的轉租問題時認為，轉讓費產生的原因有二：一是由於市場原因，商鋪所有人和第二承租人沒有機會發生交易，換言之，轉租人享有一種信息資源，即一種既能和甲交易又能和丙交易的信息，沒有

轉租人，出租人和第二承租人不能發生聯繫；二是轉租人通過自己辛勤勞動使得租金從 R_1 升到 R_2，這種勞動可能是廣告宣傳、與租賃配套的租後服務，也可能是其他。

從租金理論的研究和發展（曹振良，2003）來看，商鋪租金同樣可以分為絕對租金和級差租金兩大類。絕對租金是商鋪形成成本的回收和商鋪所有人投資利潤的賺取。商鋪的市場位置和再投資可能使商鋪租賃者的經營活動獲得超額利潤，從而產生級差租金。級差租金也可以分為級差租金Ⅰ和級差租金Ⅱ，其中前者取決於商鋪的市場位置，後者取決於商鋪的再投資。這些形成級差租金Ⅱ的再投資行為包括商鋪的二次裝修費用、廣告宣傳費用、經營者的聲譽等。商鋪的形成成本是商鋪出租時已有的成本總和，包括了商鋪的建築成本、地價、稅收、初次裝修費用和城市管理費用等。可見，商鋪形成成本中的地價即是級差租金Ⅰ，通常級差租金Ⅰ已包含在商鋪絕對租金中了[①]。級差租金Ⅱ通常不是商鋪所有人的投資形成，而是商鋪承租人的投資和經營活動形成的，這部分投資所產生的超額利潤應當歸承租人所有，即承租人投資經營活動所產生的級差租金Ⅱ應該歸承租人所有。但是，承租人可能無法在租賃期內全部收回投資，需要向商鋪所有人或後續承租人一次性回收該部分投資。

儘管承租人的投資和經營活動可能使商鋪的價值上升，但是商鋪所有人為規避投資風險雖然通常不願意與承租人就補償後者在租賃期內尚未回收的投資費用進行談判，但從能使商鋪升值的角度考慮，默許承租人向後續承租人以轉讓費的名義收回尚未回收的投資支出。後續承租人一般也認可轉讓費，理由有兩點：一是這些構成轉讓費的投資很可能增加營業收入，二是後續承租人也可能成為轉租人，在將來收回部分或全部轉讓費。

[①] 這裡將其單獨劃分出來是因為雖然商鋪的地理位置是不變的，但其市場位置是變化的，有理由認為級差租金Ⅰ也應該隨市場位置的變化而變化。

由於信息的不對稱，後續承租人一般並不清楚轉租人所聲稱的在租賃期內發生的某些投資行為是轉租人所為，還是商鋪所有人先前所做，或者後續承租人難以精確測量這些投資活動對商鋪升值的影響幅度，因此也不會按照轉租人的要求全部支付其尚未回收的投資，而是按照一個行業大多數人認可的平均水準一次性付給轉租人一筆費用，以補償轉租人在租賃期內使商鋪升值的投資支出。比如，轉租人在經營期間的正式和非正式的廣告活動、對商鋪的局部裝修、良好聲譽對市場的吸引等投資活動對後續承租人來說都是難以核實其行為人及其投資額度，或難以測量對商鋪價值的影響幅度的。至於那些容易識別行為主體和估計數量的投資，並且這些投資只有繼續存在於商鋪內才對商鋪價值有益（比如轉租人安裝的設備），這些投資可以通過折價一次性計入轉讓費；否則，轉租人將移去設備，消除這些投資活動對商鋪價值的影響。可見，這類可移去的投資並不是轉讓費的必要構成部分。至於那些待售商品、商鋪押金甚至未滿期限的租金，雖然在實踐中部分計入轉讓費，但顯然也不構成轉讓費的實質。

筆者 2007 年帶領研究小組成員隨機調查了成都市 200 家商鋪（這些商鋪涉及零售、餐飲、辦公、美容理髮等行業）轉讓人的交易情況，發放問卷 200 份，收回有關轉讓費的有效問卷 120 份，以及有關商鋪所有人出租情況的有效問卷 30 份。經統計分析，得出如下結論。

成都市商鋪轉讓費以 10 倍左右月租金的平均水準收取，以一次性補償轉租人的某些未收回的再投資支出。商鋪轉讓費（V_C）與月租金（X_R）的相關係數為 0.689，$P = 0.000 < 0.01$；商鋪轉讓費與商鋪面積（X_A）的相關係數為 0.689，$P = 0.000 < 0.01$。這說明商鋪轉讓費與月租金、商鋪面積顯著相關。在其他條件相同情況下，商鋪月租金的大小取決於商鋪面積，並且是和商鋪面積顯著相關的（相關係數為 0.443，$P = 0.000 < 0.01$）。由於商鋪面積一般不變，而租金隨著時間變動較大，因此商鋪轉讓

費模型中可以只考慮月租金變量，而不考慮商鋪面積變量。

根據統計數據建立商鋪轉讓費（V_C）與月租金（X_R）的模型有：

$$V_C = 8,918.114 + 8.574 X_R$$
$$3.133 \quad 9.974$$
$$(0.002) \quad (0.000)$$

3.133和9.974分別為模型中常數和系數的 t 統計量，括號中的數值為相應的 P 值。迴歸模型方差分析表明，$F=99.481$，$P=0.000<0.01$，$R=0.689$。這說明模型與實際情況擬合良好，該模型是有統計學意義的。如果不考慮常數項，則有如下統計模型：

$$V_C = 10.427 X_R$$
$$16.087$$
$$(0.000)$$

16.087為模型中系數的 t 統計量，括號中的數值為相應的 P 值。迴歸模型中，$F=258.801$，$P=0.000<0.01$，$R=0.837$。這說明模型與實際情況擬合良好。儘管帶常數項的模型也有統計意義，但是帶常數項的模型與不帶常數項的模型相比，更符合實際情況。即如果租金為零，那麼轉讓費為零。

3.7 特色餐飲與範圍經濟的矛盾

從第一次外出就餐以來，每個人都進過不少的餐館，但是沒有多少人能夠回憶出那些餐館。為什麼大多數餐館都記不住，恐怕與這些餐館缺乏特色，沒能給你留下深刻印象有關。一家餐館要與其同行區別開來，通常的事情有：打廣告、菜品或服務有特色、干壞事等辦法。打廣告成本太高，而且餐館具有區域性，消費者大多分散在餐館附近，一般沒有必要打廣告。菜品和服務有

特色可以將餐館與其他餐館區別開來，讓人記住①。干壞事固然可以讓消費者記住，但是後果也很明顯——只好關門大吉。

我們經常提到特色餐飲，那麼特色餐飲究竟指什麼？特色餐飲是餐飲企業圍繞一定主題，營造特有文化氛圍的同時，設計並推出具有某種風格的菜品。菜品的特色可以體現在：①專門經營某一菜肴，如專營筍子雞或鱔魚火鍋的餐館；②突出某一地方菜系，如經營魯菜、川菜或粵菜；③突出某一民族（或國家）的風味，如韓菜館、日本料理館等。例如，賣西式點心的餐店專賣西式點心，賣北方面食的餐店專賣北方面食，賣羊湯燒餅的餐店專賣羊湯燒餅，不夾雜銷售其他類飲食，這些餐館都具有特色。特色餐飲不僅指餐館的菜品與眾不同，還指服務有特色。

美國烹飪學院認為②，特色餐飲服務有以下 9 個特徵：①熱情、友好、禮貌待客，使客人心情放鬆盡情用餐，鼓勵他們下次再來，方法是員工和顧客多聊天；②知識豐富，員工熟悉菜肴、酒水方面的知識，幫助顧客點菜；③高效率，事半功倍多賺錢，顧客也會心情高興；④服務迅速，預先考慮並滿足客人的就餐需求；⑤靈活機敏，滿足客人提出的標準服務範圍以外的需求；⑥始終如一，變化不穩的服務不會使客人再次光臨；⑦有效溝通，尊重顧客，善於應對各種顧客；⑧建立信任，誠實守信；⑨超越期望，享受超值服務。顯然，這些特徵主要強調餐飲服務對消費者的好處，很少強調菜品特色。

一般認為，無論是菜品還是服務，餐飲業的特色應當具有四種特徵：區域性、獨特性、可比性和價值性。餐館的特色與菜品種類的多少有關係嗎？是不是菜品種類越少，餐館越有特色？那倒未必！這要看餐館經營內容是否符合特色餐飲的四個特徵。但是，菜品種類的多少也會影響企業的經營績效。這裡涉及經濟學

---

① 當然，特色餐飲不僅僅是讓消費者記住，更重要的是經濟上的原因。
② 美國烹飪學院. 特色餐飲服務 [M]. 大連：大連理工大學出版社，2002.

中的一個重要概念「範圍經濟」。經濟學理論告訴我們，當同時生產兩種（或以上數量）產品的費用低於分別生產每種產品時，所存在的狀況就被稱為範圍經濟。範圍經濟的產生有兩種情況：

（1）指由於一個地區集中了某項產業所需的人力、相關服務業、原材料和半成品供給、銷售等環節供應者，從而使這一地區在繼續發展這一產業中擁有比其他地區更大的優勢；

（2）指企業通過擴大經營範圍，增加產品種類，生產兩種或兩種以上的產品而引起的單位成本的降低。與規模經濟不同，它通常是企業或生產單位從生產或提供某種系列產品（與大量生產同一產品不同）的單位成本中獲得節省（圖3.6）。

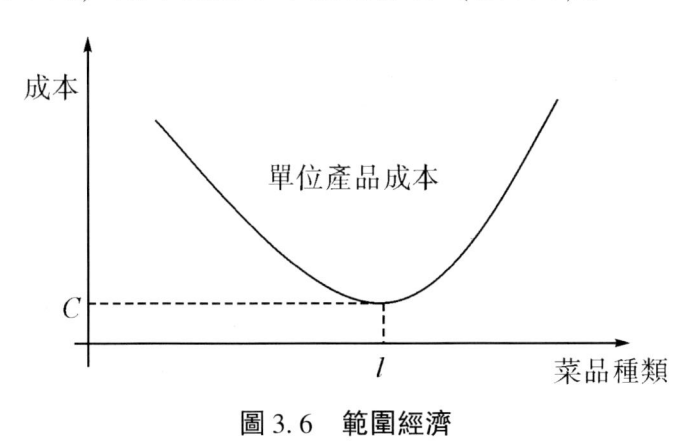

圖3.6 範圍經濟

範圍經濟一般是企業採取多樣化經營戰略的理論依據。範圍經濟在企業生存發展過程中具有和規模經濟同等重要的地位[1]。範圍經濟與規模經濟的異同點主要表現在四個方面：

（1）規模經濟與範圍經濟的定義不同。規模經濟是指在一個給定的技術水準上，隨著規模擴大，產出的增加導致單位產出成本逐步下降。範圍經濟是指在多項活動共享核心資源，導致各項活動費用的降低和經濟效益的提高。

---

[1] 美國經濟學家小錢德勒認為，「企業規模經濟和範圍經濟是工業資本主義的原動力」。錢德勒. 企業規模經濟與範圍經濟：工業資本主義的原動力 [M]. 北京：中國社會科學出版社，1999.

（2）企業或行業均可能存在內部規模經濟與內部範圍經濟。內部規模經濟是指隨著產量的增加，企業的長期平均成本下降。內部範圍經濟是指隨著產品品種的增加，企業長期平均成本下降。

（3）企業或行業均可能存在外部規模經濟與外部範圍經濟。外部規模經濟是指在同一個地方同行業企業的增加，多個同行企業共享當地的輔助性生產、共同的基礎設施與服務、勞動力供給與培訓所帶來的成本的節約。外部範圍經濟是指在同一個地方，單個企業生產活動專業化，多個企業分工協作，組成地方生產系統。

（4）範圍經濟和規模經濟均有一定條件，超出一定條件，就可能產生範圍不經濟或規模不經濟。

將範圍經濟應用到餐飲企業，就是要重視菜單的設計。菜品銷售一般符合「80：20法則」，即80%的銷售額來自於20%的產品。雖然這個法則不是絕對的，但的確說明，餐飲企業的不同產品對銷售額和利潤的貢獻率是不同的。有的餐館老板做生意太貪，在菜單上列了許多菜品，想把所有消費者都吸引到店裡來。結果往往是，任何菜品都做得很差，反而不能吸引消費者，並且造成原料庫存增加，成本居高不下，最後關了門。品種有限的菜單雖然限制了顧客的數量，但能使人很快決定吃什麼，從而加快顧客流動，並且減少食物的浪費。因此，菜單的準備，首先要考慮細分市場的需要和是否盈利，又要考慮生產過程中的範圍經濟問題。一般大餐館菜單上所列菜品的數目在100個左右，小餐館在20個左右是比較合適的。

有一家小麵館的菜單體現了範圍經濟的特色。該店有兩個大眾化產品系列：麵條系列有牛肉面、酸菜肉絲面、排骨面、雞雜面；米線系列有牛肉米線、酸菜肉絲米線、排骨米線和雞雜米線。每個產品由兩個主要原料構成，麵條和米線通常是按照顧客要求現做，而牛肉、酸菜肉絲、排骨、雞雜四種臊子都是事先做

好，比如牛肉面就是將麵條煮好後加上早已做好的牛肉臊子構成。每個產品又分為兩個規格：大份和小份，一般大份三兩，小份二兩。這樣，整個菜單上就有八個品種、十六種規格的產品。如果只有麵條系列（或米線系列），則只有四個品種、八個規格的產品。可以看出，經營者僅僅是增加了一種主原料（米線或麵條），麵館向消費者提供的產品數量就增加了一倍，從而使經營者在成本增加不大的情況下，能夠向更多的消費者提供服務，擴大了銷售額。

另有一家面積僅有20平方米、廚師和服務員共4人的社區餐館，其菜單卻很複雜：菜品種類多，且不同菜品之間很少共用主原料。菜單上向消費者提供的菜品有早餐系列（包括包子、饅頭、油條、雞蛋、稀飯、豆漿）、麵條系列（包括消費者通常喜歡的牛肉面、酸菜肉絲面、排骨面、雞雜面）、水餃、抄手、炒飯系列（包括揚州炒飯、回鍋肉炒飯、番茄蛋炒飯、香菇肉絲炒飯、芹菜炒飯），甚至還有炒菜系列（如宮保雞丁、麻婆豆腐、紅燒肉、蒸牛排等），一共35道菜。經營者本希望該店能夠滿足小區內部分居民的日常就餐需求，結果發現，生意並不像想像的那樣好。消費者經常抱怨說，到店裡要等候很久才能就餐，菜單上的菜品也不是隨時都有；服務人員經常因為上錯菜而受到顧客指責；廚師也很頭疼，不但要花很多時間備料，而且烹飪過程很複雜。

餐飲企業獲得範圍經濟需要注意菜品之間的搭配，但並不是說所有菜品的組合都可以獲得範圍經濟。如果處理得當，那麼特色餐飲和範圍經濟也不衝突。比如「一雞多吃」就是將特色經營與範圍經濟相結合的很好的一個案例。特色餐飲可以通過餐飲細分市場的定位來建立。將市場細分的目的是為了選擇目標市場，以使企業用有限的資源更有效率地為目標市場的消費者服務。由於自身技術、物質資源和管理能力的有限性，一個企業實際上很難為市場上的所有消費者提供優質服務。企業市場細分的一般標

準有：地理環境因素（如區域、氣候、交通條件等）、人文因素（性別、年齡、職業、文化程度、宗教信仰、收入等）、心理因素（購買動機、生活方式等）。一旦餐館確定了細分市場，就可以考慮系列菜品的開發，範圍經濟發揮作用。

3.8 機器人廚師的出現

現代廚房設備主要有烹飪準備設備、烹飪設備和用具、儲藏設備、服務設備和清洗設備六大類。企業在採購設備時要考慮設備的功能、生產能力、質量、維修性、操作性、安全性、節能性和環保性。從經濟角度看，餐飲企業是否購買設備或進行技術改造需要考慮以下因素：是否增加顧客滿意度和營業收入、提高管理效率，減少成本，增進各方面的溝通，以及提供有利的競爭優勢。概括為兩點，就是能否增加收入和減少成本。

廚房設備究竟使用多久淘汰，是由其壽命決定的。廚房設備的壽命可以分為自然壽命、技術壽命和經濟壽命三種。廚房設備的自然壽命，又稱為物質壽命，是廚房設備從投入使用開始，直到因為在使用過程中發生物質磨損而不能繼續使用、報廢為止所經歷的時間。廚房設備的技術壽命是指從廚房設備開始使用到因技術落後而被淘汰所延續的時間，是廚房設備在市場上維持其價值的時間。廚房設備的經濟壽命是指廚房設備從投入使用開始，直到因繼續使用不經濟而被迫更新所需要的時間。可見，廚房設備的使用壽命不單指其自然壽命，更重要的是其技術壽命和經濟壽命。這是我們在購買設備時所需要重點關注的事情。

關於廚房設備自然壽命、技術壽命和經濟壽命的知識還可以參閱相關書籍。這裡著重討論技術先進的機器設備能否被用到餐飲企業，替代傳統的手工作業。有些餐館的老闆對一些先進的廚房設備是排斥的，總認為機器做的菜品不如手工做的好吃。其

實，這個問題並不一定由經營者的技術偏好決定，主要與設備的購買成本與使用成本密切相關。機器設備的購買成本和使用成本是不同的概念。設備的購買成本是設備的銷售價格、採購費用、運輸費用之和，設備的使用費用包括設備的安裝費、能源費、維修費、人工費、場地占用費等。

有時候設備的購買成本高，使用成本低；有時候設備的購買成本低，而使用成本高。因此，比較不同設備的經濟性能，要看設備生產一單位同樣的產品，所分攤的購買成本和使用成本的大小。

一般說來，生產同樣質量和數量的產品，當設備的購買成本和使用成本超過了手工操作的人力使用成本，手工操作是劃算的；反之，當設備的購買成本和使用成本低於手工操作的人力使用成本，手工操作是不劃算的，最終的結果是機器設備替代勞動力（圖3.7）。這說明，規模較大的餐飲企業使用設備的可能性要比小餐館大得多。

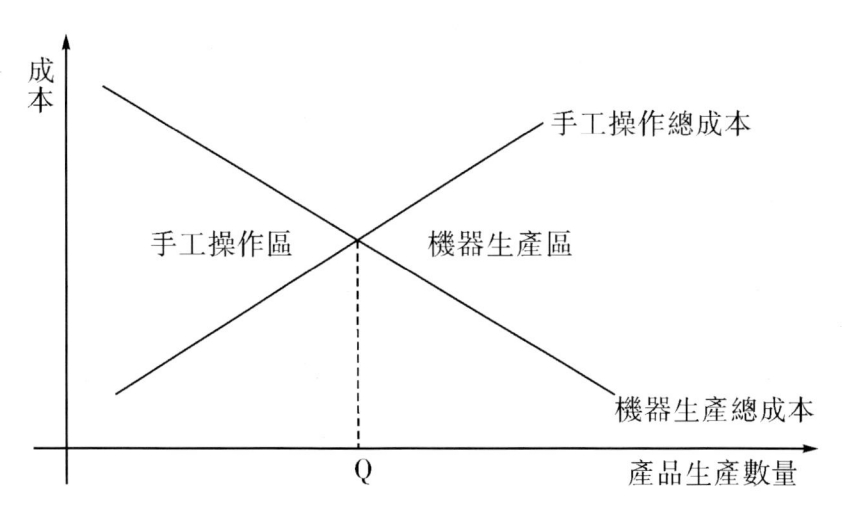

圖3.7　手工操作與機器生產的界限

注意，這裡的前提條件是「生產同樣質量和數量的產品」。如果機器設備能夠生產出比人力更高質量的產品，那麼即使單位產品分攤的設備購買成本和使用成本比手工操作的人力使用成本

高，由於能夠獲得一個較高的產品價格，也可能使用機器設備。

歷史上發生過許多次廚房設備的革命，比如爐竈的改進和微波爐進入千家萬戶。我們來分析一下機器人廚師是否替代廚師的例子。這個例子說明，新設備的製造成本往往較高，是很難被餐館採用的。隨著技術的發展、生產工藝的成熟、製造企業管理水準的提高，新設備的性能會更加完善，銷售價格大大降低，在同行競爭的壓力下最終會被大多數餐館所採用。但是，任何設備，即使是高科技設備也不能完全代替人力，特別是在創造性活動領域，機器設備往往很難完全代替人的勞動。

2002年，留日學者張曉林博士到北京中關村推介自己發明的烹飪機器人。這個機器人涉及兩套系統：烹調方法自動記錄系統和自動烹調系統。首先用攝像機及其他儀器記錄下廚師做菜的整個過程，包括各種原料和調料的品種及數量、主料的加工方法和形狀、烹調器具的運動軌跡、廚師加入各種原料的量及時間。然後將取得的數據編製成自動烹調系統的操作程序，將其裝入自動烹調系統和中央處理器裝置。機器人安裝在竈臺上方的櫃子裡，烹飪時執行程序，機器人就會按照指令重現廚師做菜的過程。據稱，該設備只需10萬元，卻能做出和各個菜系名廚一樣的菜，而且絕對是原汁原味。

2006年揚州大學聯合深圳繁興科技有限公司、上海交大等機構，歷時四年成功研製出機器人「廚師」——愛可。不管是魯菜、淮揚菜、川菜還是粵菜，只要給機器人放入特製的菜料，按一個鍵，幾分鐘後，一道熱氣騰騰的菜肴就上桌了。更令人驚奇的是，愛可不僅能做到現有烹飪設備的烤、炸、煮、蒸等工藝，還能實現中國菜特有的炒、燒、熘、爆、煸等技法。目前，機器人已掌握80%中國菜的烹飪方法，可烹飪千種菜肴。

2007年中科院自動化研究所劉長發教授發明了一種烹飪機器人，高1.5米，腿部是電腦主機，胸前是電腦顯示屏，肩上扛著油、醋、醬油、水等液體調味品，胸腔裡面藏著鹽、味精、糖等

固體調味品，胸中裝的電磁爐和鍋則是用來炒菜的。在電腦過程控制下，該機器人能自動煎、炒、烹、炸，做出 200 多道菜肴。可惜的是，手工製作一臺烹飪機器人需要 3 個月，成本要兩三萬元。如果批量生產，成本有望降到幾千元一臺。

目前出現了一種全自動機器人廚房，能根據主人的需求，通過遠距離遙控，可在無人監控的情況下，自動按時完成多個炒菜做飯任務。該機器人普通檔售價 18,600 元，高檔售價 28,600 元。

由於機器人廚師能夠不知疲倦地隨時提供快捷的服務，隨著製造成本的下降，使用機器人廚師可以大大減少人的勞動，降低廚房營運成本。完全有理由相信，未來的機器人廚師可能會使許多廚師下崗。但也有人認為，好的廚師每一次烹調都是一次創新，他會根據原材料的不同產地和新鮮老嫩程度在烹制方法上做適當調整，這和機器程序的一成不變有著本質區別。炒菜機器人的推廣，對一些快餐店、食堂的普通廚師衝擊可能會比較大，但對以個性化服務的中高檔酒樓來說，幾乎構不成威脅。因此，隨著炒菜機器人的不斷完善，將來廚師這一職業的分化也許會變得更加明顯：一部分會成為能做複雜、精細菜肴的頂級大廚，一部分會成為菜肴設計師和新品開發師，以確保烹飪機器人「上崗工作」。

西托夫斯基認為，「食物的營養價值是自然賦予的，但（附著在其上的）快樂和趣味卻是廚師賦予的。廚師為食物提供了多樣性、新奇性和微妙差異——通過對材料的選擇和準備，通過對味道的搭配，通過菜肴之間的和諧關係，以及通過控制食物的一致性、溫度、顏色等」[1]。從這一點來看，烹飪機器人顯然至少目前還不能完全代替廚師的創造工作。

---

[1] 提勃爾·西托夫斯基. 無快樂的經濟 [M]. 北京：中國人民大學出版社，2008：162.

3.9　中餐標準化生產的爭議

　　荊楚網2008年7月9日報導，中國飯店協會正著手中餐標準化的制定，其中專門就老字號菜品制定統一標準，以防止名菜被亂炒。此消息一出，便激起業內人士反對聲不斷。實際上，餐飲業界一直存在類似的爭議，反對傳統中餐標準化的理由主要集中在以下幾個方面：

　　（1）傳統中餐的操作過程難以標準化。傳統的烹飪在流程中本身就不是機械化的標準操作，很多時候是由廚師在現場邊嘗邊修正的，放多少鹽、加什麼作料、對於火候的把握，完全靠個人的經驗和感覺，每個人做出的菜的味道、口感都不一樣，甚至同一個人每次做的菜的效果也不盡相同。因此，有人指出，標準化問題主要不是源於文化的差異和經營模式的效仿難度，而是源於中式餐飲加工工藝的複雜性和經驗性。

　　（2）傳統中餐的獨家秘方不容易公開。不少菜品牽扯到「祖傳秘籍」、「獨家秘方」，如果公開這些寶貴秘方就可能引起各企業模仿而減少擁有秘方企業的收益，打擊餐飲企業菜品開發的積極性。因此，這些無法公開的機密如何成為標準供人參照，就成為標準化過程的一大難題。

　　（3）標準化不能滿足消費者的個性化需求。現在，大眾化的消費進入個性化消費時代，消費者可以隨心所欲地向服務員提要求，以獲取特殊的、與眾不同的服務。出現個性化消費，一方面是由於人們消費水準不斷提高，價值觀念日益個性化，進而要求產品能夠滿足個人特殊的要求；另一方面是產品越來越豐富，供大於求，消費者可以在眾多的同類產品中隨意挑選。因此，消費者在各地品嘗著同樣口味的菜品，恐怕「眾口難調」又成為餐飲經營者面臨的新問題。

（4）標準化可能阻礙地方菜系的進一步發展。飲食需求的差異，不僅存在於地區和國家之間，而且在個人之間也存在相當大的差異。中國地域遼闊、人口眾多，各地區的飲食習慣和偏好相差甚遠。地方菜系的特點在於豐富多元的美味佳餚，各顯神通的烹調手法。統一標準可能抹殺菜品的個性化創新，限制地方菜系特色的進一步發展。

（5）標準化會使烹飪失去樂趣。許多人認為，做菜是一門藝術，一種享受，一項樂趣，不同的個性和特色才能滿足更多人的需求。如果用單一的標準來規範，做菜就成了批量生產零部件，烹飪就成為一種單調乏味、令人厭倦的工作。

傳統餐飲業能否接受現代標準化生產的改造，在國外同樣有爭議。義大利的米納爾迪認為[1]，工業和服務業發達的城市，推行的快餐（fast food）大大削弱了飲食的形象（比如站著吃，食品預先製好，酒水也不是瓶裝的），而休閒城市應該採用傳統飲食的理想方式——慢餐（slow food），讓消費者在舒適、安靜的場所品嘗美食，以滿足那種非大眾化的、極為個性化的飲食需求。

但是，由於科技的進步已經在很大程度上解決了食品的保存、保鮮難題和實現機械化烹飪，餐飲人員的日益短缺和過快流動對企業成本增加和難以保持烹飪傳統技術的影響，消費者對菜品質量、安全的擔心和對時間的更高要求，以及企業面臨服務價格由於競爭的降低和生產過程的日益複雜化問題，都要求餐飲業生產的標準化，以替代傳統手工作坊式的、依賴於個人有限經驗的經營模式。菜品生產的標準化在一定程度上簡化了管理，提高了質量和消費者的滿意度。特別是現代快餐業的發展，更是要求餐飲企業實行標準化生產，以大大降低生產成本，保持菜品質量和口味的一致性。

---

[1] 奧斯卡·馬奇西奧. 餐飲也是媒體［M］. 北京：社會科學文獻出版社，2006：24-56.

經濟學認為，資本為了獲取最大的利潤，就要通過擴大生產規模來降低成本，於是便出現了泰勒主義、福特主義的生產經營模式，使一切商品和服務的生產按照標準化、工業化、系列化、模式化的方式來進行。這一點對傳統的餐飲業同樣適用。1955 年 4 月 15 日，克羅克開了世界上第一家麥當勞店，他利用消費工程化的技術，使消費者變得越來越單一，越來越一致，甚至失去了個性。麥當勞在許多方面實行標準化經營，如在全球各地統一服務標準，規定漢堡包出爐超過 10 分鐘、炸薯條出鍋超過 7 分鐘均不得銷售，等等。可以說，麥當勞快餐店的問世標誌著福特主義進入餐飲業。

現代快餐的特點就是標準化品種、工業化生產、科學化管理、連鎖化經營，重營養衛生、輕口味。快餐以其科學的配方、標準的口味、快捷的服務、清潔的就餐環境、較低的價格、統一醒目的店面裝修得到了幾代消費者的青睞，所到之處給注重裝修風格和服務個性化，局限於地方顧客的傳統餐飲業以極大挑戰。按照現代快餐標準，快餐的生產應該走標準化和工業化的道路，肯德基、麥當勞等洋快餐就是典型的代表。中國連鎖經營協會的專家認為，如果不能解決標準化、工業化問題，那麼中式快餐永遠也成不了主流快餐。據業內人士介紹，曾經的中式快餐老大「馬蘭拉面」目前在北京有 30 餘輛配貨車，然而每天在忙碌的只有不到 10 輛。其原因在於馬蘭拉面根本無法瞭解和控制各個店面的實際需求，很多時候不同的馬蘭拉面店做出的拉面口味並不太一樣。「大娘水餃」也是如此，由於無法做到「快速取餐」，客戶在等待時間中流失。沒有店面的「麗華快餐」在速度上可以保證消費者的要求，但在標準化上仍然達不到要求。據瞭解，麗華本來有意為奧運送餐，就是由於廚房達不到標準而沒能入圍。

餐飲標準化服務與消費者的個性化需求是矛盾的嗎？實際上，標準化服務與個性化服務是相輔相成、辯證統一的關係。標

準化服務是個性化服務的基礎，如果沒有標準化服務，消費者就得不到最起碼的、一般的服務；沒有個性化的服務，很難使消費者感覺到滿足和尊重，是一種低層次的服務。現代烹飪要權衡標準化和創造性之間的關係。餐飲業要引入「大批量定制」這一全新管理理念，實現產品的系列化和典型化，在保證質量的基礎上，盡可能以較低的成本向消費者提供差異化的食物。這是因為：大規模生產可以獲得規模經濟，盡可能降低生產成本；而按消費者定制可以滿足其個性化需求。

可見，傳統餐飲業的問題不在於能否實現標準化，而是如何實現標準化。經過長時間的摸索，「真功夫」快餐連鎖公司悟出了真諦：快餐要實現標準化，就必須擺脫廚師束縛，而快餐標準化的關鍵在於發明烹飪設備。實際上，產品標準化才是大規模連鎖經營的基礎，但是產品的標準化並沒有排斥產品創新。總的說來，傳統餐飲業的標準化不僅需要產品標準化、生產工藝標準化，還包括管理的標準化、品牌形象的標準化，需要處理好提升產品質量和保證產品質量相對穩定性的關係，而這一切都需要依靠整個餐飲業產業化程度和經營管理水準的提高。中國烹飪協會在2006年發布的中國餐飲產業運行報告白皮書中指出，中國餐飲行業建立行業標準體系是未來發展的必由之路。

不管傳統餐飲能否實現標準化的爭議怎樣，現實中許多地方都在對傳統餐飲進行標準化的改造。據悉，申城的標準化中餐正以每年30%的速度在發展，以「中央廚房」策略推動了一些餐飲名店實行半成品的標準化生產。中央廚房是將中餐複雜的選揀、洗淨、切配、烹飪等加工要素實現標準化，並運用食品冷凍、冷藏技術使菜點的半成品、成品保持新鮮和美味。目前上海已有沈大成、王家沙、小南國等近20家餐飲企業建立了中央廚房，2008年年底估計有3,000家餐飲企業引入中央廚房。上海市經委有關人士表示，從原料採購到終端銷售的標準化生產，可以最大化保

證食品安全。上海烹飪協會有關人士則認為，「中央廚房」可以使市民將能吃到更多物美價廉的名店菜餚。重慶市渝北區是中國的「水煮魚之鄉」，從 2008 年 1 月 1 日起，該市施行了水煮魚行業標準，並制定了水煮魚地方標準，對如何做水煮魚進行詳細規定。

與中國同行一樣，義大利傳統餐飲業同樣面臨西方快餐文化衝擊的問題。但是，他們巧妙地解決了這個問題，提出了「義大利新餐飲」的理念：一方面強烈捍衛地中海式飲食方式和義大利傳統餐飲文化的多樣化、個性化和地方特色，避免福特主義餐飲消費帶來的「文明病」、「富貴病」和多元餐飲文化的消失；另一方面又用工業化的一些技術來擴大傳統餐飲業的規模，降低成本和價格，給傳統餐飲業注入新的活力。整個餐飲業中既有經濟實惠、重視速度的快餐，也有講究舒適親切、全方位服務的慢餐。

3.10　精益求精的代價

餐飲消費者的需求既有物質方面的，也有精神方面的，主要反應在顧客對食品飲料的價格、質量、衛生方面，以及服務是否及時、周到、熱情、禮貌等方面。餐飲消費者需求的多樣性導致餐飲產品（包括菜品、飲料和服務）質量很難有一個固定、統一的標準。

服務質量是指服務能夠滿足規定和潛在需求的特徵和特性的總和。企業為使目標顧客滿意必須保證一定的服務質量水準，同時保持其在一定時期內的連貫性。餐飲業的服務工作能不能滿足顧客需求，在很大的程度上取決於服務工作人員的能力及其發揮。消費者習慣用過去的經驗和期望去衡量和評價服務質量的高低，重視個人的心理感受，使其對餐飲消費質量的評價帶有濃厚

的個體主觀色彩。餐飲菜品飲料的質量水準可以用產品與技術標準之間的差距來衡量，服務質量水準則需要用顧客期望值與實際感受間的差距來衡量[①]。Parasuramant 等人認為服務質量不足來自於五個方面的差異：客戶期望和管理者認知的差異，管理者認知和服務質量標準的差異，服務質量標準和服務傳遞的差異，服務傳遞和外部溝通的差異，客戶期望和客戶認知的差異。前四個差異來自於企業提供的經營，後一個來自於客戶。

缺乏專業知識和監測設備的大多數消費者對產品質量並不能正確判別。通常消費者對菜品和飲料的質量判斷是通過不同企業生產的同類產品的色、香、味、形、營養、衛生等方面進行感覺比較的。有時候消費者並不完全清楚菜品飲料的質量，但是可以通過員工的工作質量或就餐環境來間接推斷[②]。消費者的感知質量是把期望的質量標準和體驗的質量情況進行比較後所得的主觀評價，即質量應當是可以「感知」的。因此，企業需要通過各種渠道來展示其質量水準，也有必要對顧客的需求進行正確識別和確保滿足需求的一致性。比如，企業通過高標價來向消費者傳遞其高質量，因為普通人總是認為高質量的產品一般是賣高價的，儘管高價未必意味著高質量；有的消費者認為一個餐館如果洗手間很乾淨，那麼菜品的衛生也不會太差，由此，餐館經營者完全可以投其所好，做好洗手間的清潔工程。

羅蘭（Roland Rust）等人對獲得和維持客戶的成本有以下觀點：

（1）獲得一個新客戶，要比保持一個現有的客戶多花 5 倍以

[①] Yun 等人用 SERVQUAL 測量餐館的服務質量（Yun Lok Lee, Nerilee Hing. Measuring quality in restaurant operations: an application of the SERVQUAL instrument [J]. Int. J. Hospitality Management, 1995, 14 (3/4): 293 - 310)。

[②] BARRY J. PIERSON, WILLIAN G. REEVE, PHILIP G. CREED. The quality experience in the food service industry [J]. Food Qulity and Preference, 1995, (6): 209 - 213.

上的錢;

（2）延續一個客戶的關係可以增加該客戶的終身價值，使其買的更多;

（3）常客更容易安排，從而降低管理成本。

他們認為，涉及質量的成本主要有：問題的預防，用於監督正在生產的產品質量的審查和評價，在給客戶之前將一件次品重做的成本（內部差錯）和將已經到客戶手中的產品進行修復的成本（外部成本）。

如果消費者不能很好地區分產品質量水準[1]，那麼企業就應當認真權衡不同質量水準的投入。一方面，質量好的產品其投入往往較大。這是因為生產好產品需要在高素質的員工、精選的原材料、高級加工設備、先進的加工工藝、頻繁的檢驗等方面比生產質量差的產品有較大的支出，即質量水準越高，投入的成本越大。但並不是質量水準越高就意味著成本一定很高，也並不意味著產品沒有差錯。另一方面，質量越高的產品容易吸引消費者，減少退貨或賠償造成的企業損失，給消費者帶來更多的滿足；反之，質量越低的產品，由低質量導致的成本越大。有人認為，低質量是由低投入造成的，因此低質量的產品成本也低。實際上，這種觀念是錯誤的。如果考慮低質量產品的損失成本，低質量產品的總質量成本並不低。只不過，許多損失成本往往是被人忽略的無形或間接的成本。

因此，將質量投入成本和損失成本匯總，我們發現，總質量成本（質量投入成本和損失成本之和）隨著質量水準的上升先是逐漸下降，然後又再次上升，呈現一個U形曲線（圖3.8）。這說明，產品價格一定的情況下，我們可以尋找一個合適的質量水準，使產品質量成本最低，獲得更多利潤。

---

[1] 否則，消費者不能給優質產品以更高價格，優質產品生產企業反而得不償失。

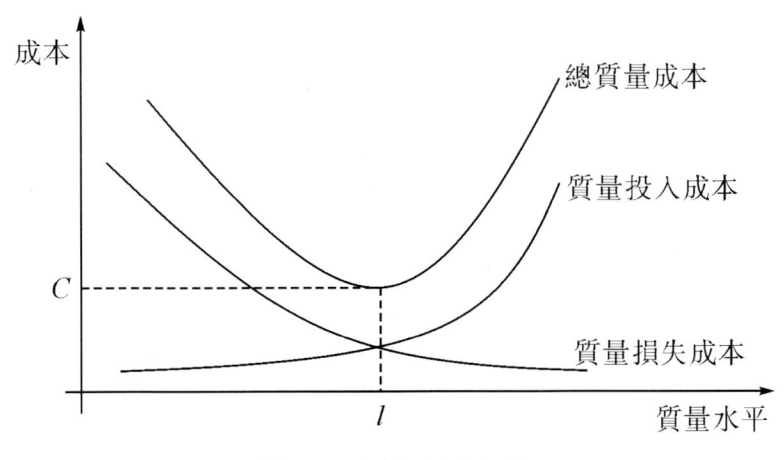

圖 3.8　質量成本曲線

企業重視產品質量的原因在於質量效益之間存在緊密的關係（圖 3.9）。一般說來，質量越高的產品價格越高；反之，價格越低（即價廉未必物美，優質優價）。而不同質量水準的產品總質量成本是不同的。企業關注的是利潤最高，這就要求企業尋找一個合適的質量水準，使得企業的總收入與總質量成本之間的差額最大。

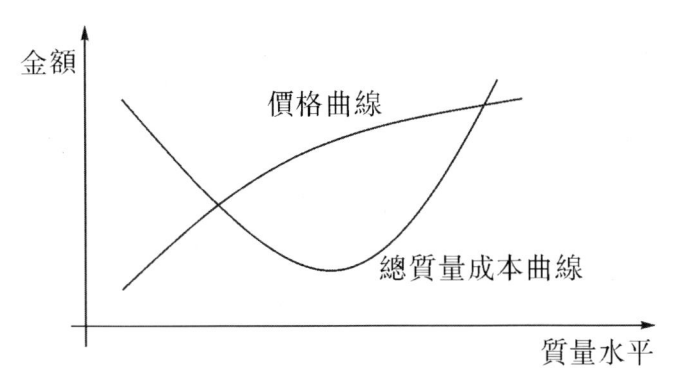

圖 3.9　質量收益與質量成本的關係

由此，我們可以對質量總成本曲線分區（圖 3.10），以對產品質量水準進行適當的管理。

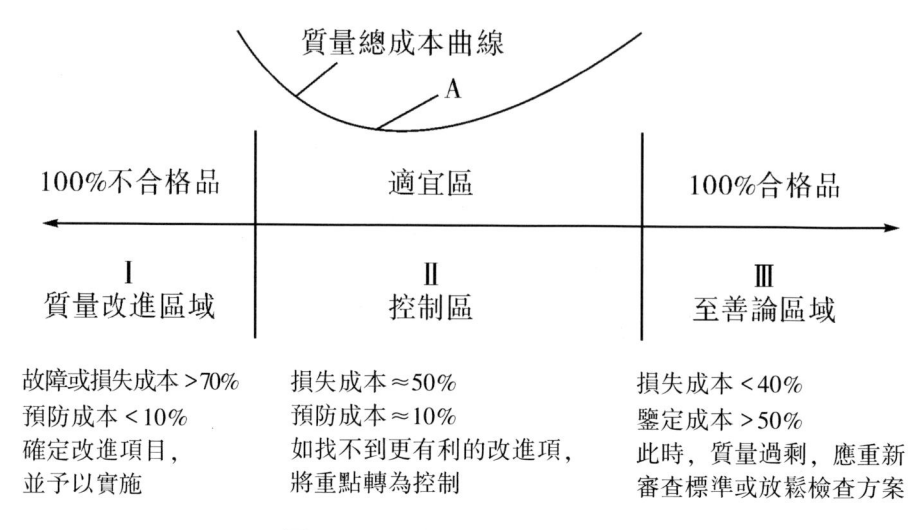

```
              質量總成本曲線
                        A
   ┌─────────────┬─────────────┬─────────────┐
100%不合格品     適宜區          100%合格品
   ─────────────┼─────────────┼─────────────→
        I             II            III
   質量改進區域      控制區        至善論區域

故障或損失成本>70%  損失成本≈50%    損失成本<40%
預防成本<10%       預防成本≈10%    鑒定成本>50%
確定改進項目，     如找不到更有利的改進項，  此時，質量過剩，應重新
並予以實施         將重點轉為控制    審查標準或放鬆檢查方案
```

圖 3.10　質量成本曲線的分區

　　在餐飲業，廚師往往只關心菜品質量，而管理者只關心成本，兩者都有所偏頗。特別是那些手藝精湛的廚師往往自以為是，經常不聽從管理者的要求，這是不對的。除非有更高的價格彌補高昂的質量成本，一味提高菜品質量是得不償失的。對管理者來說，餐飲菜品和飲料的價格需要與其質量、數量和服務有機結合。例如，在價格相同情況下，如果菜品質量水準低一點，就必須要以數量更多或質量更好的服務來彌補菜品質量缺陷；否則消費者就會更不滿意。

　　總的說來，影響產品的質量因素很多，企業必須建立質量保證體系，抓住重點和當前可控因素，實行全面質量管理，遵循質量管理的八項原則：以顧客為關注焦點、領導作用、全員參與、過程方法、管理的系統方法、持續改進、基於事實的決策方法、與供方互利的關係。

3.11 餐飲業中的分工經濟

中國著名餐飲文化大師劉學治先生曾經談到「借用社會力量推新菜」的菜品開發思路。他的演講頗為精彩：

餐廳推新菜不能僅僅依靠本店的廚師，我們應該放開眼界，從傳統的模式中解放出來，利用社會資源，優化配置，去做成一篇大文章。「北京眉州東坡酒樓」的香油鹵兔，是從成都一家腌鹵名店長期購買的，風味很突出，質量也穩定，很受食客歡迎。「飄香老牌川菜館」的菸燻排骨和「陶然居」的老臘肉都是很叫座的風味菜，然而這些菜品都是他們買的現成貨，煮好切好後放在那裡待命。顧客點菜後，用微波爐一打熱就可以上桌了。

20 世紀 90 年代初期，皇城老媽火鍋有一款小吃「蜀宮涼糍粑」，很受食客歡迎，認為其肌膚如雪、晶瑩細膩、入口化渣、回味悠長，配火鍋更是珠聯璧合。但這款小吃卻不是皇城老媽自己做的，是由著名小吃店「李記丁丁糖」送的貨。好馬配好鞍，真是相得益彰。其實世界上很多知名的大企業，例如福特汽車公司，他們的許多配件，都不是自己做的，例如拉手、螺釘等，而是由一些專業小廠，按其需求加工定做的。這個世界就是需要相互分工、相互配合，才能各展其長，共創輝煌。很多餐廳請不到好的小吃師傅，勉強為之，結果賣相很差。其實許多小吃完全可以借用社會力量找到出路。成都「家樂福」裡的一個牛肉包子檔口，三元五角錢可以買到一籠七個牛肉包，並且非常好吃。如果買回去在餐廳裡經營，起碼可以賣到一元錢一個，淨賺百分之五十。超市裡的「思念水餃」、「賴湯圓」、「寧波湯圓」、「葉兒粑」、「發糕」以及涼菜、蒸菜，都很有特色，價格不貴，直接買回來還有很大價格空間。反正加價賣出既節約費用，又節約時間，何樂不為！如果因為在超市買食品，聯繫直接生產的商家，

由他們送貨，成本還會降低很多。況且專業做一兩種菜點的商家，質量和風味總是會做得更到位一些的。

餐廳也可以設一小吃師傅，專門做具有本餐廳特色的一兩種小吃，例如現場製作的「鄉村鍋貼」、「風味牛肉蕎面」「干焙土豆絲餅」等。買回來的菜點也可以進行一些加工，使之更具特色，比如將每一個「白蜂糕」上面點綴一枚蜜櫻桃，這樣蒸出的成品就會更有魅力。又如，將買回的八寶飯放到挖空的菠蘿裡去蒸熱上桌，就成了菠蘿八寶飯；將蒸肉用荷葉包裹以後蒸熱上桌就成了荷葉粉蒸肉；將其分裝在桔殼裡蒸熱上桌，就成了金橘粉蒸肉；將其用春卷皮包裹以後油炸上桌，就成了脆皮粉蒸肉。通過加工改良的菜點，就會錦上添花更具風味。

其實，劉先生的菜品創新思路涉及一個經濟學問題，那就是社會分工。社會分工的最大特點就是利用所謂的迂迴生產方式，在初始生產要素和最終消費之間插入越來越多、越來越複雜的生產工具、半成品和知識的專業生產部門，從而使社會分工越來越細，人們更加依賴於購買生產工具、半成品而不是使用自制工具從頭到尾生產最終產品。

很多餐館老闆不願意進行社會分工，他們認為，把自己的業務外包會讓別人占便宜，「肥水流了外人田」。實際上，這是一種狹隘的看法。經濟學家亞當·斯密指出，分工會增加社會財富，使分工者得到更大的好處，比如：專業化的分工能夠利用能力的差異、在勞動中獲得特殊技能、節約轉換工作的時間。原始社會的人群分工水準很低，每個人（或每家人）需要自己種田、養豬、織布、建房等，生活水準也極低。現代社會中每個人的分工卻極細，這些人可能只種田，而不必養豬、織布、建房；即使是種田，也可能由不同工種的人來完成，但是他們的生活水準卻極高。

餐飲業也需要社會分工，一個餐館不可能把所有的菜品都能做好。即使能做好，每道菜品的成本未必是最低。如果餐館做自

己最擅長的菜品，它就能夠在一定時期內以較低的成本，生產更多更好的菜品，從而賺取更多的錢。這就要求餐館把自己不擅長的業務外包給其他更有能力做好的企業或個人去做，從而提升整個餐館的競爭力。

比如，某餐館以較低成本做好一道菜，其他菜品購買社會上做得最好，成本最低的企業產品，那麼該餐館提供的所有菜品不但質量好，而且成本低。假如餐館生產所有菜品，經營者勢必聘請生產各道菜品的最好廚師和最優秀的管理者，這就會增加餐館的用工成本。一旦市場需求較少，這些廚師和管理者不能完全發揮作用，結果導致餐館總收入不能大幅度增加，反而會出現虧損。

一個企業只有規模較大的時候，內部分工才會很細，獲得更多分工經濟的好處①。當企業規模較小的時候，內部分工不可能太細，獲得分工經濟的好處也較少。因此，小規模的餐館更需要將大量業務外包，借助社會分工獲得必要的分工經濟。餐館外包的業務通常有：原料配送和初加工、部分菜品的生產、餐具的高溫消毒等。

但是，外包經濟不是在任何社會條件下都可以形成的，這裡涉及一個重要概念「交易成本」。交易成本又稱「交易費用」，最早由美國經濟學家羅納德·科斯（Coase R. H.）1937年在《企業的性質》一文中提出，他因此獲得了諾貝爾經濟學獎。所謂交易成本，就是在一定的社會關係中，人們自願交往、彼此合作達成交易所支付的成本。威廉姆森（Williamson）1975年將交易成本分為以下幾項：搜尋成本、信息成本、議價成本、決策成本、監督交易進行的成本、違約成本。

威廉姆森同時指出了交易成本的六項來源：

---

① 當企業規模超過一定限度時，擴大規模也會使企業成本上升，出現規模不經濟現象。

（1）有限理性，交易參與人因為身心、智能、情緒等限制，在追求效益極大化時所產生的限制約束；

（2）投機主義，參與交易的各方為尋求自我利益而採取的詐欺手法，增加彼此不信任與懷疑，因而導致交易過程監督成本的增加而降低經濟效益；

（3）不確定性與複雜性，由於環境因素中充滿不可預期性和各種變化，交易雙方均將未來的不確定性及複雜性納入契約中，使得交易過程增加不少訂定契約時的議價成本，並使交易難度上升；

（4）少數交易，某些交易過程過於專屬性，或因為異質性信息與資源無法流通，使得交易對象減少，造成市場被少數人把持，市場運作失靈；

（5）信息不對稱，因為環境的不確定性和自利行為產生的機會主義，交易雙方往往握有不同程度的信息，使得市場的先占者擁有較多的有利信息而獲益，並形成少數交易；

（6）氣氛，指交易雙方若互不信任，且又處於對立立場，無法營造一個令人滿意的交易關係，將使交易過程過於重視形式，徒增不必要的交易困難及成本。

科斯認為，當市場交易成本高於企業內部的管理協調成本時，企業便產生了，企業的存在正是為了節約市場交易費用，即用費用較低的企業內交易代替費用較高的市場交易；當市場交易的邊際成本等於企業內部的管理協調的邊際成本時，就是企業規模擴張的界限。斯密、楊格，以及他們的追隨者認為：勞動分工依賴市場的範圍，而同時勞動分工幫助決定市場的範圍。華裔經濟學家楊小凱與黃有光合作的開創性研究成果是1993年出版的《專業化和經濟組織》。他們通過採用基於非線性規劃技術的超邊際分析這種精確的數學工具來分析「勞動分工一般均衡模型」，著重討論和研究勞動分工和交易成本之間的相互關係。該模型生動地闡明了兩者之間相互的因果關係，認為：只有當交易成本下

降到一定程度，社會分工才會發生，社會組織才能獲得分工經濟的好處，國家也才能富強。可見，交易成本理論更有利於我們用其來解釋餐飲業中的外包現象和問題。

中國餐飲業分工水準較低的主要原因是社會交易成本太高。全國整頓和規範市場經濟秩序領導小組辦公室副秘書長馬恩中在第二屆中國國際信用和風險管理大會新聞發布會上表示，目前國內企業信用問題突出，平均帳款拖欠天數超過90天。現在國內企業平均壞帳率約為5%～10%，而美國企業壞帳率僅為0.25%～0.5%[1]。企業之間的信任度低和發生爭端後求助司法解決的成本太高，都會嚴重阻礙社會分工的進一步發展。又比如，在對待上游產業鏈的問題上，中國企業與外資企業的做法就有所不同。肯德基會給供應商比較高的價格，以讓利來換取質量，並且一旦選定供應商一般就不會再變動；而中國的企業往往經常更換供應商並盡量壓低價格。在餐飲工業化生產的情況下，整個產業鏈是一體的，壓榨上游其實也是在變相地壓榨自己。這種做法顯然不利於分工企業的長期協作。

3.12 排隊就餐現象及其管理

從企業營運角度來看，排隊等待是由服務的特性和企業經營能力與消費者需求不平衡造成的。服務不可能像有形產品那樣先生產、後銷售，服務的提供和消費是不可分割、且同時進行的。在很多情況下，服務供應能力是固定不變的，而消費者對服務的需求經常波動，總是難以準確預測。當消費者的需求超過企業提供服務的能力時，排隊等待的現象就出現了。顧客總希望等待時間或逗留時間越短越好，從而希望服務設施數盡可能多些。但

---

[1] 程實. 從「熟人社會」轉向「法治社會」[N]. 證券時報, 2005-10-24.

是，服務機構增加服務設施，就意味著增加投資，因此有必要研究顧客排隊與服務機構兩方面的利益平衡（圖3.11）。

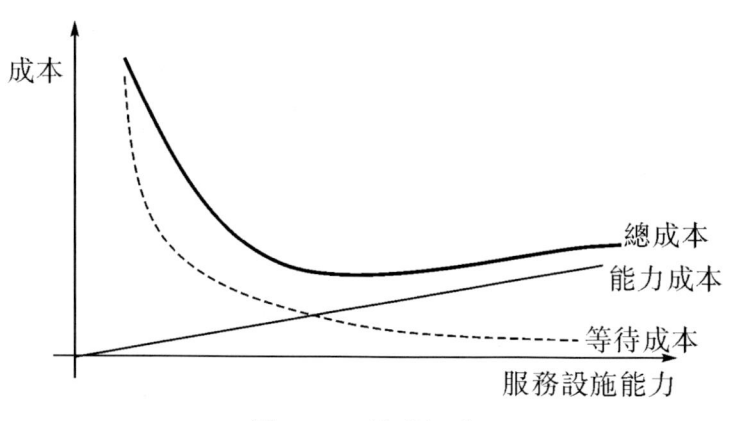

圖 3.11　排隊經濟

排隊論，又稱「隨機服務系統理論」，是數學運籌學的分支學科。採用描述隨機現象的概率論作為主要工具，有時也用微分和微分方程，研究顧客不同輸入、各類服務時間的分佈、不同服務員數及不同排隊規則情況下，排隊系統的工作性能和狀態，為設計新的排隊系統及改進現有系統的性能提供數量依據。其目的是正確設計和有效運行各個服務系統，使之發揮最佳效益。排隊論最初是在20世紀初由丹麥工程師艾爾朗（A. K. Erlang）關於電話交換機的效率研究開始的。20世紀30年代中期，當費勒（W. Feller）引進了生滅過程時，排隊論才被數學界承認為一門重要的學科。在第二次世界大戰期間和第二次世界大戰結束以後，排隊論在運籌學這個新領域中成為一個重要的內容。

排隊現象產生的根本原因是供求關係失衡，解決的辦法主要集中在兩個方面：要麼從需求方面入手，調節需求來適應服務供應能力；要麼從供給入手，調節服務供應能力，使之更好地適應消費者的需求。服務供應方調節需求的措施有：

（1）服務供應方可以同顧客進行交流，讓顧客瞭解什麼時間是高峰期，以達到勸說他們改換獲取服務的時間，從而達到緩解高峰壓力、減少顧客排隊時間的目的；

（2）服務供應方可以通過調整服務傳遞的時間和地點來緩解需求過大的壓力；

（3）服務供應方可以採用區別定價的策略，來限制顧客在需求高峰時對服務的需求，鼓勵顧客在需求低谷時期進行消費；

（4）服務供應方可以建立預訂機制來有效控制排隊現象，通過預訂可以準確瞭解到消費者出現的時間，並做出合適的安排以確保服務設施得以充分利用。

服務供應方調節服務供應能力的措施有：

（1）服務供應方可以適當擴展現有的服務供應能力，如餐廳增加餐桌和招聘更多的服務人員；

（2）服務供應方可以臨時調整服務供應能力，使之更適應需求波動變化的需要，如臨時雇傭兼職雇員，向其他公司租借設備，在淡季對店面進行整修，對設備進行維護使供應能力在旺季可以充分使用，對員工進行跨崗位培訓，使之在旺季的時候能夠派得上用場等。

幾乎沒有人喜歡等待，等待意味著時間的浪費、效率的低下，也不可避免地使人感到煩躁和沮喪。但是，為什麼人們更喜歡到擁擠的餐館就餐？並且越是擁擠的餐館生意越紅火，越是冷清的餐館經營越慘淡？阿蘭（Alan）等人（2002）解釋了人們更願意排隊就餐的原因：當消費者看到一個餐館非常擁擠的時候，他們會把這種擁擠歸因於餐館的高質量食品、好的聲譽和低價格；相反，當一個餐館非常冷清時，消費者會認為餐館食品質量差、存在壞的聲譽和較高的價格。但是，消費者的耐心程度是隨著排隊時間延長而逐漸下降的，排隊的心理價值則隨著排隊時間延長而增加，達到一定值後又開始下降（圖3.12）。這就可能使得每次就餐時排隊的人數越多，前來就餐的人數就會更多。但消費者排隊等候的耐心程度是逐漸下降的，當其排隊時間的心理價值達到最高值後開始下降，排隊等候的消費者人數又開始減少。

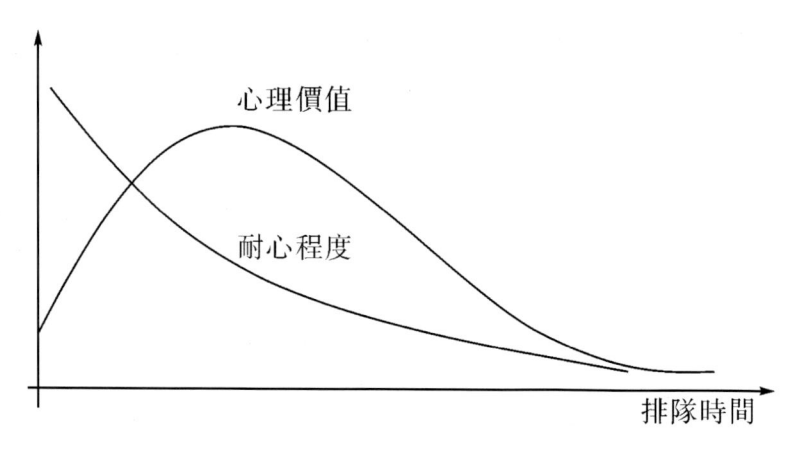

图3.12 消費者耐心程度、心理價值與排隊時間的關係

對顧客等待心理的實驗研究最早至少可以追溯到1955年。大衛（David Maister）在1984年對排隊心理作了比較全面的研究和總結，他提出了被廣泛認可和採用的顧客等待心理八條原則：①無所事事的等待比有事可干的等待感覺要長；②過程前、後的等待時間比過程中的等待時間感覺要長；③焦慮使等待看起來比實際時間更長；④不確定的等待比已知的、有限的等待感覺時間更長；⑤沒有說明理由的等待比說明了理由的等待感覺時間更長；⑥不公平的等待比平等的等待感覺時間要長；⑦服務的價值越高，人們願意等待的時間就越長；⑧單個人等待比許多人一起等待感覺時間要長。戴維斯（M. Davis）及海內克（J. Heineke）在1994年和瓊斯（P. Jones）及皮亞特佩（E. Peppiatt）在1996年分別對顧客排隊等待心理理論作出了兩條補充：⑨令人身體不舒適的等待比舒適的等待感覺時間要長；⑩不熟悉的等待比熟悉的等待時間要長。

從營運角度看，企業對需求的調節能力有限。這主要表現兩個方面。第一，企業對顧客需求的形態特徵有時候難以準確判斷。如：即使餐廳採用了預訂機制，也難以保證所有預訂的顧客能準時出現；即使顧客出現，其就餐時間也難以準確計算，餐桌重複使用率難以把握。第二，有時候即使知道顧客需求的形態特

徵，公司也難以完全解決排隊等待現象的出現。如：受社會因素、行業作息習慣等影響，春運期間儘管交通費用漲價，仍然難以實質性地減少旅客乘車需求。企業又不能按照最大峰值來設計自己的生產供應能力，因為在淡季中設備、人員閒置的成本十分高昂。同時，如果對員工過度要求會導致員工因壓力過大而產生抱怨，或設備過度使用出現故障，最終影響服務的質量。因此，利用顧客在排隊等待時的心理反應，從認知管理的角度出發來管理服務中的排隊等待現象是對營運管理方法的一種行之有效的補充。

　　在考慮以上幾個因素後，企業可以採取一些具體的措施使消費者對排隊等待更有耐心。第一，積極與顧客進行溝通，並盡可能準確告知他們需要等待的時間。如，必勝客會準確告知顧客等待的時間，並關注等待中的顧客，隔一段時間就為顧客送上一杯飲料以表示他們沒有被忘記。第二，為顧客建立一個舒適的等待環境，並使其有事可做。現在很多餐廳都在門口專門設立一個區域，提供舒適的座位和免費茶水、報紙、雜誌，提供大的電視顯示屏幕，這樣分散顧客對等待的注意力。第三，在顧客等待的時候，為其提供相關內容的服務。如，餐廳內顧客等待餐桌時，可以先點菜，在心理上縮短顧客的等待時間。第四，盡量避免讓顧客看到不直接參與顧客服務的員工和資源閒置。如果在等待的時候，能夠進入他們視線的每個員工都在忙碌的話，顧客會更耐心一些。第五，確保顧客排隊等待的公平性，杜絕在相同條件下插隊，或後來者卻先享受服務的現象發生。第六，如果顧客是老主顧，或者顧客地位比較特殊，可以考慮專門開闢區域來供他們使用，如給予貴賓安排特殊包間待遇。

3.13　上菜順序的講究

宴席是人們日常飲食的重要組成部分，無論中餐宴席還是西餐宴席，上菜順序都有一定講究。在中國，一般的上菜順序是先上消費者所點的事先做好的涼菜，接著是熱菜，最後上蔬菜、小吃、湯和水果。大多數餐館出於禮貌和防止消費者在等待上菜過程中產生焦躁心理，服務員會首先端上一杯茶水。當然，各國或各地方上菜的順序也未必全部相同，西方國家也有先上開胃小吃或者湯的。許磊（2007）根據食物營養成分和飲食保健理論提出，科學合理的宴席上菜順序應依次是：水果、湯菜、蔬菜與主食、葷菜。

在餐飲經營中，經常用「翻臺率」一詞來衡量餐桌單位時間內的利用效率。在顧客盈門的時候，餐館縮短消費者從在餐桌旁落座開始到就餐完畢離開餐桌的就餐總時間（包括等待時間和進食時間）顯然對經營績效是有利的：不但可以提高餐桌的翻臺率，而且可以提高消費者對服務的滿意度。那麼，不同的上菜順序對消費者就餐總時間有沒有影響呢？

假設一個消費者所點菜品有回鍋肉、土豆絲、宮保雞丁和小菜湯，由一位廚師完成菜肴的烹制加工[①]，那麼撇開就餐習俗，廚師長接到菜單後如何安排上菜順序才可以縮短消費者的就餐總時間？假設上述菜品的加工時間和進食所需時間如表 3.1 所示。我們來看看不同的上菜順序安排，對消費者的就餐總時間有何影響。

[①] 假如菜品在消費者點菜之前已經烹制好，或者有眾多廚師可以在消費者點菜完畢後同時進行烹飪，那麼消費者的就餐總時間只取決於其進食速度，而與上菜順序關係不大。

3 餐飲管理經濟學 / 159

表 3.1　　　　　　　　菜品的加工和進食時間

菜名	回鍋肉	土豆絲	宮保雞丁	小菜湯
廚師菜品加工時間（分鐘）	10	9	20	6
消費者進食所需時間（分鐘）	8	12	15	4

方案一　如果廚師根據菜品加工時間的長短來安排上菜順序，先做加工時間短的菜，則上菜先後次序為：小菜湯、土豆絲、回鍋肉和宮保雞丁，消費者就餐總時間為60分鐘（圖3.13）。

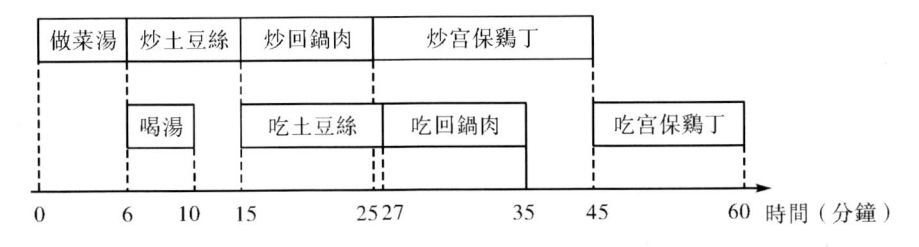

圖 3.13　方案一 菜品加工和消費時間

方案二　如果廚師根據菜品消費所需時間的長短來安排上菜順序，先做消費者進食時間較長的菜，則上菜的先後次序為：宮保雞丁、土豆絲、回鍋肉和小菜湯，消費者就餐總時間為59分鐘（圖3.14）。

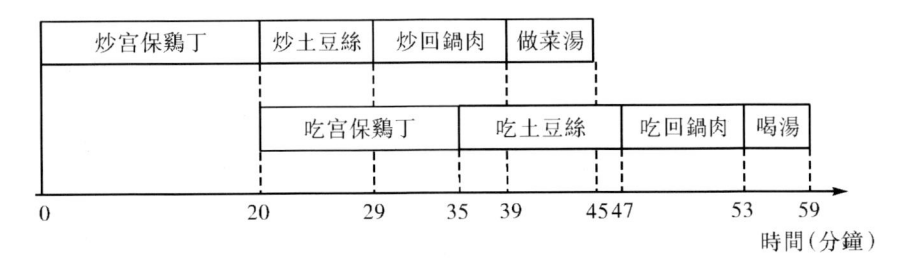

圖 3.14　方案二 菜品加工和消費時間

方案三　如果廚師仍然根據菜品消費所需時間的長短來安排上菜順序，但先做消費者進食時間較短的菜，則上菜的先後次序為：土豆絲、宮保雞丁、回鍋肉和小菜湯，消費者就餐總時間為

56分鐘（圖3.15）。

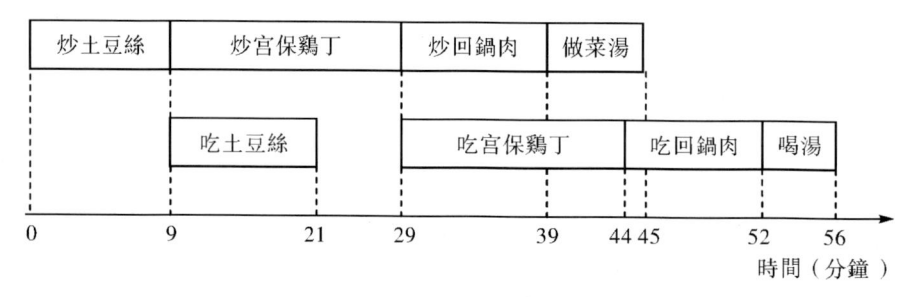

```
炒土豆絲 | 炒宮保雞丁 | 炒回鍋肉 | 做菜湯
              吃土豆絲   吃宮保雞丁   吃回鍋肉  喝湯
0        9        21      29       39   44 45     52    56
                                                    時間（分鐘）
```

圖3.15 方案三 菜品加工和消費時間

我們將三種方案的菜品加工時間和消費者就餐的總時間作一對比。如表3.2所示，在不同上菜順序安排下，廚師菜品加工時間均為45分鐘，而消費者等待就餐時間和進食所需時間是不同的，其中方案三的消費者就餐總時間最短。

表3.2　　　　　　　　　不同方案的時間比較

方案	方案一	方案二	方案三
廚師菜品加工時間（分鐘）	45	45	45
消費者就餐總時間（分鐘）	60	59	56

那麼方案三是不是最優的呢？換句話說，還有沒有更好的方案可以讓消費者的就餐總時間減少？有一種比較耗費時間的決策方法就是枚舉法，即將所有的方案一一列出，然後看哪個方案最優。顯然，在沒有找出所有的方案之前是很難判斷最優方案的，因而枚舉法也是最費精力的決策方法。

好在我們可以根據約翰遜法則對涉及的所有工序進行排序，迅速找出總加工時間最短的工序安排。約翰遜法則的內容是：根據所有時間最短者所對應的工序排序；若最短時間對應的工序為第一工序，則將該工序排第一，否則排最後；對剩下的工序按最短時間排第二或倒數第二；對其他工序做同樣的工作。

比如，在這裡我們可以把「廚師菜品加工」和「消費者進食」看作消費者就餐所需的兩道工序。在本例中，菜品加工時間

和消費者進食時間中最短時間為 4 分鐘，對應「小菜湯」的第二道工序「進食」，因此可以把「小菜湯」放在最後加工和上桌。在剩下的三道菜中，回鍋肉的進食時間最短，且對應第二道工序，可以將其放在小菜湯之前加工和上桌。土豆絲和宮保雞丁中，土豆絲的加工時間最短，因此將其放在第一道菜加工和上桌，宮保雞丁放在其後。這樣，整個菜品的加工和上桌順序即如方案三所示。

餐飲業有句老話：「不要讓顧客等第一道菜。」意思是，為了減少消費者等待的焦躁情緒，餐館需要將那些加工時間最短的菜先上，比如先上小菜湯。這樣，約翰遜法則就很少在餐飲業中被應用了。加之，消費者對餐飲服務的要求是多方面的，不僅僅局限於消費總時間，照顧消費者的就餐習慣也是廚師在安排上菜順序時需要考慮的。

有時候餐館為了滿足消費者對時間的特殊要求，需要縮短菜品的加工時間，從而增加一個趕工成本。趕工成本可能來自企業增加資源投入（如購買效率更高的廚房設備）的成本，也可能來自對顧客除時間以外其他方面要求的損害而導致企業收益下降造成的損失。比如，菜品加工時間縮短導致其質量下降，顧客可能抱怨或只願意支付一個較低的價格。因此，餐飲企業需要在趕工成本和趕工對顧客時間需求的滿足，進而給企業帶來的額外收益（即趕工收益）之間進行權衡。顯然，只有趕工收益大於趕工成本，企業趕工才是有利可圖的。

3.14　贈品的發放

當商品價格一定時，消費者消費商品的最大數量組合會受到收入的限制，即如果增加某類商品的消費量，則會減少其他商品的最大可能消費量。如果是兩種商品，我們就可以在平面坐標系

中匯出在既定收入和商品價格下兩種商品所有消費數量組合的曲線，通常稱為「預算約束線」，該線由函數 $R = P_A Q_A + P_B Q_B$ 確定。其中，R 為收入，P_A 和 P_B 為商品價格，Q_A 和 Q_B 為商品消費數量。預算約束線的移動或轉動受收入和價格影響。

如果兩種商品中的一種商品價格上升會引起另一種商品消費量的增加，其價格的下降會導致另一種商品的減少，就稱這兩種商品互為「替代品」。比如，假設人們選擇吃雞肉和豬肉，如果豬肉價格上漲，人們就可能減少豬肉的消費，增加價格沒有變化的雞肉的消費，如雞肉的消費量由 F 點上升到 E 點（圖 3.16）；反之，當豬肉價格下降，而雞肉價格不變，人們就可能增加豬肉的消費。這裡，雞肉和豬肉就是替代品。

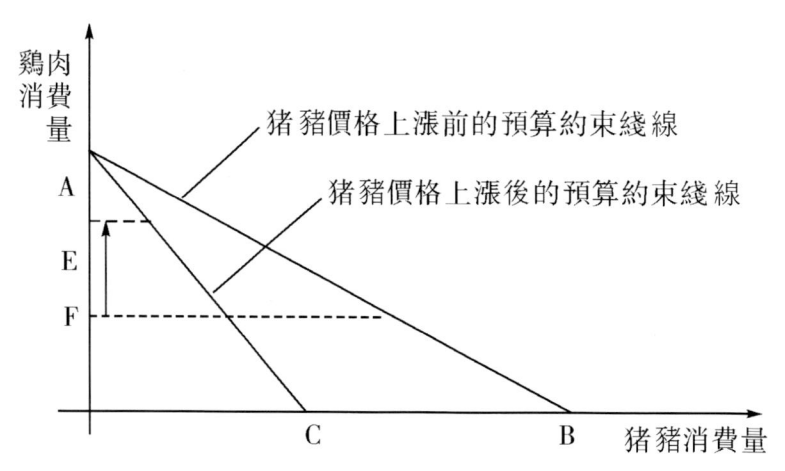

圖 3.16　豬肉和雞肉消費的預算約束線

也有一些商品的價格上漲會引起另一種商品需求減少，而不是需求量上升；反之，該種商品價格下降卻會引起另一種商品需求增加。這兩類商品就稱為「互補品」。一種商品價格下降，通常其需求量增加，而這種商品的消費可能是和另一種商品搭配消費的，造成後者需求量自然增加。比如，辣味火鍋降價，需求量上升，消費者就餐時為了去除口腔內強烈的辣味刺激，就可能增加飲料的消費；反之，當火鍋價格增加後，需求量下降，飲料的消費量也會下降（如由圖 3.17 中的 E 點下降到 F 點）。

飲料
消費
量

A
E
F

火鍋漲價前的預算約束線

火鍋漲價後的預算約束線

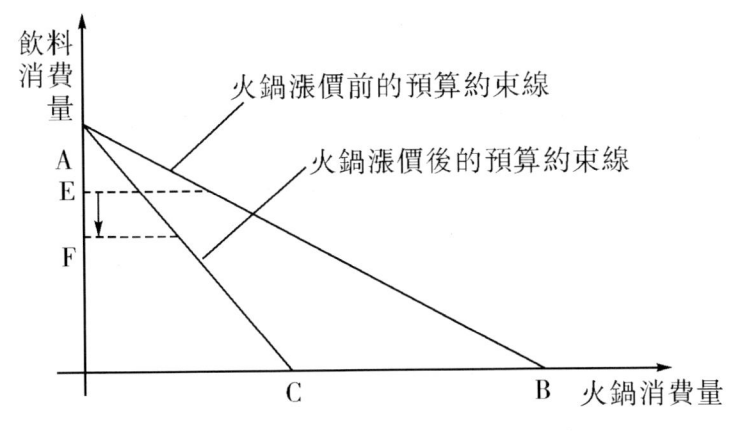

C   B   火鍋消費量

圖 3.17　飲料和火鍋消費的預算約束線

那麼，用什麼指標來衡量一種商品價格的變化導致其互補品和替代品的消費量變化幅度？我們可以使用商品的「交叉價格彈性系數」指標，其定義為：某商品的替代品（或互補品）的需求量變化百分比與該商品價格變化百分比的商，具體計算公式如下：

$$E = \frac{\frac{\Delta Q_j}{Q_j}}{\frac{\Delta P_i}{P_i}} \tag{3.4}$$

其中，E 為交叉價格彈性系數，P_i 為某商品的價格，Q_j 為該商品的替代品（或互補品）的需求量。從交叉價格彈性系數的正負號也可以看出兩商品之間的關係：如果該系數為正，則兩商品為替代品，反之為互補品。如果該系數為零，則兩種商品為無關品，任何商品的價格變化對其他商品的需求量無影響。交叉價格彈性系數的使用使我們對商品價格的變化對其替代品（或互補品）的銷量變化的影響程度定量化了，從而能夠更精確地決策。

據說，有一個著名企業家小時候在馬戲團演出現場兜售汽水。為了增加汽水的銷量，他事前有意買來小袋極鹹的花生免費贈送給每一位前來觀看馬戲的人。許多人貪圖小便宜，紛紛索取鹹花生。當這些人吃完花生後感到口渴，需要喝水時，小孩就主

動上前銷售汽水。結果，汽水銷量大增，賺了很多錢。這裡，咸花生和汽水就是互補品。另一個互補品的經典案例就是影劇院現場爆米花和飲料的銷售。在美國只要是電影院就必有爆米花（Popcorn）銷售。爆米花是玉米粒加熱膨脹出來的，利潤高達90%。吃爆米花還會讓觀眾口渴，又能順帶著賣飲料。有的老板還故意在給爆米花上的黃油中加更多的食鹽，以增加飲料的銷售。

有些精明的餐館經營者經常在銷售過程中免費贈送（或打折）一些菜品（或飲料）以吸引消費者消費其他菜品（或飲料）。但是，天下沒有免費的餡餅，餐館老板贈品（或打折）的目的無非是想增加另一些菜品或飲料（通常是高價菜品或酒水）的更多消費，結果總的利潤並未下降，甚至可能增加。在這裡，餐館經營者必需清楚，這些贈品（或打折品）應是互補品，而不是替代品，否則免費贈送（或打折）不一定增加總收入。當然，有時候餐館經營者在就餐者消費總金額上打折（或者贈送小吃），並不是通過互補品策略來促銷，而是通過變相降價促銷而已，是否盈利則要根據商品的需求價格彈性系數進行預測。

3.15 檸檬市場效應

著名經濟學家喬治·阿克爾羅夫（George Akerlof）以其1970年發表的一篇名為《檸檬市場：產品質量的不確定性與市場機制》的論文摘取了2001年的諾貝爾經濟學獎，並與其他兩位經濟學家一起奠定了「非對稱信息學」的基礎。據說，論文曾經因為被認為「膚淺」，先後遭到三家權威經濟學刊物的拒絕。幾經周折，該文才得以在哈佛大學的《經濟學季刊》上發表，結果立刻引起巨大反響。

「檸檬市場」也稱「次品市場」，具有以下特徵：

（1）買方不知道賣方產品的真實質量，只願按該市場產品質量的平均水準出價的信息不對稱市場；

（2）產品質量高於市場平均水準的賣方只得退出市場，使得該市場所有產品的平均質量下降，買方則相應調低其出價；

（3）擁有較高質量產品的賣方不斷地退出，買方的出價不斷地調低，如此循環往復，該市場最終有可能淪為充斥著較低質量、被稱為「檸檬商品」的「檸檬市場」①。

檸檬市場效應是指在信息不對稱的情況下，往往好的商品遭到淘汰，而劣等品會逐漸占領市場，導致市場中充斥著劣等品的現象。「檸檬市場」理論是信息經濟學的一個經典理論，主要用來分析和解決在信息不對稱狀態下市場主體的「逆向選擇」問題。檸檬市場效應同樣可以用來解釋餐飲業中存在的「檸檬現象」。

在全世界範圍內，餐飲業的員工流動率一直都非常高，主要原因有：餐飲業對員工學歷和經驗要求不高，工作不但辛苦，而且薪酬較低；餐飲業員工的職業發展容易受到局限，向高層崗位提拔的機會較少；餐飲業老板經常以具有吸引力的高薪「挖走」競爭對手的員工，導致高素質員工流失。此外，餐飲業中高素質員工不能受到投資人或高層管理者重視也經常會促使其跳槽，即餐飲業人力資源管理中同樣存在「檸檬市場」現象：由於難以判定每個員工真實的技能和績效，經營者只能按全體員工的平均技能水準支付薪酬，高於平均水準的員工沒有得到應有的薪酬，因此感到不滿意；這種狀況如果長久沒有改善，其中一部分人就會選擇離開餐飲業；現有全體員工平均技能水準由此下降，所能得到的薪酬也將相應調低，此時又有高於平均水準的員工感到不滿，進而引發新一輪較高素質的員工流失⋯⋯

---

① 檸檬看起來很甜，實際上很酸。因此，「檸檬」一詞在英語中指「次品」、「假貨」或「不中用的東西」。

那麼，餐飲業管理者怎樣才能正確判斷一個不熟悉的新員工是不是一個「檸檬」？許多用人單位的傳統做法是給予那些具有高學歷或持有某種職業資格證書的員工以重用和高薪。他們相信，對一個人的素質和能力，教育體系可以給出一個更好的衡量指標，通過諸如授予其學位或學歷文憑的方法給出接近真實能力的信號。正如舒爾茨（Theodore W. Schultz）1964 年所說，教育開發一個人的潛能，啟迪人的智慧，也只有通過接受教育，一個人的能力才可被發現和挖掘，才能夠獲得社會的認可。當然，一個沒有受到很好教育培訓的員工也完全可能具有很好的潛能，但在一個組織接納其以前，由於能識別千里馬的伯樂極少，這種潛能往往需要經過有關機構頒發的職業資格證書來鑑別。大多數技術勞動都有某種證明，以表明持證人達到了某種技術水準。關鍵的問題是，這些頒發證書或文憑的機構一定要有權威，否則借助文憑或職業資格證書並不能判斷一個人的真實潛能。可見，要減少員工中的「檸檬」，餐飲業中的用人單位必須建立良好的績效考評制度，使「能者優薪」。「能者優薪」不僅能夠激勵有能力的員工多勞多得，而且可以提高這些員工對組織的忠誠度。

餐飲業中的另一種檸檬市場效應是不正當經營餐館的行為受到社會默許，甚至受到「不知情」消費者的追捧，而誠實、認真、合法經營的餐館反而沒有受到消費者的青睞，出現「劣馬驅逐良馬」、「劣幣驅逐良幣」的現象。比如，一個餐館為了降低成本用潲水油炒菜而沒有被監管部門查處，或沒有被消費者識別和拋棄，那麼其他餐館也會跟著用潲水油，最後整個市場「公開的秘密」就是所有的餐館都在用潲水油。那些不用潲水油的餐館將受到同行排擠，消費者也會認為其價格太高而不願消費。

那麼，怎樣盡量避免餐飲業中出現「劣馬驅逐良馬」的現象？辦法主要有三個：

（1）盡量減少消費者與餐館之間的信息不對稱，提高消費者對「劣馬」和「良馬」的識別能力。比如，餐飲企業主動邀請消

費者到各個部門參觀，積極宣傳餐飲科學知識，提供產品原料的識別知識和來源證明，提高消費者對餐館的信任度。

（2）建立信譽保證制度，保證合法經營者的正當利益。如利用權威機構頒發的執業許可證書或鑒定證書，減少產品質量的不確定性；向消費者承諾質量保證，加大對違反承諾行為的賠償力度；由第三方機構（如保險公司）進行質量擔保；借助權威美食家的評論，等等。

（3）建立和保護餐飲品牌。一個品牌對企業的作用在於：區分競爭對手、促進產品銷售、凝聚無形資產、便於宣傳形象。而品牌對消費者的作用在於：識別不同產品、簡化購買決策、減少購物風險、滿足心理需要。由於建立一個品牌需要較長的時間和花費較大的支出，同時知名品牌是能夠為企業帶來利潤的，因此，企業需要花大力氣去保護自己的品牌不受侵犯。

3.16 員工流動與道德風險

餐飲業中員工的高流動率是人所周知的常識。過高的員工流動率對餐飲企業的持續發展是不利的：不僅會影響員工的士氣，而且會導致服務質量的不穩定和下降。美國餐飲業員工每年的流動率超過90%[1]，據說有三分之一的成年美國人曾在餐館打過工。而中國餐飲行業員工流動率同樣較大，主要原因有：①勞動強度高，工作單調乏味，上下班時間沒有規律，沒有固定的節假日；②員工收入普遍偏低，進一步發展受到限制；③企業以經驗管理為主，強調管理者意志，忽略員工多方面的需求；④社會觀念存在誤區，普遍認為服務人員的社會地位低人一等，工作技術含量

---

[1] Michael Lynn. Turnover's relationships with sales, tips and service across restaurants in a chain [J]. Hospitality Management, 2002, (21): 443.

低，員工吃「青春飯」等；⑤企業用人機制不合理，重用家族人員和親信，對人才重視不夠。

其中，除社會觀念難以改變外，第五個方面是餐飲企業老板比較頭疼的事情，本節予以重點討論。用友軟件公司的高級管理人員認為，企業員工可以分為「人才、人在、人災、人財和人材」五種類型。其中，最受企業歡迎的是能夠給企業帶來財富的員工，被稱為「人財」；那些帶走財富、讓企業遭受損失的人被稱為「人災」；占著位置不干活或干活不努力的人被稱為「人在」；可以轉化為「人財」的人被稱為「人才」；其餘的人被稱為「人材」。而「人才、人財、人材」也可能轉變為「人在」或「人災」，這些員工存在並不等同於道德敗壞的「道德風險」。道德風險是20世紀80年代西方經濟學家提出的一個概念，指「從事經濟活動的人在最大限度地增進自身效用的同時做出不利於他人的行動」。中國餐飲企業大多數屬於家族企業，用人機制的不合理經常導致員工道德風險的產生，而員工道德風險的存在也導致企業經常排斥外人，更願意相信家族人員和親信，從而增加員工的高流動，阻礙餐飲企業的現代化發展。這裡我們可以參考一下委託代理機制理論的相關研究成果來解決道德風險問題。

委託代理的概念來自於法律。在法律上，代理人按照被代理人的委託進行活動。在經濟學上，委託代理關係泛指任何一種涉及非對稱信息的交易，非對稱信息指的是某些參與人擁有但另一些參與人不擁有的信息，通常委託人是擁有信息劣勢的一方，代理人是擁有信息優勢的一方。例如，餐飲企業老板在雇用雇員的時候，雇員知道自己的本領，而老板並不完全清楚；雇員知道自己干了一些老板不知道的事情，這些事情可能對企業有利，也可能不利。這裡，老板是委託人，雇員是代理人。委託人通常會根據一種明示或隱含的契約，指定、雇傭代理人為其服務，同時授予後者一定的決策權利，並根據後者提供的服務數量和質量對其支付相應的報酬。不管是經濟領域還是社會領域都普遍存在委託

代理關係。

委託代理理論是制度經濟學中契約理論的主要內容之一，也是過去30多年裡契約理論最重要的發展之一。它是20世紀60年代末70年代初一些經濟學家深入研究企業內部信息不對稱和激勵問題發展起來的。委託代理理論的中心任務是研究在利益相衝突和信息不對稱的環境下，委託人如何設計最優契約激勵代理人。餐飲企業老板不可能在所有崗位都使用家族人員和親信，即使是家族人員和親信也同樣存在監督和激勵問題，以避免「家賊」和「燒熟人現象」的產生。可見，委託代理理論對企業老板提高員工管理水準非常重要。

委託代理理論的主要觀點認為：委託代理關係是隨著生產力大發展和規模化大生產的出現而產生的。其原因一方面是生產力發展使得分工進一步細化，權利的所有者由於知識、能力和精力的原因不能行使所有的權利了；另一方面專業化分工產生了一大批具有專業知識的代理人，他們有精力、有能力代理行使好被委託的權利。但在委託代理的關係當中，由於委託人與代理人的效用函數不一樣，委託人追求的是自己的財富更大，而代理人追求自己的工資津貼收入、奢侈消費和閒暇時間最大化，這有可能導致兩者的利益衝突。在沒有有效的制度安排下代理人的行為很可能最終損害委託人的利益。

例如，在「老板—總經理」的委託代理關係中，老板的目標是企業利潤最大化，而具體管理企業的總經理的目標是個人收入最大化。由於目標不一致，而委託人自己的目標又需要通過代理人的行動來實現，因此，委託人如何才能讓代理人朝著有利於實現自己的目標的方向採取行動，就成為一個問題了。一般地，委託人通過契約的設計，也就是說，通過設計博弈的規則來達到目的。例如，老板與總經理的博弈中，老板設計的游戲規則要點通常是：總經理的工資與企業的經營狀況掛勾，經營狀況好，總經理的工資就高；反之，工資就低。

在中國，員工的道德風險相當高，這就使得家族企業不敢在關鍵崗位任用外人，從而阻礙企業的進一步發展壯大。王明林（2005）指出，阻礙家族企業委託代理機制有效運行的因素是多重的。除了職業經理人的道德修養，還有其他一系列因素，包括業主[①]的知識存量、業主「集權情結」的強度、企業內部信息的機密等級、企業的治理結構，尤其是業主與職業經理人之間的信任，這些都直接或間接地影響了經營控制權的授予，以及委託代理機制運行的效率。此外，職業經理人市場嚴重滯後，有關保護私有財產及職業經理人的立法滯後，業主職業道德的缺陷也是造成家族企業委託代理機制的成本的主要原因。因此，家族企業建立委託代理機制是一個長期漸進的過程，應當依照企業信息機密程度的高低，遵循由外而內、先易後難的原則，首先將機密程度低的生產技術部門和例行公事管理的經理崗位剝離出來，交於職業經理人去管理，而一些機密程度較高的地位，如行銷、財務等部門待條件成熟之後，再由值得信賴的經理人擔任。

從企業外部來看，解決員工道德風險的辦法有兩條。一是培育職業經理人市場。當代理人的行為很難、甚至無法證實，顯性激勵機制很難實施時，長期的委託代理關係就有很大的優勢，長期關係可以利用「聲譽效應」。通過經理人市場的競爭，對其進行無形的硬化約束，使代理人從保護自身人力資本的角度進行有效自我約束，減少機會主義及敗德行為。競爭是有效激勵的源泉，借助於經理人市場競爭，使利潤真正成為衡量經營者努力程度和經營績效的指標。二是造就良好法律環境。政府必須大力完善政策法規，加大對敗德員工的處罰力度，充分有效地保護委託人的利益不受侵害。委託代理理論的一些研究成果還可以幫助我們從企業內部解決員工激勵問題，從而減少道德風險。這些理論成果對企業的人力資源管理是非常實用的。這裡列舉一些研究成

---

① 企業投資人——作者註。

果供讀者參考。

「棘輪效應」一詞最初來源於對蘇聯式計劃經濟制度的研究（Weitzman, 1980）。在計劃體制下，企業的年度生產指標根據上年的實際生產結果不斷調整，表現好的反而因此受到懲罰，於是「聰明」的人用隱瞞生產能力來對付計劃當局。類似的現象在中國被稱為「鞭打快牛」。代理人越是努力，好的業績可能性越大，自己給自己設定的「新業績標準」也越高。當他意識到努力帶來的結果是「標準」的提高，而個人工作的回報並沒有相應大幅度提高，代理人努力的積極性就會降低，「快牛」也會變成「慢牛」。這種標準隨業績上升的傾向被稱為「棘輪效應」。

萊瑟爾（Lazear, 1979）證明在長期的雇傭關係中，工齡工資可以遏制偷懶的行為。雇員在早期階段的工資低於其邊際生產率（干得多，拿得少），兩者的差距等於一種「保證金」。當偷懶被發現時，雇員被開除，損失了保證金。因此，偷懶的成本提高，努力的積極性提高。該模型解釋了強制退休：到了一定的年齡，雇員的工資將大於其邊際生產率，對雇員有利而對企業不利，當然不會有人願意退休，因此，企業必須強迫這種雇員退休。

阿爾欽（Alchian）和德姆塞茨（Demsetz）（1972）的觀點解釋了古典資本主義企業的由來，他們認為，團隊工作將導致個人的偷懶行為，為了使監督者有積極性監督，監督者應該成為分配後剩餘價值的索取者。

索羅（Solow, 1979）、夏皮羅和斯蒂格利茨（Shapiro and Stiglitz, 1984）將較高的工資解釋為企業為防止工人偷懶而採取的激勵方法。當企業不能完全監督工人的行為時，工資構成工人偷懶被發現而被解雇的機會成本。工資越高，機會成本越大。因此，較高的工資有利於減少工人偷懶的傾向性，這就是人們通常所說的「高薪養廉」[①]。

[①] 如果貪污所得與被懲罰的損失差額大於高薪，高薪並不能養廉。

3.17 定價策略

餐飲產品的價格具有：盡可能保證企業盈利的功能，衡量餐飲產品價值和品質的功能，顯示消費者社會價值和社會地位的功能，調節餐飲消費需求的功能，傳遞餐飲市場信息和引導餐飲消費方向的功能，甚至還有顯示公平交易的功能[①]。如果餐館提高菜品價格而沒有明顯的理由，消費者會認為後續交易是不公平的。菜品和飲料的價格一般包含四個部分：食品和飲料成本、費用開支（如人工費、租金、折舊、水電氣費等）、稅金和利潤。而影響產品價格的因素可以分為三類：成本、需求和市場競爭。因此，餐飲定價首先要考慮定價的目標，然後選擇具體的定價方法。

3.17.1 以經營利潤為定價目標

餐飲企業首先確定一個年利潤指標，再根據利潤、原料成本、經營費用和營業稅在總收入中所占的比重來確定總收入。

年總收入 = 目標利潤 + 原料成本 + 經營費用 + 營業稅　　（3.5）

比如，估計原料成本占總收入的40%，經營費用占30%，營業稅占10%，目標利潤占20%，則年計劃總收入 = 目標利潤/20%。

根據年計劃總收入、餐廳規模——用座位數衡量，和座位週轉率——每個座位被消費者每日重複使用的平均次數，確定客人每次平均消費額指標。

$$\frac{客人每次}{平均消費額} = \frac{年計劃總收入}{座位數 \times 座位週轉率 \times 每日餐數 \times 年營業天數}$$

　　　　　　　　　　　　　　　　　　　　　　（3.6）

[①] Sheryl E. Kimes, Jochen Wirtz. Perceived fairness of demand-based pricing for restaurants [J]. Cornell Hotel and Restaurant Administration Quarterly, 2002, (2): 31-37.

確定客人每次平均消費額後就可以根據各類菜品占消費額的百分比來確定各類菜品的大概價格範圍。

需要注意的是，以年經營利潤目標來定價總的說來是相當不準確的，因此在實踐中用得較少。在實踐中用得較多的是以菜品成本為基礎的定價方法，實質是以菜品成本加上一定比例的利潤來確定菜品銷售價格，這種定價法又稱為「成本加成法」。利潤大小一般根據所有菜品的平均利潤率波動範圍選擇一個合適的利潤率來確定，菜品成本則可以分別用原料成本、菜品主要成本（原料成本或人工成本）或全部成本（包括原料成本、人工成本和經營費用）來確定。

3.17.2 以擴大銷量或增加銷售收入為定價目標

餐飲企業擴大銷量的主要目的是為了提高產品的市場佔有率，未必增加銷售收入；企業增加銷售收入則是為了增加利潤總額，未必提高產品市場佔有率。在價格不變的情況下，企業擴大銷量和增加銷售收入的結果並不衝突。以需求為基礎來考慮餐飲菜品和服務的定價可以達到企業擴大銷量或增加收入的目標，具體的定價方法有以下幾種。

（1）吸引客源定價法。餐館經營者為吸引新客源（特別是新開張的餐館），有意降低菜品價格來增加消費量。吸引新客源的降價辦法有：直接降價或消費金額打折。

（2）競爭定價法。為了控制市場，經營者可以把菜品定得比競爭者低，甚至以低於菜品社會成本價銷售，這樣可以很快將競爭者趕出市場。將競爭者打敗後，餐館再提高菜品價格，就能夠擴大銷量，同時維持較高的利潤率。

（3）聲譽定價法。如果餐館或企業的聲譽較好，菜品的質量高或有特色，那麼企業菜品的定價可以高些。對於一般消費者來說，高價意味著高質、稀缺和較高的消費檔次，在心理上是認可餐飲企業「優質優價」做法的。

（4）消費能力定價法。首先調查消費者能夠承受的價格水

準，然後在此基礎上確定菜品的原料搭配和加工方法，以確保在盡可能滿足需求的基礎上增加利潤。在很多餐館的菜單上，我們可以看到，很多家常菜的定價比較一致，就是以消費能力定價和跟隨競爭者定價的一個很好例子。

（5）系列菜品定價法。同一類菜品根據加工方法、配料或者單純數量的不同劃分為不同的檔次，不同檔次的菜品制定不同的價格，以滿足不同消費者的需要。

（6）心理定價法。這主要有尾數定價法和心理高價法兩種。尾數定價法是指菜品價格上故意保留一位小數，而不是取整標價，比如9元錢的菜標價為8.9元，讓人感覺貨真價實[①]。心理高價法是指根據消費者「便宜沒好貨」、「價格越高，檔次越高」的心理，將低價菜以高價出售。

3.17.3 以刺激其他菜品消費為定價目標

菜單中的某些菜品以保本或虧損銷售，目的是希望通過這些菜品的銷售帶動其他利潤率較高菜品的銷售，具體的定價方法俗稱為「誘餌定價法」。有些餐館飯菜很便宜，可是酒水卻很貴，便宜的飯菜就充當了酒水銷售的誘餌。誘餌定價法要注意誘餌菜品的利潤損失一定要由其他菜品的利潤增加（通過提價或擴大銷量）來補償；否則是失敗的定價方法。更進一步說，餐飲定價不僅要考慮菜品自身的成本問題，還要考慮該菜品與替代品和互補品的交叉價格彈性。

3.17.4 以維持生存為定價目標

在經濟低迷的情況下，消費者對餐飲菜品和服務的價格非常敏感，餐飲企業盈利變得非常困難，很多經營不善的公司甚至走向破產。這個時候，餐飲企業經營者就需要改變定價策略，採取

[①] Sandra等人發現，對消費者來說，菜單價格以「9」結尾意味著菜品價值，而以「0」結尾意味著菜品質量。SANDRA NAIPAUL, H. C. PARSA. Menu Price Endings: That communicate value and quality [J]. Cornell Hotel and Restaurant Administration Quarterly, 2001（2）: 26-37.

保本定價法或跟隨競爭者定價法。

（1）保本定價法。在市場需求不景氣或競爭激烈的情況下有些餐館為了維持生存，在定價時只求保本。當菜品價格與其分攤的固定成本、變動成本和營業稅之和相等時即為保本價格。

（2）跟隨定價法。如果餐館菜品的定價高於附近同等經營水準的競爭者，消費者就會離去。如果菜品價格低於競爭者，又可能導致競爭對手的反擊，形成惡性價格競爭。此時，最好的定價方法就是採取跟隨競爭者定價法，即相同或類似的菜品採取差別不大的價格。跟隨定價法有時候也用在經驗不足的新企業或新菜品的初次定價中。

3.18　漲價還是降價

在激烈競爭的市場上對菜品究竟是降價還是提價？這個問題一直困擾著很多餐館老板。有的老板會說，菜品降價可以銷售更多，薄利多銷，肯定能賺更多的錢。事實真的是這樣嗎？要回答這個問題，首先得學習一個叫「需求價格彈性」的新概念。一般情況下，商品價格上升，需求量下降；反之，商品價格下降，需求量上升。在經濟學中，某個商品的需求價格彈性就是該商品需求量變化的百分比與價格變化百分比的商值的絕對值，即：

$$E = \left| \frac{\frac{\Delta Q}{Q}}{\frac{\Delta P}{P}} \right| \qquad (3.7)$$

其中，E 為需求價格彈性，Q 為商品需求量，P 為商品價格。從需求價格彈性公式可以看出，菜品價格每變化百分之一，菜品需求量變化百分之幾。如，需求價格彈性是2，則菜品價格下降百分之一，菜品需求量會增加百分之二。

消費者對價格的敏感程度取決於購買時選擇餘地的大小，可

選擇性越小，則需求價格彈性越小，或稱為「需求缺乏彈性」；反之，需求價格彈性越大，或稱為「需求具有彈性」。菜品的需求價格彈性可能有「大於1」、「等於1」、「小於1」、「無窮大」和「等於0」幾種情況。現實生活中，需求價格彈性為無窮大和等於0的情況極少。排除這兩種情況，根據「銷售收入等於價格乘以需求量」可知，只有需求價格彈性大於1時，菜品降價才可以增加收入。這是因為，價格下降一點，需求量卻可以大大增加，以至於總收入大幅度增加。而需求價格彈性等於1時，降價一點，需求同比例增加一點，幾乎不會影響收入的變化。若需求價格彈性小於1，則降價一點，需求量增加極少，收入反而會下降。

比如，某菜品現價10元，需求量為100份，降價1%為9.9元。若需求價格彈性為2，則需求量增加到102份，總收入變為1,009.8元，大於降價前的總收入1,000元；若需求價格彈性為1，需求量增加到101份，總收入為999.9元，與降價前幾乎無變化；若需求價格彈性為0.5，需求量增加到100.5份，則總收入為994.95元，總收入比降價前減少。

假設某菜品現價仍為10元，需求量為100份，菜品提價百分之一為10.1元。若需求價格彈性為2，則需求量減少到98份，總收入變為989.8元，小於降價前的總收入1,000元；若需求價格彈性為1，需求量減少到99份，總收入為999.9元，也幾乎沒有變化；若需求價格彈性為0.5，需求量減少到99.5份，則總收入為104.95元，總收入增加。

可見，菜品降價未必增加餐館的總收入，提價未必減少餐館總收入。這說明，餐館是否通過提價還是降價來增加收入需要認真考慮菜品的需求價格彈性。需要指出的是，當菜品降價到一定程度，消費市場的需求量會趨於飽和。這個時候，無論怎麼降價都不能再增加需求量，降價只會減少餐館收入。同樣，當菜品漲價到一定程度，不會有任何需求，再漲價也不能增加任何收入。

上面所述的價格變化策略是根據「一般情況下，需求隨價格

上升而下降」的經濟學假設。實際生活中也存在「商品需求隨價格上升而上升，或者價格下降需求也下降」的特殊情況。經濟學家一直在尋找這樣的特例。19世紀的羅伯特·吉芬（Robert Giffen）發現，某些基本商品如麵包、土豆之類，價格上漲時，需求反而可能上升，並且價格越高，需求越多。這是愛爾蘭土豆饑荒時期發生的真實事情。又比如，動物內臟曾經上了英國中部和北部地區中等收入家庭的餐桌，隨著收入的增長，其他肉類食品的價格相對下降，人們轉而改吃排骨、關節處的大塊肉了。這個時候，內臟的價格一直在降，但是需求也減少了。

經濟學界把吉芬提到的「價升銷大、價降銷小」的商品稱為「吉芬商品」（圖3.18）。有三類消費可能出現吉芬商品，如炫耀性消費、價格漲落預期性消費和質價觀念影響的消費。顯然，對於吉芬商品，提價可以增加餐館的收入；反之，降價就會降低收入。還有一些菜品受聲譽影響較大，其需求量也未必在任何時候都隨著價格下降而增加。當菜品的價格低到一定程度時，價格再下降，顧客就會懷疑其質量低而不願光顧，需求反而會跟著下降。此時，降價也不會增加收入。

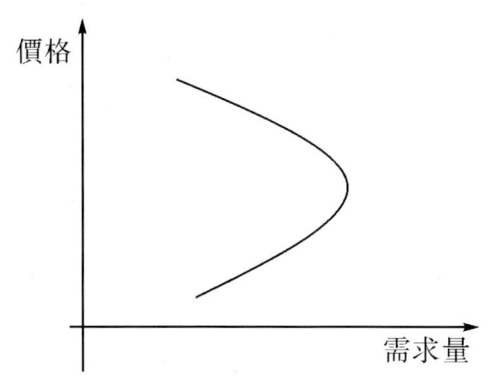

圖3.18 吉芬商品的需求曲線

在價格變動問題上，經營者需要注意兩點。第一，價格並不完全由企業決定，在不同的市場結構中，企業具有不同的定價自由和策略。比如，在完全競爭市場中，企業就幾乎沒有定價權；在完全壟斷市場中，企業是價格的制定者，甚至是同一產品（或

服務）針對不同的買者也能夠索取不同的價格（即「價格歧視」）；在寡頭壟斷和壟斷競爭市場中，企業就只能部分地影響產品價格。第二，企業通過大幅度降價來趕走市場競爭者，或者先標高價然後打折欺騙消費者，兩種做法其實都不是明智之舉。

3.19　降低餐飲企業成本的新思路

　　據報導，2007年深圳市飲食服務行業每日產生的餐廚垃圾約為2,500噸，除小部分餐廚垃圾隨生活垃圾收運系統進入垃圾處理廠（場）處理外，大部分餐廚垃圾未經處理流向地下養豬場，成為廉價飼料。更為嚴重的是，部分廢棄食用油脂在地下流轉，經過不法分子提煉之後，作為「食用油」再次流回到餐桌。有人認為，這是有利於餐飲企業降低成本的「循環經濟」。顯然，這種「循環經濟」對消費者和餐飲企業都是有害的，違背了循環經濟的宗旨。

　　那麼餐飲企業如何發展循環經濟？從企業價值鏈來看，餐飲企業的生產環節包括：原料選購、儲藏、預處理，食物加工，菜品消費和剩餘物處理等，每個環節都涉及一定的損耗和成本。這些損耗包括：原料損耗、庫存損耗、原料預處理廢棄物、食物加工損耗，以及空氣、噪音、水和熱污染等。根據循環經濟的原則，每個環節都可以進行循環經濟改造。而發展循環經濟需要遵循三個基本原則，即減量化原則、再使用原則、再循環原則。減量化原則相對的是輸入端，要求用較少的原料和能源投入達到既定的生產目的或消費目的，在經濟活動的源頭就是注意節約資源和減少污染；再使用原則屬於過程性原則，要求產品和包裝容器能夠以初始的形式被多次使用；再循環原則是輸出端原則，要求生產出來的物品在完成其使用功能後能重新變化為可以利用的資源，而不是無用的垃圾。據此，筆者2009年提出，基於餐飲企

業價值鏈的循環經濟應具有如下特點：

（1）全過程性。從餐飲企業的原料選購、儲藏、預處理到加工成菜品端上消費者的餐桌被消費掉，每個環節都應當成為餐飲企業發展循環經濟所關注的對象。這是因為，每個環節都涉及一定的材料損耗和廢棄物產生，並且各個環節的損耗率通常要比製造企業大得多。比如，一些蔬菜、肉產品購進後，因為運輸、搬運而損壞，不能食用；在倉庫中短時間內儲存也可能腐敗變質；在預處理時去掉不能食用的部位，在加工成菜品過程中也可能產生環境污染（如水、空氣、噪音和熱等）和加工損耗；菜品也未必全部被消費者消費掉，除一部分被二次食用外，相當一部分可能會作為垃圾倒掉或改作飼料、肥料。從餐飲企業的價值鏈角度考慮企業循環經濟發展的模式，當前主要有「節約生產模式」和「餐飲剩餘物（主要是餐飲垃圾）處理模式」兩種。顯然，這些模式對餐飲企業生產環節的關注是不夠全面的。

（2）全員性。餐飲企業是勞動密集型企業，餐飲企業發展循環經濟必須有企業所有員工的參與。每個員工的責任心和工作技能是餐飲企業發展循環經濟的根本保證。這一點通常被管理者忽略。既然餐飲企業循環經濟發展涉及企業的每個環節，那麼所有員工都應當參與到企業循環經濟的管理中來，都要對企業的循環經濟負責。比如，有些廚師對原料的浪費很大，經常將一些邊角餘料直接丟進垃圾桶，而一些廚師卻善於利用這些邊角餘料加工成菜品，節約了成本，同時創造了經濟效益。又如，餐廳服務員對就餐者的剩餘物多少也負有責任。如果服務員僅僅為了提高銷售額而鼓勵消費者多點菜，就有可能增加菜品的剩餘量。表面看來這種做法當時增加了企業收入，實際是增加了消費者的負擔，降低了消費者二次上門的可能性。

（3）形式多樣性。不同餐飲企業的目標市場、規模、資金實力、技術條件和管理者的水準是不同的，企業在不同生產環節的管理成本和收益也會不一致，這就決定了不同企業發展循環經濟

的形式也可能不同。大多數的街邊小餐館，資金實力有限，管理水準低，發展循環經濟只能通過減少庫存，生產單一產品和外包餐飲垃圾處理業務來進行。規模較大的餐飲企業則可以採用先進的設備來減少環境污染和自行處理餐飲剩餘物，聘用高水準的員工提高管理水準，開發多種菜品以有效利用原料等。餐飲企業循環經濟形式的多樣性表明，發展循環經濟不是某些大企業才可能做的事情。

（4）市場性。餐飲企業發展循環經濟應當以目標市場的需求為出發點，特別是在開發和生產菜品的時候必須考慮消費者的實際需要。如果餐飲企業開發的菜品不受目標市場消費者歡迎，則勢必增加菜品剩餘量。實踐中的餐飲企業開發菜品時很少做目標市場調查，多數是通過同行企業菜品觀摩、學習進行。但是不同企業的目標市場對菜品的需求一般是有差別的，別的企業開發成功的菜品未必在本企業同樣銷售成功。其次，即使是目標市場消費者普遍歡迎的菜品，每次消費的數量也可能存在差別，企業不宜提倡消費者超量消費。此外，餐飲企業負有保護環境的責任，不應當向目標市場提供一些破壞生態環境的食物（如食用珍稀野生動植物），在開發菜品時考慮餐飲垃圾和剩餘物對環境的污染，等等。

（5）社會性。國外發展循環經濟比較有代表性的有杜邦化學公司模式和卡倫堡生態工業園區模式。「杜邦化學公司模式是一種在企業層面上建立的小循環模式，其方式是組織廠內各工藝之間的物料循環；卡倫堡生態工業園區模式是一種區域層面上的模式，即把不同的工廠聯結起來，形成共享資源和互換副產品的產業共生組合，使一個企業產生的廢氣、廢熱、廢水、廢渣在自身循環利用的同時，成為另一企業的能源和原料」（高紅貴，2006）。在餐飲行業中只有少數大型餐飲企業才有能力實行公司模式，而絕大多數餐飲企業應當實行社會模式，即與上下游企業聯合實行循環經濟生產。對於大多數分散的餐飲企業，其原料的

需求、剩餘物和垃圾的數量還是比較少的,由於規模經濟的原因與上下游企業合作的可能性較小,假如通過餐飲企業聚集在同一區域,上下游協作企業就可能產生。這實際上就是卡倫堡生態工業園區循環經濟模式在餐飲行業中的應用。

根據對餐飲企業價值鏈的分析和循環經濟原則的應用,餐飲企業循環經濟模式主要包括以下管理內容。

(1) 在價值鏈各個環節上確定實行循環經濟管理的績效衡量指標,實行節約目標管理。提高企業管理水準是循環經濟減量化原則的運用。餐飲企業發展循環經濟的績效可用物料損耗指標或成本指標衡量。餐飲企業的每個生產環節都應當設立績效衡量指標,並且每個指標都要落實到具體的個人。根據餐飲企業的特點,這些指標主要有物料損耗指標:原料採購損耗率(原料採購過程中的損耗數量/總採購量),原料庫存損耗率(原料庫存中的損耗數量/進庫原料總量),原料利用率(原料預處理後可用部分重量/原料預處理前重量),原料成菜損耗率(端上餐桌的菜品重量/原料預處理後可用部分重量),菜品消費剩餘率(菜品消費後剩餘量/端上餐桌的菜品重量),能源(水)價值創造率(菜品價值/菜品電(煤氣、水等)消耗量)等。

(2) 圍繞目標市場的需求開發菜品和採用新的菜品開發模式。這種模式是循環經濟減量化的原則運用。儘管餐飲企業的生產方式是典型的「訂單式生產」,但是由於消費者對菜品生產的時間要求較短,菜品種類多,菜品需求變化快,企業往往需要較大的庫存和經常更換菜譜。為了減少庫存和物料的損耗,企業首先要調查好目標市場的需求,做好市場預測和生產計劃工作。這樣才能更有效地降低餐飲企業的物料損耗率。其次,餐飲企業需要採用新的菜品開發模式。一般餐飲企業為了吸引顧客喜歡開發菜品系列較多,由於使用的主料品種較多,而每種主料開發的系列菜品有限,使主料利用率下降。如果企業圍繞某種主料的全部利用開發單一系列產品(即「單一主料的菜系產品開發模式」),

搞特色餐飲，將大大提高其利用率。如某餐館主營雞肉菜品，有燉雞脯、鹵雞翅、紅椒泡鳳爪、炸雞腿、炒雞內臟，幾乎把整隻雞的可食部位都用到了。這種具有特色的菜品開發模式更有利於中小餐飲企業提高市場競爭力和經營管理水準。

（3）根據企業和社會條件，選擇社會協作組織，在某些價值鏈活動上實行業務外包。這是循環經濟中資源的再使用和再循環原則的運用。例如，使用多品種主原料的餐飲企業與其他企業建立協作關係，將主原料的不用部分銷售給合作企業，達到節約成本的目的。又如，餐飲剩餘物從衛生角度一般是不能直接回收使用的，還必須經過其他環節（如農業肥料、家畜飼料的使用）變成食品加工原料。沒有直接處理剩餘食品和餐飲垃圾能力的餐飲企業可以將其交給政府環保部門或相關組織（而不是個人），通過專門的技術和設備處理這些垃圾，減少餐飲垃圾對環境的污染和消費者身體健康的損害。

3.20　原料存貨的成本控制

原料庫存總要占用一定的流動資金和增加管理成本。一般說來，庫存成本由以下四個部分構成：①保管費用，包括庫存占用資金的利息、倉庫租金（或折舊費）、倉庫管理費、庫存損耗費以及資金的機會成本；②訂貨成本，即每訂一批貨物所支付的必要費用，主要是指採購人員差旅費、合同公證費、手續費、通訊聯繫費等，它僅與訂購貨物的次數有關，而與其數量無關；③短缺成本，指由於庫存不足，無法及時滿足顧客需求所造成的業務損失和信譽損失；④庫存貨品成本，即向供應商支付的、購買庫存貨物的費用。

既然庫存會產生一定的成本，那麼，餐飲企業為什麼要庫存？其實，庫存的作用主要是使企業獲得大批量購買的價格優惠

和生產上的規模經濟，平衡供求方面的關係，預防需求和訂貨週期的不確定性。因此，餐飲企業經常需要在降低庫存成本和保持一定庫存水準之間進行權衡，在決策時應當綜合考慮影響企業庫存水準的因素。從實踐來看，影響餐飲業庫存水準的因素主要有以下十條：

（1）原料的保質期（保鮮期）。原料庫存的時間不能超過其保質期或保鮮期；否則加工的食物要麼對人體有害，要麼不能保證食物的最佳味道。要保證原料庫存時間不能超過其保質期（或保鮮期），就必須詳細統計原料的每日消耗情況，根據每日消耗情況和保質期（保鮮期）確定原料庫存水準。原料的保質期（保鮮期）不僅取決於材料自身的特性，還取決於其存儲條件。從存儲溫度來看，原料的存儲條件有室溫存儲、冷藏存儲和冷凍存儲三種方式，不同溫度條件下原料的保質期（保鮮期）是不同的。

（2）倉儲能力。倉儲能力由倉儲設施的種類、容量決定。一方面，如果沒有必需的倉儲設施、或者倉儲設施的儲藏數量有限，就只能增加進貨的次數，減少存貨水準。另一方面，在供應商選擇面大，社會物流設施完善的情況下，降低存貨水準對減少餐飲企業的成本是非常有利的；反之，即使增加企業成本也要增加庫存。

（3）供貨商的送貨時間和次數。由於業務上的相互衝突、受外部環境的不利影響、送貨成本的高昂，供貨商不可能對所有餐飲原料在較短的時間內或按預定的時間準時供貨。供貨商增加每天送貨的次數，固然可以減少餐飲企業的庫存，另一方面也會增加其送貨成本。

（4）批量採購的價格優惠。雖然大批量採購經常可以獲得價格上的優惠，減少採購批次和運輸次數，但是會增加保管費用。因此，只有批量採購的價格優惠和採購運輸成本的節約大於增加的保管費用，這樣的批量在經濟上才可能是合理的。

(5) 存貨短缺成本。存貨短缺一方面會降低企業的營業額，另一方面會讓消費者大失所望，對企業的經營管理感到不滿。這些都是存貨短缺導致的成本。為降低存貨短缺成本，餐飲企業可以考慮適當增加存貨水準。特別是特色菜品的原材料，尤其需要重視對存貨短缺成本的控制。

(6) 資金成本和流動資金量。存貨需要占用一定的流動資金，餐飲企業的存貨水準也要受到企業所擁有的流動資金以及資金利息大小的限制。特別是資金有限的小餐館或資金利息較高時，庫存水準必然受到限制。

(7) 經營時間的長短。餐飲企業每日經營時間越長，原料消耗越大，其庫存水準自然要越高才行。

(8) 經營業務的均衡性。許多餐館的業務隨時都可能變化，其對原材料的消耗水準也是波動的。比如，有些餐館週末和節假日生意比較興隆，自然原料消耗較大，相應地，餐館就應當提前增加庫存；而平時生意清淡，原料消耗少，庫存就可以大大減少。

(9) 原料市場的供求狀況。市場供求狀況決定原料的採購價格水準。當原料供大於求時降低存貨是有利的；反之，增加庫存是有利的。比如，在通貨膨脹時期，市場容易出現搶購現象，物價會迅速上升。因此，較多的存貨在通貨膨脹時期也能為餐館增加額外的收入；反之，只會增加企業成本，降低營業收入。

(10) 存貨的進出方式。存貨的使用次序有兩種，一是先進先出法，即先進庫的原料優先使用；二是後進先出法，即後進庫的原料優先使用。原料使用者往往貪圖省事，經常取用後進庫的原料，導致先進庫的原料儲存時間太長，甚至超過其保質期（保鮮期）。先進先出法可以相對延長原料的正常存儲時間而不會導致原料變質過期。

庫存鮮貨類食品原料進貨間隔期較短（一般1～3天），每次

採購的數量由需使用的數量減去現有數量決定。對於干貨類原料，由於儲存期較長，可以採用定量訂貨法和定期訂貨法。定期訂貨法是訂貨週期不變，但訂貨數量可根據庫存和需要改變的一種訂貨方法（圖3.19）。

每次的訂貨數量＝下期需用量－現有庫存量＋期末需存量

$$(3.8)$$

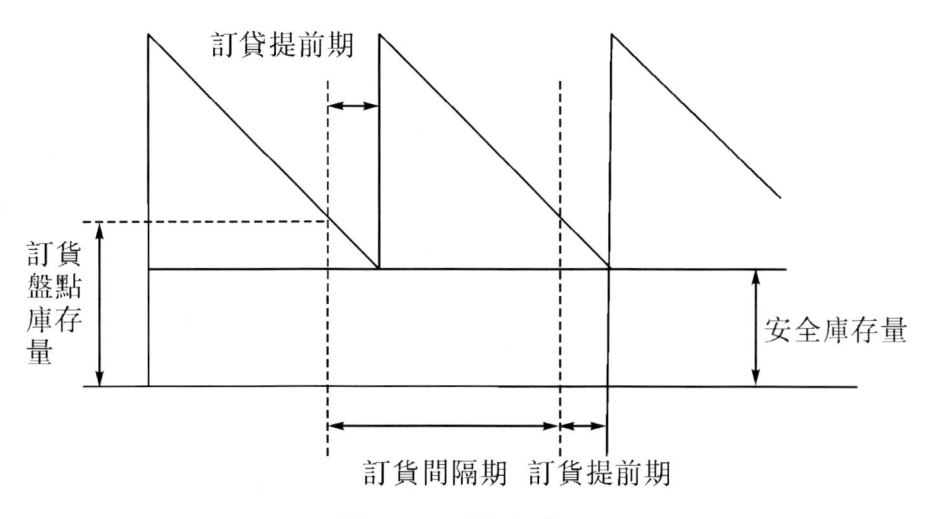

圖 3.19　定期訂貨法

定量採購法則是每次採購的數量相同，但採購的時間不確定（圖3.20）。最經濟的訂購批量 Q^* 可用函數 $TC = \dfrac{FD}{Q} + \dfrac{CQ}{2}$ 求極小值計算得到，其中 F 為每次採購的訂貨成本，D 為原料的年需求量，C 為單位原料的保管費用，TC 為全年訂貨成本與保管費用的總和。為便於管理，規模小的餐館可以採用定期訂貨法，而大中型餐飲企業可以採用定量訂貨法。定量訂貨模型要考慮三個數量：一是確定開始訂貨的庫存水準，即訂貨點；二是為了降低成本，需要確定一個合適訂貨批量，一般用經濟訂購批量來表示；三是為了防止各種不確定因素對生產過程連續性的影響需要確定一個安全庫存量。

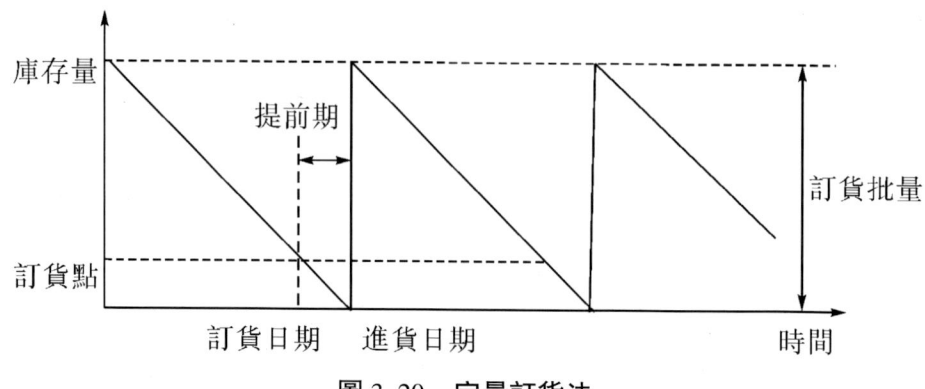

圖 3.20　定量訂貨法

由於餐飲企業採購的原料種類繁多，管理者有必要對各種原料區別對待。庫存管理中常用的 ABC 分類法，又稱為重點管理法，是根據義大利經濟學家巴雷特（Pareto）提出的「關鍵的少數，次要的多數」原理對原料進行分類管理的。具體做法是，將庫存原料按其庫存額從大到小進行排列，算出總庫存額和累計庫存額占總庫存額的百分比來分類，如表 3.3 所示。如：A 類原料是屬於需要管理者重點關注的關鍵原料，其品種數通常占庫存原料總品種數的 10% 左右，累計金額占總庫存金額的 70% 左右。

表 3.3　原料的 ABC 分類

原料類別	重要性	占品種%	占金額%
A	關鍵原料	10	70
B	一般原料	20	25
C	次要原料	70	5

由於餐飲企業每次採購的數量可能很少，管理者可以聯合其他餐飲企業進行集中採購。集中採購的優點有：可以獲得價格優惠，可以選擇更好的供貨商，可以加強對採購人員的控制。集中採購的缺點有：各個企業需要採用標準商品，無法利用當地降價的機會。

3.21 波特競爭模型的應用

根據國家統計局的數據，中國餐飲業法人企業數2004年為10,067個，2005年為9,922個，2006年為11,822個，2006年比2004年增加17%以上。這些數據至少表明餐飲市場存在兩種可能：一是餐飲消費需求增加，二是餐飲企業之間的競爭加劇。對於後一種可能需要說明的是，只有區域內餐飲企業數量增加導致該區域市場供給大於需求，這些餐飲企業之間的競爭才可能加劇。但是，無論如何，餐飲行業的競爭是普遍存在的。那麼，餐飲企業的競爭對手是誰，以及如何應對競爭？這些都是困擾餐飲經營者的日常問題。

根據經營產品的差異，一個地區餐飲同行之間的競爭可以分為兩大類。一是直接競爭，即提供同種經營項目，同樣規格和檔次的餐飲企業可能會導致的競爭。直接競爭大多數時候對餐飲企業是不利的。二是間接競爭，包括不同經營項目，或雖然項目相同，但規格（或檔次）不同的餐飲企業之間的競爭。間接競爭企業占領不同的細分市場，對各自往往是有利的。總體說來，競爭既是一種威脅，又是一種潛在的有利條件。只要把競爭對手作為一面鏡子認真分析其優勢或劣勢，才有利於企業在競爭中成長和獲勝。可見，競爭對餐飲企業來說並不總是有害的。

美國哈佛大學教授、世界著名戰略管理學家邁克爾·波特（Michael E. Porter）指出，企業所在行業的競爭結構由現有同行企業、購買者、潛在競爭者、替代品和供應商構成，也就是說企業不僅面臨同行企業之間的直接或間接競爭，而且還面臨潛在競爭者的進入威脅、替代品的替代威脅、供應商和購買者的討價還價五種競爭。餐飲企業幾乎不具有完全控制市場的能力，因此，必須正確應對來自這五個方面的競爭，才能確保企業的市場

地位。

在任何行業中，各個企業之間是互相影響的：一個企業的競爭動作可能立即對其競爭者產生明顯的影響，並導致它們採取反擊措施。現有同行企業之間的競爭強度取決於市場結構和退出障礙。根據市場上企業數量的多少，市場結構主要有壟斷、寡頭壟斷、壟斷競爭和自由競爭四種類型，企業之間的競爭強度也由低到高。在以下情況下市場結構將趨向於自由競爭，企業之間的競爭將會變得更加激烈：①競爭者較多，而且大小差不多；②行業增長緩慢；③產品或服務的區別不大，轉移成本較高；④固定成本高，或者產品是一次性的。一般說來，退出障礙越低，同行企業之間過度競爭的可能性越小。影響企業退出障礙的因素有沉沒成本、預算約束和政府限制。餐飲企業的退出壁壘低，競爭企業多，區域市場的增長緩慢，這是導致競爭激烈的因素；產品的區別大、轉移成本低，企業固定成本低，這些是降低企業競爭強度的因素。因此，區域市場中餐飲企業之間的競爭強度要看兩類因素的綜合影響。

潛在進入者的威脅取決於行業進入壁壘的高低。影響進入壁壘的因素有：規模經濟、產品差異化程度、資金壁壘、轉換成本、技術障礙、學習曲線、政府管制、市場容量、對銷售渠道的控制、聲望和信譽。地區性的餐飲企業一般不具有經濟規模，資金壁壘和轉換成本也較低，幾乎不存在技術障礙[①]、學習曲線、政府管制和企業對銷售渠道的控制，儘管企業之間產品具有一定的差異化程度，以及區域市場的容量有限，但是總的說來，潛在進入者的威脅還是相當大，並且具有較大的不確定性。

購買者的討價還價能力會影響企業的盈利能力。購買者可以通過它們減少或轉移消費，提高質量和服務的要求，直接參與競爭來壓低企業的利潤率。購買者的討價還價能力越高，購買者對

---

① 有些家傳菜品存在專有技術障礙。

企業的競爭力越強。購買者的討價還價能力取決於以下因素：市場信息掌握的充分程度，購買者的收入水準，購買產品的數量，購買者的消費偏好，是否可能通過前向聯合來生產該產品，可選擇的供應者多少，改變供應者的成本高低程度。在餐飲業中，作為餐飲產品和服務購買者的消費者可能長期光顧本地餐館，購買量是相當大的；消費者也可能不外出就餐而在家中做飯；當地的餐飲企業往往也比較多，消費者的選擇餘地較大；消費者變換餐館的成本大多數情況下較低。這些因素顯然有利於提高消費者與餐飲企業的討價還價能力。但是，在某些特殊場合，消費者的討價還價能力卻相當低，甚至沒有討價還價能力。比如在火車、飛機和輪船上就餐，面對高出平時幾倍甚至幾十倍的消費價格，饑餓的消費者就幾乎沒有討價還價的能力。這是因為，消費者就餐的次數和數量少，不能自己做飯，而可供選擇的餐館只此一家，選擇另外的餐館幾乎不可能。

原料供應商的壓力也會影響餐飲企業的盈利水準，他們可以通過提價或降低產品質量來減少企業的利潤率。供應商的討價還價能力取決於以下因素：資源的壟斷程度、供應商生產成本大小、資源的短缺程度、購買的相對份額。在下列情況下供應者的權力較大：①供應者所處的行業為少數企業壟斷，但是買家很多；②替代產品還未出現；③供應者有可能通過後向聯合參與現有顧客的競爭；④買家的購貨量只占供應者產量的一小部分。在餐飲業中，以上因素無論是對原料供應商還是對餐飲企業都不是十分有利，因此，絕大多數供應商和餐飲企業之間的競爭並不激烈。

替代品的價格和實用性為企業產品的價格規定了最高限度。替代品威脅的影響因素有替代強度、替代時間、轉換成本、顧客替代慾望。一般說來，替代品價格越低，質量和性能越高，可替代功能越強，對企業產品所構成的競爭壓力和威脅越大。雖然餐飲產品的差異化較大，但餐飲活動的基本目的是為了滿足人們的

生理需求，消費者轉換成本低。即使在消費者心理需求不是很強的情況下（顧客替代慾望低），提供不同產品的餐飲企業之間、餐飲企業產品與食品加工企業提供的現成產品，以及家庭廚房與餐飲企業之間仍然具有很強的替代性。

除了競爭結構模型外，波特教授還提出了企業廣泛適用的具體競爭戰略，主要包括低成本戰略、差異化戰略和集中一點戰略三種，其中低成本戰略、差異化戰略是最基本的企業戰略，集中一點戰略是低成本戰略和差異化戰略的綜合運用。

低成本戰略可以大大降低企業價格競爭壓力，提高企業的生存能力和行業進入壁壘。低成本戰略成功實施的條件：產品同質、消費者看重產品價格、產品需求彈性大、規模的擴大能夠有效提高企業吸引力。餐飲企業實施低成本戰略就是要盡可能降低企業各方面的多餘成本，但是降低成本並不意味著企業要偷工減料、（在原料上）偷梁換柱去損害消費者的利益，也不意味著打低價牌，減少企業應得的利潤。

根據西方經濟學的理論，產品差別是形成一種既不是完全競爭市場，又不是完全壟斷市場的市場結構的主要原因。差異化戰略可以削弱企業之間惡性價格競爭的壓力，形成堅強的市場進入壁壘，降低消費者討價還價的能力，提高應付供應商要高價的能力，減少代用品的替代威脅。差異化戰略成功實施的條件有：產品差異的創造要有制度保證，消費者看重產品差異而不是價格。在自由競爭市場結構條件下，價格並不由企業決定，此時企業只能實行差異化戰略。在完全壟斷市場上企業幾乎沒有差異化的動力。當然，差異化戰略也可能給企業帶來風險，主要有：質量評估難度大、創新有代價、能否降低消費者對價格的敏感不確定。構成餐飲企業產品差異化的因素有：菜品差異、心理差異（通過廣告和就餐環境影響消費者的心理感覺）、服務差異和餐廳空間位置差異。

集中化戰略是將企業的經營目標集中在特定的細分市場，並

且在這一市場上建立起自己的產品差異或者成本優勢，其成功實施的條件是盡量規避細分市場的風險。雖然集中化戰略可以使餐飲企業有效抵禦來自各方面的競爭壓力，但與強調資源共享和風險分散的多樣化經營戰略是存在衝突的。餐飲企業實施集中化戰略的具體方式是在經營上選擇鑽空隙戰略，特色戰略或附屬經營戰略。不同餐飲企業應當根據根據自身的優勢和劣勢判斷各自生存的細分市場。

儘管戰略管理的作用就是為了企業能夠在激烈的市場競爭中擴大規模、盈利和長期存在，但是根據筆者2006年對100多位餐飲企業高層管理人員的調查發現，超過三分之二以上的盈利企業、規模較大的企業、經濟發展水準較高地區的企業和壽命較長的企業都做過或思考過本企業的戰略管理規劃，而大多數小企業和虧損企業雖然認為需要戰略管理，但從沒認真、全面考慮過企業的戰略問題。

3.22　虧了，還是賺了（一）

在企業會計報表中經常會看到一張反應企業一定經營期間內盈虧狀況的「損益表」，其格式通常如表3.4所示。會計損益表列出了餐飲企業的收入、支出和利潤情況，是企業的基本會計報表。

表 3.4　　　　　　　××餐飲企業損益表

××年　　　　　　　　　　　單位：元

營業收入：		
銷售收入	200,000	200,000
營業費用：		
房租費	20,000	

表3.4(續)

人工費用	50,000	
原料支出	90,000	
折舊費	10,000	
水電氣費	10,000	
其他費用	10,000	190,000
利潤：		10,000

　　餐飲企業的利潤是一定期間內（通常以年為單位）營業收入與營業費用的差額。我們可以用利潤率指標來衡量企業經營管理水準的高低。利潤率等於企業利潤與營業收入之比。餐飲經營者也經常用毛利率來衡量企業的盈利情況。

　　毛利率＝(銷售收入－營業成本)/銷售收入×100％　　（3.9）

　　其中，「毛利」是企業費用開支、稅金和利潤之和，毛利減去費用開支和稅收才是「淨利」。可見，毛利率往往要比利潤率大得多。毛利率高並不意味著企業利潤率高。兩者之間的差別可以用來解釋為什麼有的企業毛利率高，但並不賺錢、甚至虧損的原因。

　　對餐飲企業來說，營業收入科目單一，統計簡單；營業費用（成本）不僅科目繁多，而且統計複雜。因此，要判斷餐飲企業經營是否盈利，必須首先弄清楚營業費用構成及其屬性。表3.4所列的營業費用實際上就是餐飲企業的會計成本。會計成本是企業生產某種商品、提供某種服務的成本，包括購買原材料、勞動等的直接費用以及折舊、一般管理費用等間接費用的成本。從企業的角度來說，會計成本實際上就是資金的消耗，其計算必須嚴格執行財務制度規定的要求。當一個生產週期或經營同期結束時，企業通過出售商品，收回貨幣，資金的消耗才能得到補償，並獲得利潤。

　　餐飲企業的成本主要包括以下幾個部分：

（1）人工費用，包括工資、獎金、各種保險費用（養老保險、失業保險、健康保險）、員工餐費、通勤費、服裝費、住宿費、培訓費用、休假和病假福利等。

（2）房屋租金或折舊。餐館的房屋大多數是租用的，這就需要按期支付一定的租金。如果是自有建築，則要考慮折舊問題。

（3）原材料成本，包括原材料的採購成本、進貨成本、倉儲費用和損失。

（4）設備折舊或租金、維修費用。

（5）餐廳裝修費。

（6）水、電和燃料費。

（7）其他費用，如貸款利息、政府稅費、廣告費等。

按成本的可控程度，餐飲企業成本可以分為可控成本和不可控成本。可控成本是企業通過努力可以控制的各種支出，如原料成本、水電氣成本等；可控成本之外的其他支出即為不可控成本。按照與餐飲產品產量的變化情況，企業的成本可以分為固定成本、半變動成本和變動成本。在一定時期和經營條件下，不隨餐飲產品產量增減變化而相應發生變化的成本，稱為固定成本，比如，房屋租金①或折舊、餐廳裝修費、設備折舊或租金、維修費用等。需要注意的是，固定成本並不是一成不變的，當經營條件發生變化時——如經營規模變化、生產技術改變、經營者薪酬發生變化，固定成本也要發生變化。在一定時期和一定經營條件下單位產品分攤的固定成本隨著產量的增加而減少。變動成本、不變成本與可控成本和不可控成本並不是一對一的，比如稅收屬於變動成本，但是不可控的；廣告費用屬於固定成本，但是可控的。

變動成本是指隨餐飲產品產量的變化成比例變化的成本，如原料成本。變動成本的屬性是：儘管企業的總變動成本隨產量變

---

① 如果租金按照營業收入的百分比收取，那麼租金也屬於變動成本。

化而按比例變化，但是單位產品的變動成本不隨產品產量變化而變化。半變動成本界於固定成本和變動成本之間，隨產量變化但不是按比例變化，如水電燃料費和某些人工費。這是因為有部分水電燃料費是不隨產量變化的，另一部分則隨產量增加而增加。員工均領的基本工資屬於固定成本，根據績效浮動的工資則屬於變動成本。有鑒於此，有時候將半變動成本進一步細分為固定成本和變動成本。

把餐飲企業的成本分為固定成本和變動成本，主要目的是便於企業計算盈虧平衡點，進行經營規模決策和價格決策。企業的盈虧平衡點是指企業的收入剛好抵消企業成本時的銷量，又稱為保本點（見圖 3.21 中為 Q 點）。

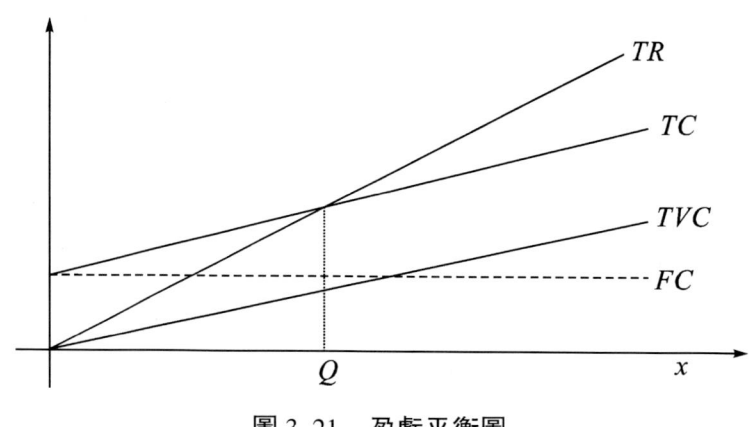

圖 3.21　盈虧平衡圖

例 3.1　假設一家專賣牛肉麵條的飯館，其固定成本為 30,000 元，每碗面的價格為 5 元，變動成本為 2 元，試計算該麵館的盈虧平衡點。若每日銷售 100 碗麵條，需多長時間開始盈利？

解：借助於圖 3.22，設 x 為銷售量，單位為碗。每碗面的價格 $p=5$，單位變動成本為 $vc=2$，總變動成本為 $TVC = vc \times x$。總收入為 TVC。固定成本為 $TFC = 30,000$。當總收入等於總成本（$TR = TFC + TVC$）時企業處於盈虧平衡點，即有公式：

$$x(p - vc) = TFC \qquad (3.10)$$

可以算出，該麵館需要銷售 10,000 碗面（$x = 10,000$）才能開始盈利。若每日銷售 100 碗麵條，則需 100 日後才能盈利。

經營者除了要清楚企業的盈虧平衡點外，還應當盡可能使企業利潤最大化。從經濟學的理論分析可知，利潤最大化的原則是使「邊際收入等於邊際成本」。邊際收入表示每增加 1 單位產出所增加的收入，邊際成本表示每增加 1 單位的產出所需要增加的成本。邊際收入與邊際成本與平均收入和平均成本不同。

$$平均收入 = 總收入/產量 \qquad (3.11)$$

$$平均成本 = 總成本/產量 \qquad (3.12)$$

例如，餐館生產 1,000 個饅頭的總成本是 500 元，總收入 1,000 元，平均成本是 0.5 元，平均收入是 1 元；生產 1,001 個饅頭的總成本是 500.6 元，總收入是 1,001 元，則生產第 1,001 個饅頭的邊際成本是 0.6 元，邊際收入是 1 元。

餐飲企業增加利潤的途徑無非只有兩條，一是擴大收入，二是降低成本。許多企業只關注收入擴大的措施，經常忽視成本降低的程序。餐飲成本控制需要遵循以下程序：

（1）制定標準成本，標準成本是對各項成本和費用開支所規定的數量限制，被制定的標準成本必須具有競爭力；

（2）實施成本控制，管理人員一定要對餐飲產品的實際成本進行抽查和定期評估；

（3）確定成本差異，成本差異是標準成本和實際成本的差額。

需要注意的是，在降低成本過程中，應避免「該用的不用，不該用的用了」，減少「偷工減料、偷梁換柱」的不良現象。

3.23 虧了，還是賺了（二）

上一節從經營角度討論了企業經營的盈虧問題，本節擬從投資角度考察投資人的盈虧問題。在企業會計報表中經常還會看到一張反應企業某一特定日期財務狀況的報表——「資產負債表」，其格式通常如表 3.5 所示。

表 3.5　　　　　　　某餐飲企業資產負債表

××年　　　　　　　　　　　單位：元

資　　產		負債及所有者權益	
流動資產：	160,000	負債：	30,000
銀行存款	100,000	應付帳款	20,000
現金	10,000	預收收入	5,000
應收帳款	0	預提費用	5,000
物料用品	50,000	所有者權益：	170,000
固定資產：	40,000	實收資本	150,000
固定資產原值	120,000	未分配利潤	20,000
減：累計折舊	80,000		
資產總計	200,000	權益總計	200,000

其中，資產是企業擁有或控制的以貨幣計量，能夠在經營中為企業帶來經濟效益的經濟資源。資產可以分為固定資產和流動資產兩大類。固定資產是指使用期限在一年以上，單位價值在規定標準以上，並在使用過程中保持原有物質形態的資產。根據《旅遊、飲食服務企業財務制度》對固定資產標準所作的具體規定，符合以下兩個條件的企業資產均為固定資產：

（1）使用期在一年以上的建築物、機器、運輸工具和其他與經營有關的器具等主要經營設備；

（2）不屬於主要經營設備，但單位價值在2,000元以上，並且使用期超過兩年的物品。

固定資產按經濟用途分為生產經營用固定資產和非生產經營用固定資產，按使用情況分為使用中的固定資產和未使用的固定資產，按所有權歸屬分為自有固定資產和租用固定資產。固定資產的價值隨實物的使用磨損而逐漸轉移，形成營業費用，以計提折舊的辦法收回。

流動資產是指企業可以在一年內或者超過一年的一個營業週期內變現或者運用的資產，包括貨幣資金、短期投資、應收票據、應收帳款和存貨等，是企業資產中必不可少的組成部分。流動資產在週轉過程中，從貨幣形態開始，依次改變其形態，最後又回到貨幣形態。流動資產大於流動負債，表明償還短期能力強。流動資產週轉率指一定時期內流動資產平均占用額完成產品銷售額的次數，反應流動資產週轉速度和流動資產利用效果。流動資產週轉率高，會相對節約流動資產，等於相對擴大資產投入，增強企業盈利能力。

負債是指企業承擔的能以貨幣計量，需以資產或勞務償付的債務，是債權人的權益。債務按償還時間分為流動負債和長期負債。在一年內或者超過一年的一個營業週期內償還的債務稱為流動負債，一年以上或者超過一年的一個營業週期以上償還的債務稱為長期債務。所有者權益是投資人對企業淨資產的所有權，是企業全部資產減去全部負債之後的餘額。所有者權益既可以是現金投入，也可以是實物、技術、人力和品牌的投入，但都必須以貨幣為計量單位。

在資產負債表中，資產與權益在數量上必須相等。如果兩者不等，則表明企業資產管理出現漏洞。從資產負債表可以看出企業的投資去向及投資者是否盈虧。當企業負債大於所有者權益時，表明投資人資不抵債，可能導致企業破產。

我們可以用投資收益率來衡量投資人的投資收益大小。投資

收益率是企業淨利潤與投資人原始投資（不包括負債）之比。也可以用當年企業淨利潤與投資人上年度的所有者權益之比來衡量。顯然，只有投資收益率大於、等於零才表示投資人的權益不會減少。但是，如果考慮機會成本，即使投資收益率大於零也未必表明投資人的投資是最優的決策。除了表中提到的一些概念外，在考慮企業是否盈虧時還要關注一些特殊的概念，如機會成本、顯性成本、隱性成本、沉沒成本、無形資產等。

比如，從損益表和資產負債表均不能看出企業投資是否是最優的。因為，兩者均沒有考慮投資的機會成本。所謂「機會成本」是指同樣的投資面對不同的項目，所獲得的收益可能不一致，將投資放在一個項目上必然放棄其他項目的收益，放棄項目的最大淨收益就是投資項目的機會成本。機會成本實際上是企業在面臨「魚和熊掌，兩者不可兼得」情況下的一種選擇技術。企業項目最優決策的原則是，從事機會成本較低的項目比機會成本較高的項目有更多的收益。

「顯性成本」是指計入帳內的、看得見的實際支出，例如支付的生產費用、工資費用、市場行銷費用等，因而它是有形的成本。一般成本會計計算出來的成本都是顯性成本，銷售收入減去顯性成本以後的餘額稱為帳面利潤。隱性成本指企業投資人損失使用自身資源（不包括現金）機會的成本，是企業投資人所擁有的且被用於該企業生產過程中那些生產要素的總價格，包括作為成本項目記入帳上的廠房、機器設備等固定設備的折舊費，投資人投入資金的利息，和投資人勞務應得的報酬。

有一對下崗夫婦在自家門前開了一家麵館，平均每月能夠有10,000元左右的營業收入，除去原料成本、水電氣成本和稅費計約7,000元，尚有3,000元左右的盈餘。夫婦倆很高興，認為自家開麵館是賺了。真是這樣嗎？從決策最優的角度來看，應該選擇機會成本最低的投資項目才能使收益最大。這裡，夫婦倆開店的機會成本是4,000元，打工和出租店面的機會成本是3,000元。

從機會成本的角度來看，夫婦倆是虧了。這是因為，夫婦倆如果去找一份同樣的工作，每人每月可得 1,000 元收入，加上將店面出租費 2,000 元，實際每月有 4,000 元的穩定收入，與自己開店相比實際多了 1,000 元收入。顯然，從經濟的角度看，夫婦倆打工和出租店面的機會成本較低，因此選擇打工和店面出租是有利的。

　　特別是，如果利潤大於零，是否說明經營餐館是合理的呢？如果考慮資金的機會成本則未必。資金是有時間價值的，資金時間價值是指資金隨著時間的推移而發生的增值，實際上是當前所持有的一定量貨幣比未來獲得的等量貨幣具有更高的價值。利率則是衡量資金單位時間內，單位資金的增值。從經濟學的角度而言，現在的一單位貨幣與未來的一單位貨幣的購買力之所以不同，是因為要節省現在的一單位貨幣不消費而改在未來消費，則在未來消費時必須有大於一單位的貨幣可供消費，作為彌補延遲消費的補償。作為投資人，如果其投資報酬率小於銀行存款利率，則投資是不划算的。也就是說，如果將一筆資金放在銀行獲得的利息大於將這筆資金用於同期開餐館所獲得的利潤，從機會成本角度來看，開餐館顯然不具有投資優勢。

　　「無形資產」是不存在物質實體，能夠在若干會計期間提供經濟利益，且所提供的經濟利益具有高度不確定性的資產，如專利權、商標權、土地使用權、非專利技術、商譽。忽視無形資產的存在和收益是投資人的一種損失。無形資產按期限可分為有限期無形資產和無限期無形資產，按能否辨認可分為可辨認無形資產和不可辨認無形資產。在會計核算上，將無形資產的取得成本予以資本化，並在其收益期內逐步分攤轉作各期費用。

　　「沉沒成本」指已經付出且不可收回的成本。沉沒成本常用來和可變成本作比較，可變成本可以被改變，而沉沒成本則不能被改變。大多數經濟學家們認為，如果決策人是理性的，那就不應該在做決策時考慮沉沒成本。但是，很多人對「浪費」資源很

擔憂和痛恨（被稱為「損失憎惡」），決策時經常考慮沉沒成本。比如，買了一袋劣質大米，是否用來做飯呢？有人會認為花了錢的大米扔掉可惜而食用，結果造成身體出了毛病，反而用去大筆醫療費。這就是他沒有考慮到買劣質大米的錢已經成為沉沒成本，對是否使用這袋大米不應有影響了。

3.24　餐飲目標市場的調查和預測

　　為了降低經營風險和獲得最大成功，企業隨時需要關注其生存環境，包括政治環境、經濟環境、社會環境和技術環境。其中，消費者市場對企業而言是最重要的生存環境。消費者因其可支配收入或生理、心理特點的不同形成不同的消費者群體。消費者群體的形成能夠為企業提供明確的目標市場。現實的餐飲消費需求需同時具備兩個條件：慾望（需要）＋購買力。許多餐飲經營者只看到了消費者的慾望，而忽視其現實購買力，或者對目標消費者需求的估計過於樂觀，或者沒有看到消費市場的變化，最終都會導致投資規模過大而失敗。餐飲市場具有一定的地方性和區域性，因此，其調查範圍要比那些能夠在更大範圍內銷售的製造業產品市場的調查範圍小得多。

　　餐飲消費者市場的調查目的有兩個：一是確定已經存在的餐飲市場的特徵（包括市場範圍、市場容量、目標市場消費群體特徵等），二是收集相關資料為正確預測餐飲市場的變化做準備。企業對餐飲市場的調查可以聘請專業的市場調查公司，也可以自行進行，兩者各有優缺點。前者對市場調查更準確，但要花費較多的調研經費，並且不一定完全清楚企業的情況，調查結果未必實用；企業自行調查剛好相反，調查手續簡單，費用少，更清楚企業的具體情況，但未必具有所需的調研技術、能力和公正性。

　　餐飲市場預測是對未來餐飲市場所發生的事情進行合理的估

計，是在研究餐飲市場發生、發展所呈現的規律性以及分析現狀條件、環境因素制約和影響的基礎上，推測餐飲市場未來演變的狀態和發展趨勢。預測的重要性體現在能促使企業在市場機會到來之前提前做好準備。準確的長期預測體現了管理者的遠見卓識，沒有預測只能使管理者陷入鼠目寸光的尷尬境地。

餐飲市場預測要遵循預測的基本原理，一些基本的預測技術同樣適用。預測的基本原理有：

（1）相似性原理，根據已知事物的變化特徵，推斷具有相似特性的預測對象的未來狀態；

（2）關聯性原理，根據事物之間的關聯性，當某個事物發生變化，再推知另一個事物的變化趨勢，事物之間的關聯性常常表現為因果關係；

（3）慣性原理，預測變量的過去、現在和將來的客觀條件基本保持不變，其運動方向和速度就可能延續到未來一段時期。

預測過程包括時間、數據和模型三大基本要素。不同的預測方法適用於不同的預測期限。一般來說，定性預測較多地用於長期預測，而定量預測適宜於各個預測期。不同的預測方法，適用於不同的數據類型。大多數預測方法都要求運用某種模型，每種模型的應用前提是不同的，在不同的問題中應用這些模型，其功效也是不同的。

預測方法可以分為定性預測法和定量預測法。定性預測方法可以分為直觀預測法和意見集合法兩大類。常見的直觀判斷法有類推預測法；集合意見法有專家會議法和德爾菲法。

類推預測法是由局部、個別到特殊的分析推理方法，適用於新產品、新行業和新市場的需求預測。產品類推預測法是依據產品在功能、結構、原材料、規格等方面的相似性，推測新產品市場的發展可能出現的與已有產品的某些相似性。行業類推預測法是依據相關和相近行業的發展軌跡，推測行業的發展需求趨勢。地區類推預測法則是依據「通常產品的發展和需求經歷了從發達

國家和地區，逐步向欠發展的國家和地區轉移的過程」來進行的。在餐飲業中，產品類推預測法和地區類推預測法較為適用。運用類推預測法需要注意類別對象之間的差異性，特別是地區類推時，要充分考慮不同地區政治、經濟、社會、文化、民族和生活方面的差異，並加以修正，才能使預測結果更接近實際。

專家會議法就是組織有關方面的專家①，通過會議的形式，對產品的市場發展前景進行分析預測，然後在專家判斷的基礎上，綜合專家意見，得出市場預測結論。德爾菲法是在專家個人判斷法和專家會議法的基礎上發展起來的一種專家調查法，尤其適用長期需求預測。特別是當預測時間跨度長達 10～30 年，其他定量預測方法無法做出較為準確的預測時，或預測缺乏歷史數據，應用其他方法存在較大困難時，採用德爾菲法往往能夠取得較好的效果。

常見的定量預測法有簡單移動平均法、指數平滑法、成長曲線模型、季節波動模型和迴歸預測法等，可以劃分為時間序列預測法和因果分析預測法兩大類。在市場預測中，經常遇到按時間順序排列的統計數據，如按月份、季度和年度統計的數據，稱為時間序列。時間序列預測就是通過對預測目標本身時間序列的處理，研究預測目標的變化趨勢。

餐飲年銷售額變動的預測可以採用簡單移動平均法和指數平滑法。簡單移動平均法是以過去某一段時期數據的算術平均值作為將來某時期預測值的一種方法。指數平滑法又稱指數加權平均法，實際是加權的移動平均法，其中的一次指數平滑法又稱簡單指數平滑。這種方法在計算預測值時對於歷史數據的觀測值給予不同的權重。如時間序列 x_1、$x_2 \cdots x_n$，一次平滑指數公式為：

$$y_t = \alpha x_t + (1-\alpha) y_{t-1} \qquad (3.13)$$

---

① 要特別指出的是，這裡所說的「專家」未必是高學歷、高職稱、高職務或具有其他頭銜的人，而是指真正瞭解實際情況的業內人士。

式中，α 是平滑系數，$0<\alpha<1$；x_t 是歷史數據序列 x 在第 t 期的觀測值；y_t 和 y_{t-1} 是第 t 期和第 $t-1$ 期的預測值。

產品生命週期理論揭示產品市場的發展一般要經歷導入期、成長期、成熟期和衰退期四個成長階段。對餐飲產品市場演變趨勢的預測，可以運用成長曲線預測模型進行預測。成長曲線的數學模型為 $y_t = ka^{b^t}$（k，a，b 均為正數），該模型又稱為龔泊茲曲線，它反應了時間序列呈現 s 型增長曲線，即初期增長緩慢，接著以較大幅度增長，隨後趨於穩定水準。它與產品生命週期曲線非常相似，可以用來預測產品市場的週期變化。

餐飲市場需求同樣受自然條件、消費習慣等因素的作用，隨著季節的轉變而呈現出週期性的變化，表現為逐年同月（或季）有相同的變化方向和大致相同的變化幅度。季節變動情況按照數據的時間序列有升降趨勢和水準趨勢，相應的預測方法有季節指數趨勢法和季節指數水準法兩種。第 t 期季節指數的大小為該期季節變動值和同期直線趨勢值的比值，用 f_t 表示。

（1）季節指數水準法的預測模型為：$y_t = y f_t$。式中 y 為時序的平均水準，可以是預測前一年的月（季）平均水準，也可以是已知年份所有數據月（或季）的平均水準。

（2）若市場需求量的變動表現為各年水準或同月（或季）水準呈現上升或下降的趨勢，就應採用季節指數趨勢法。季節指數趨勢法的基本思路是，先分離出不含季節週期變動的長期趨勢，再計算季節指數，最後建立預測模型：$y_t = (a + bt) f_t$。式中 $(a + bt)$ 為時間序列的線性趨勢變動部分。

迴歸預測法就是首先找出預測對象（因變量）與影響預測對象的各種因素（自變量）之間的函數關係，然後代入自變量的數值，求得因變量的值作為預測值的方法。迴歸預測法是一個十分有用的預測方法，尤其適用於長期預測。其主要的不足在於，如果要進行可靠的預測，就需要大量的數據資料。在實際操作中，通常選擇一個變量作為因變量，而將其餘的變量作為自變量，然

後根據有關的歷史統計數據，研究測定因變量與自變量之間的關係。根據這些變量之間的相互關係擬合一定的曲線，這條曲線就叫做迴歸曲線，表達這條曲線的數學公式就叫做迴歸方程式。

總之，無論採用何種預測方法其預測的準確性都有一定限度。這是因為：

（1）預測過程都不同程度地依賴於信息，而所採用的信息主要從歷史資料中獲取，歷史資料的準確性與完整性都將影響預測的準確程度；

（2）預測結果所面臨的對象往往受外部因素的影響，而外部因素的發展常常受到人為因素的干擾，使預測對象的發展變化具有多樣性和不確定性，因而預測結果具有不確定性。

正是由於預測結果具有局限性，決策者不能完全按照預測結果去決策，還需要個人擁有深刻敏銳的洞察力和富有遠見的判斷力來對預測結果進行修正。

3.25 如何做大餐飲企業

企業擴大規模不僅可以獲得更多的經濟收入，而且可以提升其社會地位、擴大其社會影響。因此，許多投資者和經營者都想方設法擴大企業的規模。但是「規模經濟」的限制使得企業擴大規模未必一定能提高其利潤率。

企業規模經濟又稱「規模利益」。企業規模是指生產批量，具體有兩種情況，一種是生產設備條件不變（即生產能力不變）情況下的生產批量變化，另一種是生產設備條件變化時的生產批量變化。規模經濟概念中的「規模」指的是後者，通常意味著生產能力擴大而出現的生產批量的擴大，而「經濟」則含有節省、效益、好處的意思。在給定技術條件下，對於無論是單一產品還是複合產品，如果在某些產量範圍內單位產品的平均成本是下降

或上升，就認為企業存在著規模經濟（或不經濟）。使企業單位產品平均成本最低的規模稱為「經濟規模」，如圖 3.22 中的 S 點。

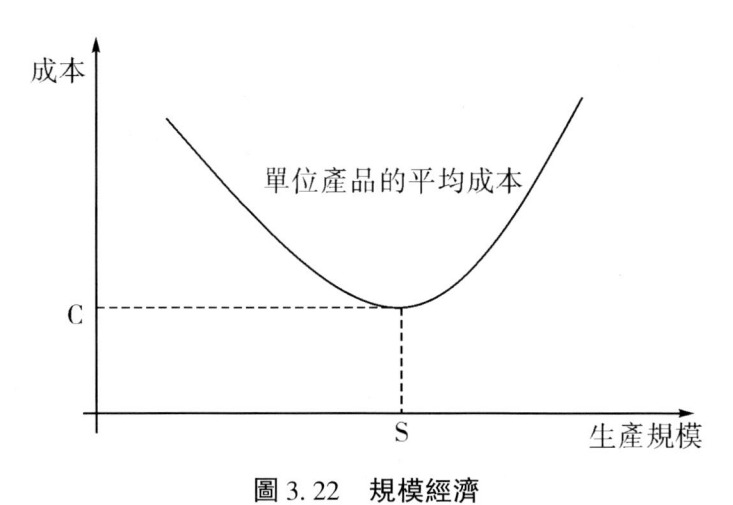

圖 3.22　規模經濟

從內部來看，決定企業規模經濟的內在因素可以分為「內在經濟性因素」和「內在不經濟性因素」。前者有：更多產出分攤固定成本、專業化生產的高效率、管理專業化、副產品的利用、有效使用資本（如大企業能夠使用更有效率的設備）、大量採購和銷售的好處。後者有：機構臃腫造成的管理費增加和靈活性下降。實際上，企業不但可以從自身規模的擴大中獲得好處（或壞處），也可以從企業所在行業的規模擴大中獲得經濟收益（或遭受損失），即整個行業也存在規模經濟（或經濟規模）。引起行業規模經濟的因素有：廠商可以從行業擴大中享受大規模的原料基地、交通運輸設施、更多的信息與更好的人才等便利。引起行業規模不經濟的因素有：隨著行業規模的擴大，由於相互之間為爭奪生產要素市場和產品銷售市場、環境污染的增加和交通運輸的緊張，廠商將付出更高的代價。

從外部來看，企業的經濟規模是由一系列客觀的經濟技術因素決定的。這些因素主要有：行業的技術條件、產品本身的性質、市場條件、自然資源狀況等。在投資門檻高、技術複雜且先

進、產品差異小且標準化程度高、市場需求大而穩定、自然資源集中的情況下，企業經濟規模就大；反之，則小。而行業經濟規模的大小主要受市場需求規模、資源狀況、相關產業的發展、產業政策的影響。

一個小企業擴大規模，獲得規模經濟的途徑有兩條：自我擴張和企業聯合，其中最簡單和快捷的辦法就是通過企業聯合來實現，企業聯合可以分為橫向聯合和縱向聯合兩種。前者是生產同類產品企業間的聯合，後者是生產某種產品的處於不同生產工藝階段的企業之間的聯合。企業聯合的規模取決於企業外部協作成本和企業內部協作成本的比較，即企業的交易成本和行政費用的比較。擴大規模會減少交易成本，但會增加行政協調費用。因此，企業規模變化要考慮擴大規模增加的行政協調成本和減少的交易成本之間的均衡。

餐飲產品中的服務具有不可儲存性和與消費過程不可分割的特點，使得餐飲市場在地域上具有天然分割性的特點，導致許多餐飲消費者一般選擇就近餐館消費。餐飲有形產品遠距離運輸的不經濟性、保鮮的困難性和消費者對運送時間的短暫性要求也使得餐飲企業需要分佈在消費者附近，並且很少像食品加工企業或其他工業企業一樣可以通過大規模的集中生產，將產品輸送到遠距離市場中去（比如全國或國際市場）[1]。這些因素使餐飲企業的市場局限於本地區域，而區域市場的有限性最終嚴重限制了企業規模的任意擴大。

那麼，餐飲企業能否像製造企業一樣獲得規模經濟？特別是那些經營成功的餐飲企業如何從擴大規模中獲得更多收益？從實踐來看，餐飲企業欲在更廣闊的地域範圍內實現規模擴張和市場佔有率的提高，可以通過連鎖經營方式進行。連鎖經營的優點有：統一店面裝飾，統一銷售菜單，統一人才培訓，統一服務質

---

[1] 極少數餐飲企業兼具食品加工企業功能，可向距離較遠的消費市場提供產品。

量，統一廣告宣傳，統一採購渠道，鄰近店鋪之間可以相互借用員工或進行庫存調劑等。這些優點能使企業獲得規模經濟。連鎖經營的缺點有：不易改變菜單，容易產生拖累效應，管理複雜並且成本高。

餐飲企業連鎖經營有兩種基本形式：直接投資和特許經營。直接投資就是企業自籌資金或以股份融資開分店。由於少數投資人的資金往往有限，自籌資金開分店所需的時間長，擴張規模有限；並且對分店監督管理要求高，經營風險也很大；有時候還會遇到區域進入壁壘的限制。雖然設立股份公司可以更快、更容易為企業擴大規模籌得所需資金，並且股東可以自由變換，但是由於股份公司的所有權和經營控制權經常分離，監督和激勵職業經理人就成了一個新的問題。因此，餐飲企業投資者一般更喜歡選擇特許連鎖經營的方式擴大規模。

特許經營是特許人和受許人之間簽訂合同，特許人提供擁有產權的商業技術和經營訣竅並對受許人進行培訓，受許人繳納一定費用取得使用權的一種經營模式。按特許內容分，特許經營可以分為商標（商品）特許經營和經營模式特許經營兩種。在特許經營中，總店和加盟店之間是合同關係，總店並不擁有後者的產權，也無權干涉各個加盟店的人事權和財務權，使總店的經營風險和用於擴大經營規模的費用都大大降低。與直接投資連鎖不同的是，採取特許經營連鎖的餐飲企業並不是通過直接開設多家分店擴大銷售來獲得更多的盈利，而是通過收取加盟店的特許經營費（包括加盟費、保證金和其他費用）來獲取更多利潤。特許經營費實質是餐飲企業為其已經成功的商標、商品或經營模式所付出代價的一種報酬。加盟店受到總店的技術支持、市場服務和管理培訓，經營也更容易成功[①]。正是因為特許經營具有上述特點，

---

① 全球公認的事實是：特許經營是成功率最高的創業方式，對加盟總部和加盟者來說是「雙贏」的事情。

使餐飲企業能夠在短期內以較低的經營風險迅速擴大規模而受到總店和加盟店投資人的歡迎。

餐飲企業「麥當勞」、「肯德基」的營運模式就是連鎖經營，兩者採取的措施主要有：品牌全球註冊，區域性產品統一配送和現場加工，區域性統一定價，嚴格統一產品質量和服務標準，加盟店有統一的管理和服務手冊。連鎖經營使這些餐飲企業迅速擴大了規模，在全球佔有極大的市場份額。比如，麥當勞在美國以外地區的大約17,000家餐館中，有60%左右是特許加盟店，其加盟商和經理都要在公司成立的漢堡大學學習技術和如何讓員工在工作中保持愉快的心情。2005年麥當勞營業額首次突破200億美元，而2008年在中國則擁有多達1,000家快餐店。

在中國餐飲市場中，正餐以中式正餐為主，西式正餐逐漸興起，但目前規模尚小；快餐以肯德基、麥當勞、必勝客等西式快餐為主，是市場中的主力，中式快餐蓬勃發展，但當前尚無法與洋快餐相抗衡。中國餐飲業的連鎖經營觀念起源於1984年美國快餐業龍頭老大——麥當勞餐廳的引進，其獨特的經營理念Q（品質）、S（服務）、C（清潔）、V（價值）給中國餐飲業帶來相當大的震撼。在中國烹飪協會快餐聯盟評選的2005年中國快餐20強中，前五名企業分別是百勝（肯德基）、麥當勞、德克士、北京吉野家和上海領先（味千拉面），全是洋快餐。根據中國連鎖經營協會的統計，2005年肯德基的銷售額是116億元，排在中式快餐第一的「真功夫」的營業額只有5億元左右。2004年單位面積（每平方米）年均營業額收入方面，西式快餐企業31,151元，中式快餐企業14,400元；人均年銷售額方面，西式快餐企業110,283元，中式快餐企業83,113元。可見，中式快餐和西式快餐企業差距較大。據中國烹飪協會2006年的數字，全國快餐連鎖經營網點100多萬個，年營業額達1,500億元，分別占到餐飲業的22%和20%左右。通過連鎖經營和特許經營等多種方式，中國餐飲業正積極進軍海外市場。

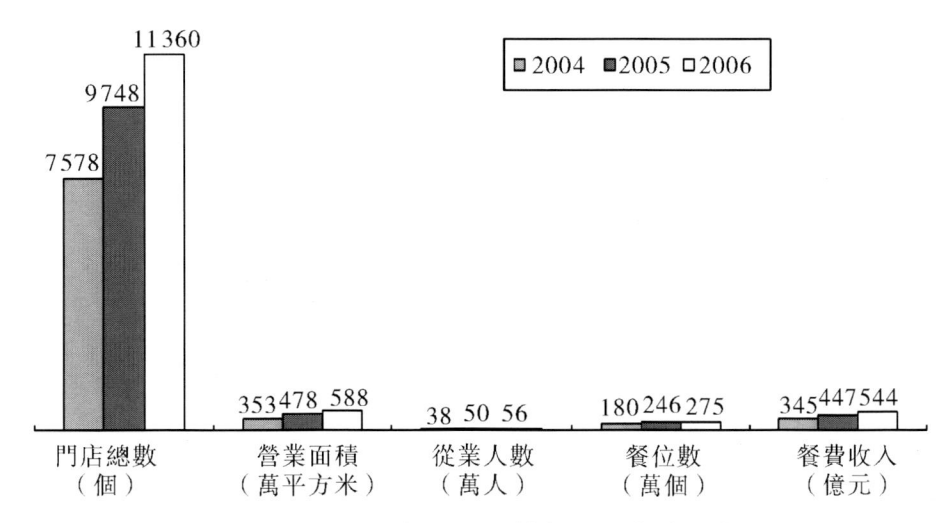

图 3.23 中国限额以上连锁餐饮企业基本情况

资料来源：中华人民共和国国家统计局. 中国统计年鉴 [M]. 北京：中国统计出版社，2007.

3.26 餐饮企业及其产品的寿命

据统计，欧洲家族企业的平均寿命是 24 年，中国民营企业的平均寿命只有 3.5 年，其中以家庭成员经营的大多数国内餐馆的寿命尤其短暂。笔者 2008 年对成都市三环路以内 149 家聚集（位于餐饮街、美食城）或分散分布（100 米以内，相邻餐饮企业不超过 5 家）的餐饮企业店面转让情况进行随机调查获得相关数据，经方差分析发现，分散餐饮企业的经营时间平均为 13.9 个月，聚集餐饮企业为 24.4 个月，两者之间存在显著差异（$p = 0.017$）。进一步对调查企业进行聚类分析，然后对每类企业进行方差分析发现，规模较大企业聚集与否对其经营时间几乎没有影响，而对规模较小的企业则影响显著。同样，根据餐饮企业单位面积租金的大小进行聚类分析，在高单位面积租金和低单位面积租金两种情况下，对分散和聚集企业的经营时间进行单因素方差

分析發現，兩者沒有顯著差異（表3.6）。

表3.6　　　不同單位面積租金水準和規模條件下
餐飲企業經營時間與其聚集與否的差異分析

| 高單位面積租金 || 低單位面積租金 || 規模較大企業 || 規模較小企業 ||
F	P	F	P	F	P	F	P
4.684	0.043	6.126	0.015	0.733	0.417	5.868	0.017

摘自：賈岷江，鄭賢貴．美食街的投資與管理［M］．成都：西南交通大學出版社，2008：14．

許多學者認為，企業具有一個可劃分為幾個不同階段的壽命週期。美國管理思想家伊查克·愛迪思（Ichak Adizes）就把企業的生命週期形象地比作人的成長與衰老，並且將其細分為：孕育期、嬰兒期、學步期、青春期、盛年期、穩定期、貴族期、官僚期和死亡期九個階段，每個階段的特點都非常鮮明。

（1）孕育期：創始人將經營焦點放在構思未來的可能性上，制訂和談論雄心勃勃的計劃，他們對風險的承擔意味著下一階段的開始。

（2）嬰兒期：創始人注意力已由構思可能性轉移到實際行動；銷售額的渴望驅動著這個以行動導向、機會驅使的階段；沒有多少創始人花太多的注意力在書面工作、控制、系統、規程上；他們每天工作8個小時以上，每週六七天，想自己干完所有的事。

（3）學步期：這是一個迅速成長的階段；銷售仍然受到重視；創始人這時相信他們做什麼都是對的，因為他們把所有的事情都看作機會，這常常會種下禍根；他們更願意按照人而不是職能組織企業；創始人仍然作出所有的決策。

（4）青春期：企業採取新格局；創始人雇請總運作官，但發現難以移交創業激情；企業中老員工和新員工的衝突妨礙著運作；人們具有太多的衝突，而留給顧客的時間很少。

（5）盛年期：企業按照新的圖景在控制和柔性之間建立了平衡，兼有紀律和創新；新的業務在組織中萌生，它們分別提供開始新生命週期的機會。

（6）穩定期：這是企業生命週期中第一個衰老階段；此時企業通常有穩定的市場份額，組織良好；人們趨向於保守，內部的關係網日益重要，「老好人」多了。

（7）貴族期：企業經常將錢花在控制系統、福利措施和一般設備上，講究做事的方式、穿著與稱謂，缺乏創新，拘泥傳統等。

（8）官僚期：官僚化早期企業的行為特徵有喜歡追究問題責任，內部鬥爭激烈，客戶反而被忽視，偏執狂束縛了企業；官僚化後期企業行為表現為員工在企業中的成功不是看如何令客戶滿意，而是看其政治手腕，厚厚的規程手冊、大量的文書工作、規則、政策窒息了革新和創造力。

（9）死亡期：它可能突然到來，或者持續數年；當企業無法產生所需的現金時，支出榨干所有收入，企業終於崩潰。

需要說明的是，麥迪思對企業生命週期階段的劃分是根據其靈活性和可控性的內部關係定義的，而不是按照時間、銷售、資產或雇員人數。在實踐中，中式快餐的生命週期也不是以時間而是以店面數量來計算的。中式快餐企業一旦店鋪達到200家以上，就都不可避免地出現店面收縮現象。如馬蘭拉面在發展的最高峰時曾經開到300多家店，但最後不得不關了60家店；大娘水餃的情況也跟它類似，不但關了幾十家店，還因此虧損2,000萬；在北京風靡一時的土家掉渣餅，雖然曾迅速鋪店，但仍逃不過生命週期，僅僅一年的時間就幾乎絕跡。連鎖經營協會的專家認為[1]，快餐業發展正常的模式應該是走「單店、連鎖、品牌和

---

[1] 賀帥. 中外企業銷售額懸殊，快餐連鎖業直面兩道坎［N］. 新京報，2006-11-16.

資本運作」的道路，而上述企業直接跳過了品牌，盲目擴張，後期的管理和培訓又明顯跟不上，以至於店面增加到一定程度就無法控制，只好回收。

如果從連鎖餐飲企業也是一種多點服務企業的角度來考慮，那麼薩瑟（Sasser）等人在1978年提出的多點服務企業的壽命週期理論更適合餐飲企業。該壽命週期理論與麥迪思的理論略有差別。在薩瑟（Sasser）等人的理論中，多點服務企業的壽命週期可以分為創業階段、多點配合階段、增長階段、成熟階段和衰退或再生階段（圖3.24）。在不同的壽命階段，企業成功的經營策略是不同的：在創業階段企業服務的概念和服務傳送系統都還在形成中，利潤率很低。在多點配合階段企業必須從發起人的出發地和原有特徵中蛻變出來，形成一個可以不斷複製的、類似於「蛋糕模」的格局；在增長階段，企業通過不斷複製形成許多單元；在成熟階段企業必須完成品牌的維護和延伸，利潤率最高，由於複製過程中的競爭壓力、顧客品味變化等原因，企業可能進入衰退階段，或重新考慮服務概念，進入再生階段。

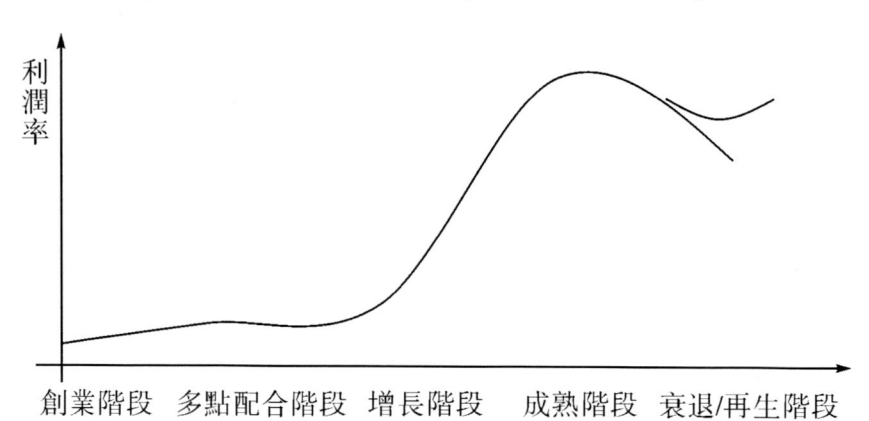

圖3.24　多點服務企業的壽命週期

摘自：麥特斯，等. 服務營運管理［M］. 北京：清華大學出版社，2004：23.

不但餐飲企業具有壽命週期，而且餐飲產品也同樣存在壽命問題。產品壽命週期一般是指產品的*市場壽命*，即一個產品從開始投入市場到被市場淘汰為止的整個時期。它是消費者從接受、

認同到拒絕產品的全過程，而不是指產品的使用壽命、經濟壽命或技術壽命。同一產品在不同細分市場所表現出來的壽命週期階段可能會不一樣。

根據產品的銷售增長率或利潤率隨時間的變化，典型的產品壽命週期可以分為開發期、投入期、成長期、成熟期和衰退期等階段。一般認為，當銷售增長率＜10%時，產品處於投入期；當銷售增長率＞10%時，產品處於成長期；當銷售增長率處在10%和－10%之間時，產品處於成熟期；當銷售增長率＜－10%時，產品處於衰退期。產品在其壽命週期的不同階段，會在市場競爭、消費者的需求、企業盈虧狀況和產品技術成熟程度等方面表現出不同的特徵。分析產品在不同細分市場所表現出來的不同壽命週期規律，對於企業確定產品開發戰略和市場競爭戰略具有重要意義。

餐飲企業的菜品壽命週期變化很大，有的菜品壽命只有短短幾個月，而有的菜品可能經歷幾百年甚至上千年的時間也沒有退出市場。一般說來，產品壽命對企業壽命是有影響的，但餐飲企業的壽命與菜品壽命之間並不是一一對應的關係：由於消費者餐飲偏好變化較快，大多數企業需要依靠不斷開發新菜品替代老菜品來保持其市場競爭力，延續企業的壽命；而少數企業即使到倒閉也是一直依靠經營少數傳統菜品來維持其市場地位的。進一步說明的是，對餐飲企業和菜品壽命的研究可以借助演化經濟學的一些理論和方法，而演化經濟學又是借鑑生物進化的思想方法研究經濟現象和行為演變規律的一門學科。

4　餐飲產業經濟學

　　產業是社會分工的產物，是介於宏觀經濟和微觀經濟之間的中觀經濟，是具有某種同類屬性經濟活動的組織集合。產業經濟學是上個世紀六十年代後期從經濟學科中分離出來的一門新興的應用經濟學，是研究產業組織、產業結構、產業關聯、產業佈局、產業發展和產業政策等問題的經濟理論。產業組織理論研究市場結構、行為和績效之間的關係，解決產業內企業的規模經濟效應與企業之間的競爭活力的衝突。產業結構理論研究產業部門結構的演變及其對經濟發展的影響。產業關聯理論側重於研究不同產業之間的中間投入和中間產出之間的關係。產業佈局理論主要研究影響產業佈局的因素、產業佈局與經濟發展的關係、產業佈局的基本原則、基本原理、一般規律、指向性以及產業佈局政策等。產業發展理論研究產業發展規律、發展週期、影響因素、產業轉移、資源配置、發展政策等問題。產業政策研究包括產業政策調查（事前經濟分析）、產業政策制定、產業政策實施方法、產業政策效果評估、產業政策效果反饋和產業政策修正等內容。

　　產業經濟學不同於發展經濟學[1]。發展經濟學是以發展中國家的經濟發展問題為研究對象的現代資產階級經濟學的一個分支。它研究發展中國家實現經濟現代化的道路，發展戰略和產業結構等問題。同產業經濟學相比，發展經濟學研究產業結構是從宏觀和總體上加以考察，而不是像產業經濟學研究產業關係更接近於國民經濟的實踐活動。兩門學科對產業問題的研究有一定的

---

[1]　鄔義鈞，邱鈞．產業經濟學［M］．北京：中國統計出版社，2001：14-15．

交叉，是一種相輔相成的關係。產業經濟學也不同於工業經濟學、農業經濟學、商業經濟學等部門經濟學。部門經濟學是研究某一具體產業的，顯然與研究所有產業的產業經濟學是有區別的。但部門經濟學和產業經濟學在內容上也是互相依賴和滲透的。

餐飲產業經濟學屬於部門（行業）經濟學的範疇，是從中觀角度研究和闡述餐飲業的管理問題，是行業管理者（包括政府機構、行業協會）工作中將要涉及的重要管理問題，也是餐飲企業經營管理人員需要把握的對經營績效有重大影響的本企業所處行業外部環境的問題。餐飲產業經濟學與一般所說的產業經濟學不同，但是它的研究需要借助一般產業經濟的理論和方法。餐飲產業經濟學的具體內容有餐飲業的特點、與其他產業的聯繫、企業的外部監督問題、餐飲公共產品與外部性的管理、餐飲市場的均衡和結構、全社會食物分配制度、如何應對通貨膨脹和經濟危機、餐飲業可持續發展問題、餐飲業發展趨勢等。

4.1 永不消失的產業

產業通常稱為行業、部門，是在社會分工的條件下生產同類產品或提供同類服務，具有密切替代關係的企業集合。根據不同的劃分標準，產業有不同的分類，比如英國經濟學家費希爾（Fisher）1935年的三次產業劃分法，聯合國1971年頒布的《全部經濟活動的國際標準產業分類索引》，各國制定的標準分類法，按生產要素的比重或依賴程度對產業進行的分類法，馬克思的生產資料和消費資料兩大部門分類法，產業生命週期分類法，社會主義國家的農輕重分類法，等等。

餐飲業是指以從事飲食烹飪加工、消費服務經營活動為主的行業，是利用餐飲設施為客人提供餐飲實物產品和餐飲服務的生

產經營性行業。餐飲業是一個古老而又充滿活力，且具有現代氣息的行業。說它古老，是因為飲食是人類賴以生存的最重要的物質條件之一，人類飲食的發展同人類本身的發展一樣歷史悠久，餐飲催生了人類的文明；說它充滿活力，是因為它伴隨著歷史的推進，菜品日益增多，服務日臻精良，規模不斷擴大，內涵越發豐富，積澱漸趨豐厚；說它現代，是因為它越來越體現著健康、科學、積極有益的就餐及生活方式[①]。

　　餐飲業大約起源於人類文明的初期，伴隨著人類社會分工的進一步細化和城市的出現逐漸發展起來。早期餐飲業的出現是為了滿足少數外出旅行者的需求，這些旅行者經常食宿於廟宇或當地居民家中，但廟宇和居民不是靠提供餐飲產品謀生。隨著商品異地交易的興起，在交通要道和城市出現了專門為商人提供食宿而謀生的客棧。加之人口在城市的集中為餐館提供了生存所需的市場，人們出於社交需要、節約時間、減少烹飪勞作和改善飲食的目的外出就餐需求逐漸增加，餐飲業迅速發展起來。餐飲業的發展受到歷史文化、氣候環境、經濟發展水準、宗教信仰和傳統習慣等諸多因素影響。餐飲業從古代最簡單的路邊攤、小吃店，發展到後來的小餐館、快餐廳以及高級餐廳，甚至公司、機關內部的員工餐廳，以及現代時興的休閒式茶房、酒吧、咖啡館和飲料店，不僅時間長，而且內涵豐富。

　　從構成部分看，現代餐飲業主要包括以下三大類：

　　（1）賓館、酒店、招待所、度假村、公寓和娛樂場所中的附屬餐飲部，如各種風味的中西餐廳、酒吧、咖啡廳、露天茶座等；

　　（2）各類獨立經營的餐飲服務機構，如社區餐廳、酒樓、茶館、快餐店、小吃店、酒吧、咖啡屋等；

　　（3）企業、事業單位餐廳及一些社會保障與服務部門的餐飲

　　[①] 參見教育部認證國家金獎本科課程「餐廳服務與管理」。

服務機構，如職工食堂、監獄餐廳、醫院餐廳、軍營飲食服務機構。

為了方便餐廳評估和督導，國內餐飲業大致可分為「旅遊飯店」、「餐廳」、「自助餐和盒飯業」、「冷飲業」及「攤販」五大類。

餐飲業的特點主要體現在以下八個方面：

(1) 餐飲業的地方性。餐飲業帶有強烈的地區文化特點，主要體現在餐飲企業的經營尤其是餐飲產品必須適應當地的飲食習慣和口味特點。儘管由於目前不同區域人群的交往增加，各地也呈現出飲食文化交融的現象，但是，餐飲消費仍然具有很強的地方性，同一區域內仍然存在著主流餐飲。適應當地的飲食文化習慣和口味特點是餐飲產品創新的「靈魂」，也是搞好餐飲經營的重要法則。

(2) 客源的廣泛性。餐飲業的服務對象是由各種不同的消費群體組成的，既包括國內、外的旅遊者，也包括機關團體、企事業單位和當地居民。客源分佈的廣泛性創造了多樣化的需求，從而為餐飲企業創作特色和進行差異化競爭創造了條件。

(3) 餐飲業的依賴性。餐飲業的發展規模和速度在一定程度上是建立在社會經濟和旅遊發展基礎上的。餐飲的市場基礎是當地居民，因此，所在地區居民可支配收入越多，他們外出用餐的頻率和消費水準就越高；商務活動和社會交往越頻繁，對餐飲產品的需求量就越大。一個地區或城市的旅遊業越發達，作為旅遊業重要組成部分的餐飲業就越發達。此外，餐飲業的發展與農業和食品工業的發展也是密切聯繫的。

(4) 餐飲銷售活動的波動性和間歇性。餐飲企業的銷售活動受地理位置、交通條件、政治經濟變化、旅遊業的發展和波動，以及季節、氣候等多方面因素的影響而不穩定。即使每天的營業時間也有高峰時段和低峰時段。比如，學校周邊的餐飲企業受到寒暑假的影響每年有兩到三個月的淡季。

（5）餐飲市場的可進入性。從投資角度看，除了少量的商鋪租金、裝修費和日常流動資金外，餐飲業沒有太大的資金壁壘，從幾萬元到幾十萬元都可以開一家餐館。當然，具有相當規模和檔次的餐飲企業也可能需要幾百萬元或上千萬元。從技術條件角度看，餐飲企業並非高技術產業，直到今天依然是一個以手工勞動為主的產業，其生產過程具有一定的經驗性，所以也沒有太高的技術壁壘。

（6）投資主體多元化。所有制形式的多樣化表現為，既有國營、集體、私營和個體餐館，也有外資、合資餐飲企業①。據中國統計年鑒2007年的數據，當年餐飲業中限額以上法人企業數有14,070個，其中內資企業13,090個（主要有私營企業9,226個，國有企業569個，集體企業427個），港澳臺商企業458個，外商投資企業522個。

（7）餐飲市場投資的風險性。由於客源市場的需求動向、方式以及數量會受到多種因素的影響，因此對餐飲市場的把握和適應就變得比較困難。餐飲產品本身具有很強的模仿性，很少有專利保護，餐飲企業間的競爭往往是在短暫的創新後相互爭奪共同的目標市場，必然導致一部分餐飲企業倒閉或轉手。以上因素均對餐飲企業構成很大風險。根據日本、臺灣餐飲業內人士統計，當地餐飲企業的破產率為50%。

（8）經營毛利率高，資金週轉快。據業內人士透露，餐飲業的毛利率一般在50%以上，遠遠高於其他行業。由於消費者大多數是在餐後立即買單，企業所需的固定投資和流動資金少，占流動資金大頭的原料庫存消耗快，餐飲企業的資金週轉非常快。

幾千年來，餐飲業已經逐步發展成為國民經濟生活中的一個重要行業，其社會地位具體表現在以下四個方面：

（1）能夠提高國民身體素質，改變人們的生活方式。毫無疑

---

① 餐飲經營者和投資人往往合二為一，出現許多家族經營的小餐館和大企業。

問，餐飲在很大程度上決定了國民的身體素質。餐飲業的發展逐步改變了人們的日常消費模式和消費結構，越來越多的人把外出就餐作為一種新的生活方式和一種娛樂來對待。經濟越發達，社會交往越頻繁，家務勞動社會化程度越高，就越能發揮餐飲在改變人們的生活方式和消費結構上的作用。

（2）解決就業問題。世界各國大多數餐飲企業仍然以手工操作為主，極少使用機械化設備，對從業人員的技術水準和文化水準要求不高，這就使得餐飲業可以吸納大量的勞動力。目前，中國餐飲就業人數逾 2,000 萬，每年新增就業崗位 200 多萬個。顯然，餐飲業的不斷壯大，能夠為社會提供大量的就業機會，為解決再就業問題作出積極的貢獻。

（3）創造 GDP、拉動經濟發展。比如，2007 年 1－11 月份，全國住宿與餐飲業零售額累計實現 11,131.3 億元，同比增長 18.9%，比上年同期增幅高出 2.7 個百分點，占社會消費品零售總額的 13.9%，拉動社會消費品零售總額增長 2.6 個百分點，對社會消費品零售總額的增長貢獻率為 15.7%。

（4）帶動相關產業的發展。餐飲業的發展和繁榮也帶動了建築業、農業、食品工業、製造業、教育培訓業和旅遊業等上下游產業的發展，對其他產業的貢獻可用 4.2 節介紹的「投入產出法」來衡量。

近幾年來，世界餐飲業得到了迅猛的發展，日本餐飲管理專家市川治平認為有以下原因[①]：

（1）夫婦均外出就業的家庭增加；
（2）單身者增多；
（3）消費者生活內容的變化；
（4）食物材料變得昂貴以至自己做飯反而不經濟；
（5）餐飲業者的努力。

---

① 市川治平．餐飲業繁榮經營 88 要訣［M］．臺北：經濟日報社出版，1987：1.

那麼，餐飲業有可能被其他產業替代而消失嗎？這就要考慮餐飲業與其直接競爭的行業——食品工業的發展狀況①。

人類從食品飲料中獲得能量和養分。除了鮮食外，食品、飲料主要是通過將少數可食用的動植物和糧食通過烹飪和工業生產兩個途徑獲得（圖4.1）。在古代社會，烹飪和食品加工是一個概念，均局限於家庭範圍。隨著生產力的發展和社會分工的細化，儘管一些傳統食品還在家庭手工作坊中生產，但大部分食品的生產逐漸走出家庭，轉而集中於大工廠生產。尤其是在現代商品社會，烹飪和食品加工則分屬於餐飲業和食品工業兩個產業部門。在西歐、北美和日本等發達國家，食品工業已經成為國民經濟中的主導產業。美國整個食品工業每年新雇傭的職工占總新雇傭人數的 1/7 以上，這個數字比鋼鐵、汽車、化工、交通、公用和採礦業新雇傭的總人數還要大。可見，食品工業已經成為一個國家是否發達的重要標誌，與餐飲業一樣會影響國民的身體素質和健康水準。

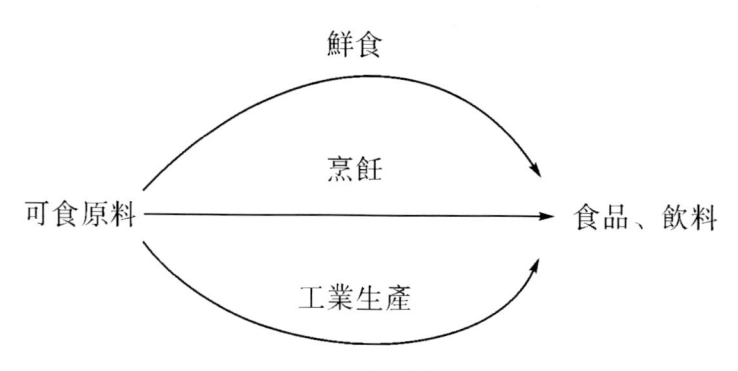

圖 4.1　食品、飲料的生產途徑

由於採取大規模生產能夠降低成本，以及產品能夠長期保存和遠距離運輸，食品工業可以比烹飪擁有更廣闊的消費市場。即使是餐飲業，也盡可能依賴經過初級食品加工的原料來縮短烹製時間、降低成本和簡化操作。此外，隨著人們營養衛生觀念的增

---

① 大食品工業的概念是把餐飲業納入其中的，本書則將這兩個概念分開。

強，生活工作節奏的加快，勞動力成本的增加，食品機械製造、化學工業和包裝材料的發展，生物科學技術的興起均可能使人們更加偏好於現成的、或經過簡單烹飪就可食用的工業化生產的食品，這就更加擴大了食品工業產品的需求市場。上述因素也可能使食品工業比餐飲業發展得更大、更好和更快，而餐飲業則相對萎縮。但是烹飪和食品工業的互補性使得餐飲業在未來數百年、甚至上千年內很難完全消失。

4.2 與其他產業的聯繫

餐飲業主要與農業、食品工業、旅遊業，以及包含旅遊業的休閒產業有較為密切的聯繫。農業是通過培育動植物生產食品及工業原料的產業，包括種植業、林業、畜牧業、漁業和副業。食品工業是將食物原料經過儲藏、加工和包裝後獲得可食產品的工業，是從烹飪加工中派生出的、以機械加工食品、以大規模生產方式為特徵的產業。旅遊業是為旅遊者提供旅程服務的行業。休閒業是指與人們工作以外的休閒活動相關的產業，如旅遊、娛樂、影視和體育運動等產業。

餐飲業與其上游產業中的農業聯繫最為緊密，表現為兩種產業之間的相互依存關係：

（1）農業為餐飲業提供原料，農業中剩餘勞動力一部分會直接轉移到技術含量較低、勞動密集型的餐飲業；

（2）餐飲業的發展和需求改變反過來也會對農產品的銷售和生產產生重大影響。

由於農產品的品種、質量、數量和價格將影響到餐飲產品的種類、品質、數量和成本，餐飲業可以通過前向控制來保證自身的利益和發展，即餐飲企業通過對農副產品生產商和供應商的管理、合作經營，甚至一體化來保證自身的利益。

餐飲業與食品工業之間的相互影響也表現在兩個方面。一方面，餐飲業可以使用食品工業的產品，如飲料、調味品、罐頭食品、烹調油脂等；食品工業的發展可以推動餐飲業的發展，比如利用現成的工業生產食品可以縮短對就餐者的服務時間；餐飲業如果進一步按照工業化模式進行生產，就可能成為食品工業的一部分。另一方面，餐飲業的發展可能會對食品工業的某些部門構成威脅，比如餐飲業的低成本、高質量和個性化經營會對方便食品構成替代威脅。在古代社會中，食品工業極其落後，餐飲業可以不依靠食品工業而生存；在現代社會中，餐飲業和食品工業相互促進、相互競爭，兩者之間的聯繫也日趨緊密。

餐飲業和旅遊業、休閒業之間也是相互依存的關係。作為旅遊業食、住、行、遊、購、娛六大要素中的重要組成部分，旅遊業離不開餐飲業的支持。提高餐飲服務質量、改善餐飲設施是提高旅遊、休閒服務質量的重要手段。餐飲業不僅僅是一種旅遊的基礎設施，而且它本身就是一種重要的旅遊資源，吸引著各地的旅遊者。自古以來，餐廳是人群聚集的點，餐飲業的流傳與發展已經形成民族文化的一部分，甚至發展成為一個區域性的特色觀光旅遊點，如法國和義大利，皆因獨特的餐飲美食而成為國際旅遊觀光聖地。反過來，旅遊業、休閒業的發展為餐飲業帶來了消費者，並且不同地方的消費者可以為本地餐飲業的進一步發展提供建議。

餐飲業與農業、旅遊業、休閒業和食品工業之間在產品、勞務、技術、價格和投資方面的相互聯繫可以用「投入產出法」從數量上進行分析。投入產出法是研究經濟體系（國民經濟、地區經濟、部門經濟、公司或企業經濟單位）中各個部分之間投入與產出的相互依存關係的數量分析方法，又稱為「投入產出分析」或「部門間平衡經濟數學模型」，是系統工程的一種重要建模方法。

投入產出法是美國經濟學家列昂惕夫（Leontiev）首先提出

的。但與這一類模型有聯繫的早期研究可追溯到奎奈（Quesnay）1758年發表的《經濟表》，數理經濟學派代表人物瓦爾拉斯（Walras）1874年在《純粹政治經濟學要義》一書中提出的一般均衡模型，以及俄國經濟學家德米特里耶夫（Dmitriev）1904年提出的計算產品完全勞動消耗的思想和公式。在前人工作的基礎上，列昂惕夫在1936年發表的《美國經濟系統中的投入與產出的數量關係》一文中正式提出投入產出法；1941年發表了《美國經濟結構（1919—1929）》一書，詳細地介紹了「投入產出分析」的基本內容；1953年出版了《美國經濟結構研究》一書，進一步闡述了「投入產出分析」的基本原理和發展。20世紀50年代以後這種方法逐漸得到世界各國的普遍採用。1973年他因此獲得諾貝爾經濟學獎。目前世界上已有90多個國家編製了投入產出表，已經使用的也有多種類型的投入產出模型。中國在1974—1976年編製了第一個全國性投入產出表。

投入產出表是用來反應各種產品生產投入來源和去向的一種表格，從計量方法上分為價值表和實物表兩種形式，從時間上又可分為靜態投入產出表和動態投入產出表——前者用來說明本時期的生產和消耗部門間的平衡關係和最終產品的去向，後者用來分析累積和擴大再生產的關係。投入產出表的橫向反應了各部門總產品按經濟用途的消耗情況（表4.1）。各部門生產的總產品分為中間產品和最終產品兩部分：中間產品指本時期內在生產領域尚需作進一步加工的產品，最終產品指本時期內在生產領域已經最終加工完畢可供社會消費和使用的產品。

在投入產出分析中經常使用四個重要概念：直接消耗系數、完全消耗系數、感應度系數和影響力系數。直接消耗系數是某個部門生產單位產品所消耗的各部門產品的數量或價值。部門之間除直接消耗外，還要通過中間產品消耗某一產品，這種消耗叫做間接消耗，而完全消耗系數是某個部門生產單位產品所需的直接消耗和間接消耗的總和。感應度系數表示，如果各個部門都增加

表 4.2　1997 年中國 40 部門投入產出表

單位：萬元（按當年生產價格計算）

投入 \ 產出		農業	食品製造及菸草加工業	商業	飲食業	社會服務業	……	中間使用合計	最終消費			最終消費合計
	代碼	01	06	30	31	35		TIU	居民消費合計		政府消費 FU103	TC
										THC		
中間投入	農業	4.E+07	6.E+07	8.E+05	5.E+06	5.E+05		1.E+08	1.E+08		0.E+00	1.E+08
	食品製造及菸草加工業	2.E+07	2.E+07	3.E+06	7.E+06	2.E+06		5.E+07	8.E+07		0.E+00	8.E+07
	商業	4.E+06	5.E+06	9.E+06	1.E+06	2.E+06		7.E+07	2.E+07		0.E+00	2.E+07
	飲食業	1.E+05	3.E+05	2.E+06	3.E+04	8.E+05		1.E+07	1.E+07		0.E+00	1.E+07
	社會服務業	1.E+06	2.E+06	5.E+06	5.E+05	4.E+06		4.E+07	1.E+07		6.E+06	2.E+07
	……											
	中間投入合計	1.E+08	1.E+08	5.E+07	1.E+07	3.E+07		1.E+09	4.E+08		9.E+07	4.E+08
增加值	固定資產折舊	6.E+06	5.E+06	6.E+06	3.E+05	4.E+06		1.E+08				
	勞動者報酬	1.E+08	1.E+07	3.E+07	4.E+06	1.E+07		4.E+08				
	生產稅淨額	4.E+06	1.E+07	1.E+07	1.E+06	2.E+06		1.E+08				
	營業盈餘	7.E+06	9.E+06	1.E+07	3.E+06	3.E+06		1.E+08				
	增加值合計	1.E+08	4.E+07	6.E+07	8.E+06	2.E+07		8.E+08				
	總投入	2.E+08	1.E+08	1.E+08	2.E+07	6.E+07		2.E+09				

資料來源：中華人民共和國國家統計局．中國統計年鑒[M]．北京：中國統計出版社，2007．

註：原表太長，本書只選取了部分。

生產一個單位的最終產品，某一產業部門受此感應而產生的需求程度。影響力系數則反應了某一產業部門最終需求增加一個單位時對各部門的需求波及程度。

投入產出法在經濟分析和計劃工作中均有重要應用。在經濟分析方面，它主要用於：

（1）研究和確定國民經濟中許多重要的比例關係，如累積和消費的比例關係，農、輕、重的比例關係等；

（2）研究最終需求項目的變動對各部門產值、勞動報酬和社會純收入數量的影響；

（3）分析工資、稅收變動對各部門產品價格的影響；

（4）分析某個部門或某些重要產品價格變動對其他部門價格的影響；

（5）能耗分析；

（6）研究環境保護和水資源的利用問題等。

可見，我們可以用投入產出法分析餐飲業與農業、食品工業、旅遊業、休閒產業甚至其他產業之間的發展關係。2008年，筆者有幸受中國烹飪協會邀請前往沿海某地參與當地餐飲業的考察和認定工作。該地工業相當發達，各項經濟指標位居全國前列，同時享有「廚師之鄉」的美譽，有餐飲企業400餘家，餐飲從業人員8,000人，年銷售額1.6億元以上。當地負責人出於解決本地農產品的銷售問題、大力發展旅遊業和工業受到西方金融危機影響等原因，希望尋求新產業出路等方面的考慮，有意大興土木，興建一個囊括四海美食的餐飲城。筆者用投入產出法做了粗略分析後指出，由於餐飲業產值在當地國民經濟中所占比例極小，並且對本地其他產業的依賴比較小，餐飲業對本地經濟發展的拉動作用是有限的，從投入產出效率角度來看，政府大力支持餐飲業的發展是不劃算的。

4.3　令人頭疼的企業監督

2006年中國烹飪協會有關負責人指出[1]，中國餐飲業在資質、原材料、包裝運輸、生產和監管五個方面存在衛生安全問題。

（1）餐飲企業無證經營現象普遍。一些小型餐飲店、街頭商販和社區網點在沒有辦理任何證照的情況下就開業經營，也沒有為接觸食品的生產人員辦理「健康證」。單位食堂因不對外營業，不用辦工商執照和許可證，成為衛生問題的空白點。

（2）進貨渠道混亂，不到衛生部門指定的定點單位進購放心原材料，甚至是用變質的原材料加工食品，如潲水油、私宰豬等，摻假造假，使用非食用原料添加劑。

（3）一次性包裝二次使用、一次性餐具回收再用。

（4）許多小型餐飲企業生產場地的衛生情況令人擔憂，沒有涼菜間，生熟混放，共用砧板造成交叉污染。

（5）由於餐飲業發展迅速，而監管部門的力量遠遠不夠，導致管理真空的出現。

餐飲業涉及的範圍較廣，負責衛生管理的政府部門不少，但政出多門，容易出現管理不到位的情況。在處罰上，除了發生較為大型的衛生安全事故，一般的處罰手段都是以責令整改和罰款為主，不足以對違規者構成威懾力。

除了衛生安全問題外，在餐飲行業中無論是高檔餐飲企業還是街邊小店普遍存在著價格詐欺、缺斤少兩、霸王服務條款、偷稅漏稅、環境污染（主要有油煙、餐桌和廚房剩餘物，以及噪聲污染）等諸多問題。這些問題存在的主要原因有：

（1）餐飲業的進入門檻較低，導致大量管理水準、服務質

---

[1] 周芙蓉. 中國餐飲業存在5大衛生安全問題 [OL]. 新華網，2006-11-22.

意識和遵紀守法意識均較低的中小餐飲企業和個體餐館長期不規範運作；

（2）餐飲業所涉及的管理和技術知識並不像普通人想像的那麼簡單，加之營業時間長且不確定、餐飲產品的特殊性和經營場所的分散性都增加了問題被發現的難度；

（3）管理部門條件有限，監管法規不完善①，對餐飲企業的管理水準和監管力度低下，許多地方存在監管盲區。

從全世界範圍來看，即使是在法律相當完善的西方發達國家，上述問題也是普遍存在的。比如，美國人艾里克就曾著書揭露快餐國家的黑幕。

顯然，餐飲業問題產生的原因往往不屬於純技術層面，而是管理制度層面的。因此，我們有必要重新審視現有的監管制度。對餐飲企業的監督主體有消費者、行業協會和政府相關部門。儘管可以「用腳投票」，但是由於進行監督所需的知識、信息、時間、精力、手段，以及從監督中獲得的利益有限，消費者對餐飲企業的監督作用仍然是有限的。而代表消費者和大多數企業利益的行業協會和政府相關部門對餐飲經營者具有較大的獎懲權力，具備相應的管理技術條件，應該成為餐飲業監管的主力軍。中國參與餐飲企業監管的政府部門主要有：衛生行政管理部門、工商行政管理部門、城管部門和公檢法部門。有人把餐飲行業中的問題歸結為這些監管部門的不作為而倍加責備。實際上，由理性人構成的監管部門和餐飲經營者行為之間的博弈可能是餐飲問題產生的主要原因之一②。

博弈論是由美國普林斯頓大學的數學家諾依曼（Neumann）和經濟學家摩根斯坦（Morgenstern）創立的。著名經濟學家薩繆

---

① 2006年，商務部指出，中國餐飲業儘管發展很快，但還存在著制約發展的六個方面的問題，其中就包括「餐飲業政策法規與標準建設相對滯後」。

② 本文不準備討論監管者和被監管者在侵害消費者利益中的勾結行為，對該行為的解釋可參見經濟學中的「尋租理論」。

爾森說：「在現代社會，你必須對博弈論有一個大致的瞭解，才配稱為一個有文化的人。」博弈論本身是數學的一個分支，目前已經演變為一種常用的經濟分析方法。通過對監管者和被監管者行為的經濟動機的博弈分析，也許我們能夠找到解決諸多問題的有效辦法。

假設我們把餐飲企業出現衛生安全、價格詐欺、缺斤少兩、霸王服務條款、偷稅漏稅、環境污染等問題視為違規行為，違規行為的額外收益為 R。如果被監管部門查處的罰款為 C，則當 $R-C>0$ 時，餐飲企業有違規的動機。但是，違規餐飲企業並不總是被查處，假設被查處的概率為 P（$0 \leqslant P \leqslant 1$），那麼即使罰款 C 極大（即 $C \gg R$），在某種條件下餐飲企業仍然有違規的可能，該條件為 $R-PC>0$，即 $P<\dfrac{R}{C}$。事情真的這麼簡單嗎？讓我們用博弈論的方法來分析一下餐飲企業的違規動機和監管部門的檢查動機。

假設餐飲企業違規，在監管部門檢查條件下有期望額外淨收益 $R-C$，不違規額外淨收益為 0。監管部門在企業違規條件下檢查有淨收入 $C-D$[①]，其中 D 為檢查成本，不檢查收入為 0，則有下面的收益矩陣。

	檢查 監管部門	不檢查
違規 餐飲企業	$R-C, C-D$	$R, 0$
不違規	$0, -D$	$0, 0$

圖 4.2　收益矩陣

如果餐飲企業被監管部門查處的概率為 P，那麼，無論是否被查處，餐飲企業違規的期望額外淨收益為 $P(R-C)+(1-P)R$

---

① C 作為罰款收入，按國家規定應上交國庫，考慮到國家要對監管部門工作發放薪酬和給予獎勵，此處直接將 C 作為國家給予監管部門的獎金和薪酬。

$= R - PC$。但監管部門並不清楚餐飲企業是否違規，假設餐飲企業違規的概率為 Q，那麼，監管部門檢查的期望淨收入為 $Q(C-D)+(1-Q)(-D) = QC - D$。也就是說，只有在 $QC - D > 0$ 時，監管部門才有檢查的經濟動力。

從餐飲企業和監管部門博弈的收益矩陣來看，餐飲企業不違規，監管部門同時不檢查的狀況是很難出現的。在實踐中，既要增加監管部門的檢查，又要減少餐飲企業的違規行為。因此，要防治餐飲企業的違規行為，從減少餐飲企業違規動機和增加監管部門檢查的經濟動機來看，監管部門有兩個措施可以參考：一種方法是加大處罰力度，即提高罰款 C；另一種辦法是提高違規企業被查處的概率 P。

先來說加大處罰力度，如果 C 大到使餐飲企業傾家蕩產，那麼即使較小的查處概率 P 也可以杜絕企業的違規行為。但是，行政長官可能考慮到地方稅收和就業問題，甚至可能收受違規企業的賄賂，並不希望看到企業倒閉。因此，C 不可能無限大。

再來說查處概率 P，監管部門提高檢查頻率或檢查能力，就可以提高 P。但是，提高檢查頻率或檢查能力顯然會投入更多的資源，使檢查成本 D 大大增加。監管部門的檢查頻率設為 N，檢查成本 D 與 N 成正比，即 $D = kN$ 表示，式中 k 為係數。假設政府並不想投入更多的財政支出來加強對餐飲企業的監督，用監管部門的罰款來維持機構運轉，那麼只有當 $QC - D = QC - kN > 0$（至少要等於零）時，監管部門才有設立的經濟基礎和檢查的經濟動機。但是，監管部門用罰款來維持機構運轉也存在一定問題，那就是可能造成監管部門濫用職權的問題，甚至監管部門和餐飲企業相互勾結，共同侵害消費者的利益。如果不用監管部門的罰款來維持其機構運轉，那麼納稅人每年應該拿出多少錢來支持監管部門的工作？這真是一個頭疼的問題。

更讓人頭疼的問題是，餐飲企業出現的某些問題有時候並非餐飲企業自身造成的，這就增加了監管部門檢查和處罰的難度。

比如，越來越受到社會關注的食品衛生安全問題就可能是由原料供應鏈上某個（些）環節造成的，原料的污染問題就有原料生產中的污染、原料運輸和保管中的污染、原料加工成食品過程中的污染等情況。這就給餐飲企業開脫罪責提供了機會，同時也說明，食品衛生安全的管理是全社會的事情，需要各部門通力合作才能管理好。而如果各國政府的行政效率低下、部門協調能力差，並且缺乏有效的自身監督機制都會給全世界食品衛生安全蒙上陰影。

4.4　公共產品與外部性的管理

　　薩繆爾森是現代福利經濟學中公共產品理論的奠基人。1954年薩繆爾森發表了一篇著名的論文《公共支出的純粹理論》，該論文給出了公共產品的經典定義。根據薩繆爾森的定義，公共產品是為絕大多數人共同消費或享用的產品或服務，具有兩個本質特徵：非排他性和非競爭性。非排他性是指某些產品投入消費領域，任何人都不能獨占專用，而且要想將其他人排斥在該產品的消費之外，不允許他享受該產品的利益，是不可能的，所有者如果一定要這樣辦，則要付出高昂的費用，因而是不划算的，所以不能阻止任何人享受這類產品。非競爭性有兩方面含義：①增加一個消費者對供給者帶來的邊際成本為零；②邊際擁擠成本為零，即每個消費者的消費都不影響其他消費者的消費數量和質量。

　　公共產品可分為純公共產品和準公共產品。純公共產品是指那些為整個社會共同消費的產品。嚴格地講，它是在消費過程中具有非競爭性和非排他性的物質產品和各種公共服務。純公共產品還具有非分割性，它的消費是在保持其完整性的前提下，由眾多的消費者共同享用的。準公共產品亦稱為「混合產品」，這類

產品通常只具備非競爭性和非排他性兩個特性中的一個,而另一個則表現不充分。

與上述公共產品相對應的是私人產品,即某人消費增加一個單位必然會使他人的消費減少一個單位的商品。私人產品也可以分成兩類,即「純私人產品」和「俱樂部產品」。純私人產品是指那些同時具備排他性和競爭性特徵的產品,包括大多數私人產品。此外還有一類稱為俱樂部產品,這是指在某一範圍內由個人出資,並在此範圍內的所有個人都可以獲得利益的產品,如消費合作社等。

公共產品(尤其是準公共產品)如果管理不善就會導致這種資源的過度使用,即通常所說的「公地悲劇」。公地悲劇是哈定(Hadin)於1968年在《科學》雜誌上發表的文章《Tragedy of Commons》中提出來的。當草地向牧民完全開放時,就成為一種公共產品。如果多養一頭牛增加的收益大於其購養成本,那麼每個牧民都想多養一頭牛。儘管因為所有牛的平均草量下降,增加一頭牛可能使整個草地的牛的單位收益下降,但對於單個牧民來說,他增加一頭牛是有利的。如果所有的牧民都看到這一點,都增加一頭牛,那麼草地將被過度放牧,從而不能滿足牛的需要,最終導致所有牧民的牛都餓死。

餐飲業中也存在公共產品,比如管理部門默許的免費占道經營,以及餐廳中的公共區域就是準公共產品。為了免費占道經營,臨近餐館之間甚至大打出手。儘管道德上不允許在公共場所大聲喧嘩,事實上經常可以看到,在餐館大廳中少數消費者大聲交談如果沒有受到服務人員的有效制止,就會讓周圍的消費者也跟著大聲說話才能相互聽見,以至於大家都沒有好心情就餐。這就是為什麼許多餐廳要將公共區域分割成包間的原因之一。包間實際上是將餐廳這個準公共產品變成了純私人產品,從而避免「公地悲劇」。

公共產品一般由政府供給,但在某些情況下由私人供給更有

效率。公共產品私人供給的必要性在於現實世界中的「政府失敗」。政府作為一種制度安排，其自身的運行以及向公眾提供公共服務和產品同樣存在交易成本的問題。由於政府系統缺乏明確的績效評估制度，其成本和效率較私人部門難以測量。再者，官員也是理性的經濟人，政府在提過公共產品過程中也難免存在特殊利益集團的「尋租」現象。這些都可能導致政府提供公共產品的交易成本甚至比市場制度昂貴，表現為現實中政府的種種「政策失敗」。

與所有經濟活動一樣，餐飲業中同樣存在外部性問題（這在2.6節已經作了部分介紹）。外部效應使得私人收益與社會收益之間、私人成本與社會成本之間發生差異。當存在外部性時，市場對商品的配置是缺乏效率的。具有正外部性的產品，市場供給不足。因為個人或廠商在決定生產多少時，只考慮自己獲得的收益，而不考慮是否會給別人帶來好處。這樣，具有正外部性的產品生產，其私人收益就低於社會收益，從而由私人邊際收益和邊際成本決定的私人最優產量（市場供給）就低於由社會邊際收益和邊際成本決定的社會最優產量。與市場對於具有正外部性的產品供給不足相反，市場對於具有負外部性的產品供給過量。因為生產者在決定生產多少時只考慮自己實際面對的成本，不考慮給別人造成的成本。這樣，具有負外部性的產品生產，其私人成本就低於社會成本，從而由私人邊際成本和邊際收益決定的私人最優產量（市場供給）就高於由社會邊際成本和邊際收益決定的社會最優產量。

以美國經濟學家羅納德·科斯為代表的產權經濟學家指出，只要明確界定了產權，經濟行為主體之間的交易行為就可以有效地解決外部性問題。他們認為，政府應當首先明晰產權，一旦產權明晰，若交易費用為零，市場交易就可以確保有效率的結果，而產權分配方式不影響經濟效益，僅影響收入分配。這就是著名的「科斯定理」。科斯定理的魅力在於它將政府的作用限定在最

小範圍之內：政府只不過是使產權明晰，然後交由私人市場去取得有效率的結果。但是交易費用為零的假定是很不現實的。為了進行市場交易，有必要發現交易對象，交流交易的願望和條件，以及通過討價還價的談判締結契約，特別是督促契約條款的嚴格履行，等等。這些操作的成本常常是非常高昂，至少會使許多在零交易費用體制中可以進行的交易化為泡影，特別是當交易涉及很多交易方時，尤其如此。於是，「一體化」和政府干預兩種解決外部性問題的替代市場的方式便繁榮了起來。

一體化方式，即外部性經濟活動中影響與被影響雙方聯合組成新企業的方式。這一方式取消了外部性經濟活動中影響與被影響雙方的市場交易，省去了市場交易費用，使一些因市場交易費用過高，依靠市場機制不能解決的外部性問題可能解決。但是這並不意味著一體化的組織成本一定低於市場交易成本。一體化的組織成本可能很高，尤其是當有許多不同活動集中在單個組織的控制之下時更是如此。一般地，在很難締結市場契約、很難描述當事人同意做什麼和不同意做什麼的情況下，一體化方式才有可能被採用。

比如，在一棟臨街二層樓房中，一樓被一家生意興隆的餐飲企業租賃，二樓被一家瀕臨破產的貿易公司占據。貿易公司在樓下就近招待客戶固然很方便，但是餐飲企業的油烟和消費者就餐的吆喝聲經常攪得二樓貿易公司不能正常工作。兩家企業負責人為此沒有少交換過意見，問題一直很難解決。後來，餐飲企業老板乾脆出資把貿易公司吞並，雖然再沒有人抗議餐飲污染，但由於餐飲企業老板不懂貿易管理，貿易公司虧得更多了。

雖然市場機制和一體化方式可以解決外部性問題，但是對於大多數外部性，特別是與環境有關的外部性問題，還需要政府更多的積極干預。這種干預可以採取的形式包括規制、庇古稅、補貼以及創建外部性市場（可以出售的許可證制度）。規制是指政府強制性地規定人們必須做什麼或不得做什麼，若違反，則給予

相應懲罰。對於具有負外部性（或正外部性）的經濟活動或產品，通過徵稅（或補貼），改變私人邊際成本（或私人邊際收益），使之與其社會邊際成本（或社會邊際收益）基本一致，糾正市場失靈。可以出售的許可證制度的核心是政府（或其他機構）創建「污染權」市場，買賣賦予污染者有代價污染環境的權利。

4.5 餐飲市場的均衡和結構

一說到「市場」，許多人就會很自然地想到菜市場、工業品交易中心等地方，認為市場就是商品交易的場所。經濟學對市場的定義有狹義和廣義兩種。狹義的市場是指在一定時期某個區域範圍內對商品具有購買慾望和貨幣支付能力的現實和潛在購買者的總和，該數量決定了市場的大小，或者說容量或規模。狹義餐飲市場的大小不僅取決於地區人口的數量，更重要的是取決於人口的購買慾望和購買能力。廣義的市場不僅是指商品買賣的場所、商品的購買者，還包括商品的供給者，以及供給者和購買者之間的交易行為。

當商品的需求曲線 DD 和供給曲線 SS 相交的時候，我們就稱市場供求達到了均衡（圖 4.3）。此時的價格 P_0 稱為均衡價格，供給量（或需求量）Q_0 稱為均衡供給量（或均衡需求量）。市場供求均衡的情況是很少見的，這就導致了市場價格的波動。從長期來看，正是市場價格這只看不見的手使市場的供求狀況趨於均衡。當價格高於均衡價格，市場需求減少，供給增加，最後價格回落到均衡價格；當價格低於均衡價格，市場的需求增加，供給減少，最後價格又會上升到均衡價格。在實際生活中我們經常會看到，經過一些餐飲企業的遷入或遷出，一定區域內的餐飲企業數量和營業規模最終會趨於穩定，這實際上就是當地餐飲市場的

供求達到均衡的結果。

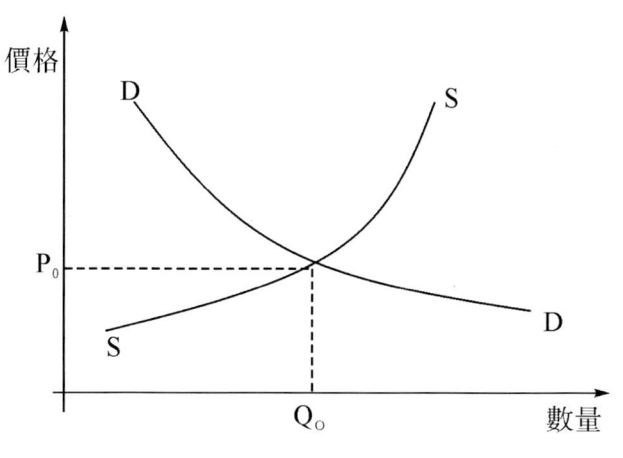

图 4.3　供求均衡

在市場經濟國家中幾乎無人刻意去改變市場價格與供需數量之間自動建立的函數關係①。而計劃經濟國家經常通過行政手段干預市場價格，以期調控市場商品供需數量，但是違背經濟規律的行為其結果往往很尷尬。比如，2007年的一段時間內作為蘭州市普通人早餐首選的拉面價格扶搖直上，政府物價管理部門迫於廣大消費者對漲價的不滿，出抬了每碗拉面的收費標準，強行要求商家降低價格。結果是，在人為扭曲的低價格下，願意按標準供應拉面的商家數量減少了，每碗拉面的分量也經常達不到規定的標準，普通消費者和商家雙方都不滿意了②！

市場供求均衡的波動要受到很多因素的影響，其中一個容易被人忽略的因素是供求雙方信息的不對稱。1990年美國管理學宗師彼德·聖吉（Peter M. Senge）在其風靡全球的《第五項修煉》

---

① 儘管少數企業可能通過控制市場上商品的供給數量來改變價格，但不能改變商品價格與市場供需數量之間自動建立的函數關係。

② 早在公元301年，羅馬帝國皇帝戴克里先就用限價令來制止當時的物價飛漲，結果不但因為一大批價格監管官員的存在增加了價格成本，而且毀掉了貿易商、手工業者和農民的生產積極性，使整個羅馬陷入了更嚴重的經濟危機。馬丁·霍爾納格．貨幣戰爭 [M]．天津：天津教育出版社，2008：15．

一書中提到過一個著名的「啤酒游戲」。一家酒廠推出新款啤酒，大受市場歡迎，於是各個批發商和零售商爭相向廠家訂貨。但廠家生產能力有限，不能全部滿足訂貨要求，也不願意得罪商家，於是採取凡訂貨10箱就給5箱應付。很快商家知道這個秘密，就誇大訂貨數量，原本要5箱啤酒，現在就改為要10箱甚至20箱啤酒。廠家並不知道真實情況，於是擴大生產能力。最後，市場飽和，商家訂單急遽減少，廠家生產大大過剩，造成市場價格劇烈波動。

有時候，市場供求關係受到外界干擾影響後並不再次回到原來的均衡狀態，這就是「蛛網理論」所要解釋的現象。蛛網理論有三個假設：①產品生產週期較長，在生產週期內無法改變生產規模；②本期產量決定下期價格；③本期價格決定下期產量。根據供給彈性和需求彈性關係的不同，價格和產量的波動可以形成三種蛛網類型：

（1）當供給彈性小於需求彈性時，形成收斂型蛛網；

（2）當供給彈性大於需求彈性時，形成發散型蛛網；

（3）當供給彈性等於需求彈性時，形成封閉型蛛網。

根據實際情況來看，餐飲市場產品生產週期短，並且產品價格和產量幾乎是同期決定的，因此蛛網理論在餐飲市場並不適用。

考察了市場的供求關係，我們再來看看市場的競爭狀況。市場結構是指市場上競爭關係的構成和組合，反應了市場競爭的程度。市場結構的決定因素有：

（1）如產品的可替代性強、標準化程度高、運輸和儲藏容易，則該產品的市場競爭程度高；

（2）如果產品的生產函數在大於產品市場總需求的產量水準上依然有規模收益遞增的趨勢，則生產該產品的企業數目會減少，競爭程度就較低；

（3）若市場進入壁壘越低，則競爭程度就越高；

（4）若購買者數量多，則生產者之間的競爭減弱。

根據競爭程度，市場結構通常可以劃分為：完全競爭市場、壟斷競爭市場、寡頭壟斷市場和完全壟斷市場四種。餐飲市場的地域性使得在不同區域範圍內，可能具有不同的競爭結構。

完全競爭市場上的生產者和消費者誰都不能左右產品的市場價格，只能是價格的接受者。完全競爭市場的特點有：商品的生產者和消費者數量眾多，商品同質無差異，不存在市場進出壁壘，市場信息暢通、公開。在現實生活中，完全競爭市場幾乎不存在，但某些大宗農產品市場和大眾化的飲食市場可能接近完全競爭市場。

完全壟斷市場是只有一家生產者完全控制供應的市場，商品價格由生產者決定，因而可能獲得超額利潤。完全壟斷市場是沒有競爭的市場，在現實生活中，完全壟斷市場很少存在，只在消費者活動的某些局部區域可能遇到。比如，在火車、飛機、輪船上和少數旅遊景點只有一家餐飲供應點，此時消費者面對的市場就是完全壟斷市場，往往只能被迫接受相當昂貴的飲食而別無選擇。完全壟斷市場的形成主要有三種情況：政府通過行政權力控制某一行業，政府特許私人企業壟斷，廠商通過特殊技術和資源形成壟斷。在餐飲行業，企業可能通常通過技術（菜品秘方、特殊的烹飪技巧）、特許的銷售地點、或本地特有的原料來壟斷某一細分市場，獲得高額利潤。

壟斷競爭市場是一種既有壟斷，又有競爭的市場結構，其特徵主要有兩點：

（1）幾乎沒有行業進出壁壘，導致生產企業數量眾多，每個企業的行為對市場影響極小。

（2）不同企業提供的同類產品存在差別。這些差別表現在式樣、質量、包裝、品牌，或者銷售位置和服務質量等方面。雖然每一類產品都可以憑藉自身的差異在一定的消費群體中形成壟斷地位，但即使有差別，這些產品之間也具有較強的相互替代性，

競爭不可避免。

邢穎等人（2004）認為，絕大多數餐飲市場是壟斷競爭市場①。在壟斷競爭市場中，企業不是被動接受產品價格，而是可以部分地影響價格。

寡頭壟斷市場是由少數幾家生產者控制的市場，其特點有：只有少數企業生產同種產品，每家企業產品的銷量在市場中都占很大比例；企業行為相互依存、相互影響，一家企業的行為會很快引起其他企業的反應。寡頭市場上價格和產量的決定取決於企業之間是否存在勾結：在沒有勾結的情況下有「價格領袖制」和「成本加成法」，在有勾結的情況下採用「卡特爾」定價。在餐飲行業中，也可能存在寡頭壟斷。比如，在某一旅遊區域中，幾家餐館共同使用產量有限的本地特產魚做原料，生產同樣的特色菜品，這幾家餐館就可能形成寡頭壟斷市場。

各種市場結構對社會發展和消費者的權益保護是不同的。雖然完全競爭市場對消費者是有利的，並且能夠較好地配置和使用經濟資源，但由於企業規模往往較小而不利於社會技術進步。完全壟斷企業經常損害消費者的利益，甚至危及國家安全，同時資源配置效率和企業經營效率低，技術創新動力不足，因此絕大多數市場經濟國家都堅決反對市場壟斷，制定專門的反壟斷法來約束企業的行為。寡頭壟斷既可以實現規模經濟，又有利於技術進步，許多學者認為對行業的發展是最有利的。壟斷競爭市場使得市場具有波動性和差異性，因此，對社會發展的作用和消費者的權益保護在不同地方和時期可能不同。

---

① 實際上，他們是針對較大區域市場而言的。

4.6　食品短缺下的分配制度

　　不同的社會制度決定了數量總是有限的食物的分配制度，而不同的食物分配制度又決定了國民的生活質量和整個社會的發展。為了個體生存和種族繁衍，原始社會對有限的食物實行平均分配。現代社會則有計劃經濟和市場經濟兩種基本的社會制度，不同社會制度下的食物分配方式也迥然不同。

　　社會主義國家的計劃經濟起源於「配給制」。配給制是指一切經濟活動，包括整個國民經濟的決策，企業的產供銷等日常經濟活動決策，以及家庭和個人的經濟活動決策（如消費品的選擇、購買，甚至個人從事的職業選擇），都集中於政府手中，突出特點是平均主義，排斥商品貨幣關係，其實施完全依靠行政命令推動。配給制在特定的歷史條件下，短期內對於最大限度地動員社會資源、贏得戰爭勝利或渡過物資匱乏的困難時期都具有重要作用。蘇聯曾採用配給制把整個社會經濟的發展納入戰爭軌道；中國在1949年以前的戰爭時期，也曾在解放區的一部分人員中實行過配給制。

　　1953年中國宣布第一個「五年計劃」，實行完全的計劃經濟，極端排斥市場經濟。20世紀70年代末，中國共產黨提出了具有中國特色的社會主義初級階段理論，國家經濟制度的特徵逐漸演變為[1]：

　　（1）在所有制結構上，社會主義公有制已經建立起來並在國民經濟中占據主體地位，允許其他非社會主義經濟成分存在和適當發展；

---

　　[1]　吳樹青，等. 政治經濟學（社會主義部分）[M]. 北京：中國經濟出版社，1993：5-6.

（2）按勞分配成為主體分配形式，同時還存在其他多種分配形式；

（3）在資源配置上，市場調節起著基礎性作用，同時以計劃調節彌補市場調節的不足，實行社會主義市場經濟。

為什麼社會主義國家單純的計劃經濟經過多年的實踐，最終還是要引入市場經濟的成分？這是因為，完全實行計劃經濟的國家無一例外都發生了諸如食品一類生活必需品的短缺問題。為了適應人民生活基本的需求而採取當時最為有效的方法，就是印發各種糧票，有計劃地將食物分配到單位或城鎮居民手中。蘇聯在十月革命後，當時國內不穩定，內戰不斷，商品缺乏，就採取商品有計劃的分配，發放各種商品票證。中國糧票從1955年8月25日國務院下達《關於市鎮糧食定量供應暫行辦法》開始正式發行，到1993年停止流通。現在還有一些國家仍然採用憑票供應方式，如與中國東北邊境接壤的社會主義國家朝鮮。朝鮮長期面臨糧食短缺的問題。據俄通社－塔斯社2005年1月24日報導，朝鮮政府再次宣布減少民眾的糧食配給份額。世界糧食署指出，朝鮮政府將民眾每人每天配給的糧食數量從300克減少為250克，這僅僅是一個人每天所需最低能量的一半。可以想像，如果政府不對糧食進行按人頭配給，那麼會有更的人因為無法通過正常渠道獲得足夠的食物而挨餓。

匈牙利經濟學家科爾納（Kornal）認為，短缺實際上是傳統社會主義計劃經濟體制的基本問題之一。他在其《短缺經濟學》一書中建立了傳統社會主義計劃經濟體制下的消費者行為框架，得出了兩個重要結論：

（1）在政府的「數量調節」下，消費品短缺是常態，消費者選擇自由受到嚴格限制，存在大量的強制替代和強制支出；

（2）受政府廣泛干預的消費品價格嚴重扭曲，消費品供給與需求之間的缺口不能通過價格變動消除。

為什麼儘管糧食短缺國家經常採用各種票證來解決的分配問

題，但仍然有許多人會餓死（詳見各國地方志）？為什麼計劃經濟或者配給制反而會加劇食品短缺問題？現在大多數人都將其歸結為吃大鍋飯、搞平均主義破壞了社會生產力（每個人的需求不一樣）和削弱了社會生產的積極性（分配不公）。其實，不同的社會制度會有不同的社會現象和社會發展。制度是一種「規則」或「安排」，制度經濟學則用經濟學的方法研究制度，它著重研究人、制度與經濟活動之間的關係，特別是關於人的行為有三點假設：

（1）人的行為動機具有雙重性，即財富最大化和非財富最大化；

（2）人的有限理性，即人對複雜和充滿不確定性的環境的認識能力和計算能力是有限的；

（3）人存在機會主義行為傾向。

當然，這裡所說的制度不僅僅是指傳統意義上的政治制度。制度可分為正式制度和非正式制度。正式制度是指人們有意識創造出來並通過國家等組織正式確立的成文規則，包括憲法、成文法、正式合約等；非正式制度則是指人們在長期的社會交往中逐步形成並得到社會認可的一系列約束性規則，包括價值信念、倫理道德、文化傳統、風俗習慣、意識形態等。正式制度只占整個社會約束的小部分，非正式制度則占據整個社會約束的大部分。

設立新制度的本意是減少交易成本，提高經濟活動的效率，但是有些不合時宜的制度反而增加了交易成本。從制度經濟學的研究結論我們可以得知，符合歷史條件的社會制度不僅能夠保護當時的社會生產力，而且能夠自動提高社會生產的積極性，促進社會發展的良性循環——如果說生產關係是一種社會制度，那麼馬克思堅決要求打破生產關係對生產力的束縛實質上是要建立一種新制度，以解放生產力。在制度經濟學看來，即使是平均分配也有不同的制度安排，從而有不同的結局。這裡舉一個被許多書

籍引用的經典案例——分粥的故事①，來說明這一問題。

有7個人生活在一起，每天需要在沒有稱量用具和刻度容器的情況下，公平地分食一鍋粥。如果有人多分一點粥，其他人就可能餓死。那麼怎樣分粥才能最平均？這裡有四種典型的制度安排。

（1）指定一個品德高尚、大家信得過的人主持分粥。

（2）大家輪流分粥，每人主持分粥一天。

（3）選舉一個分粥委員會和一個監督委員會，對分粥進行監督和制約。

（4）每個人輪流分粥，但是分粥的人得等別人選擇後領取最後一份粥。

我們來看看每種制度安排下的結果。第一種情況下，品德高尚的人經不住親戚朋友的懇求、其他人「糖衣炮彈」的攻擊，最後被拉下水，開始營私舞弊。第二種情況下，有主持人奉行「有權不用，過期作廢」的想法，結果七個人相互報復，內部矛盾日益激化。第三種情況下，每次分粥都要經過很多程序，辦事效率又極低，雖然比較公平，但每次分粥都讓大家餓著肚子等了很久。第四種情況下，每個人獲得的粥幾乎驚人一致，因為如果分粥不公平，最後餓肚子的只會是分粥人自己！這說明，第四種分粥的安排是最簡單、最有效率的制度。

而完全通過市場來配置資源的市場經濟也存在缺陷，比如出現市場壟斷問題、公共物品問題、外部效應問題、經濟週期問題和貧富差距拉大問題。因此，許多資本主義國家都對市場經濟制度進行了改革，比如在一定範圍內實施經濟計劃和社會福利制度以最大限度減少市場經濟的缺陷。相對說來，變革的市場經濟制度是世界現有經濟技術條件下對社會資源最有效率的分配制度，是比單純的計劃經濟更先進的經濟制度。由於計劃和市場是社會

---

① 分粥故事的另一個版本是分蛋糕游戲，但分配方案和結果都一致。

資源配置的兩種基本手段，並沒有政治形態之分。無一例外，世界上現有的社會主義國家也通過改革或多或少引入了市場經濟的一些成分來彌補計劃經濟的不足。正如像第四種分粥制度一樣，市場經濟中的行為人必須要首先考慮他人的利益，方可獲得自身的利益；否則，終究會被市場拋棄。

　　隨著中國市場經濟的發展，為了提高經濟活動效率，人們盡可能地把原來屬於非正式制度的社會規範轉化為正式的法律規範，使其在規範人們的行為方面有章可循，並且具有更大的強制力。特別是，在難以監管的餐飲行業和依靠傳統經驗經營的餐飲企業更要加強制度建設，不但能夠保護普通消費者外出就餐的正當權益，而且能夠提高餐飲企業的投入產出效率，使整個行業進入良性發展軌道。

4.7　應對通貨膨脹和經濟危機

　　許多年來，餐飲食品的價格似乎一直在上升。20世紀90年代初，學校食堂的一份回鍋肉賣4角錢，一份素菜賣1角錢；到2000年，同樣分量的一份回鍋肉要賣2.5元，素菜0.8元；現在，一份回鍋肉已經賣到6元錢左右，素菜也要1元了。政府統計顯示，2008年2月份中國消費者價格指數再創12年歷史新高，達到8.7%，刷新了1997年以來的紀錄。帶動此次價格上漲的是食物：食品類價格總體上漲了18.2%，其中肉禽及其製品價格上漲41.2%，豬肉價格上漲58.8%。

　　食物標價①的上升，是不是意味著同樣的東西對消費者更貴，餐飲企業從中可以獲取更多利潤？這就需要瞭解物價上漲的原因，及其對消費者收入支出和企業經營績效的影響。除了供求狀

---

① 即名義價格，商品的名義價格消去通貨膨脹的影響後才是其實際價格。

況會直接影響商品的價格上升或下降外，紙幣的供應量也會影響其價格。假如銀行向市場投入太多的紙幣導致紙幣貶值，那麼就必須用更多的紙幣來表示同樣價值的商品，導致商品價格上漲。這就是經濟學上所說的「通貨膨脹」。通貨膨脹是指紙幣的發行量超過商品流通中所需要的貨幣量而引起的貨幣貶值、物價上漲的狀況，是紙幣流通條件下特有的一種社會經濟現象。

消費者價格指數（CPI）是用來衡量通貨膨脹的一個數據，是市場上商品價格增長的百分比。一般說來，溫和的通貨膨脹（即 CPI 控制在 1%～2%）能夠刺激經濟的發展；當 CPI ＞ 3% 時稱為通貨膨脹；當 CPI ＞ 5% 時，稱為嚴重的通貨膨脹；當 CPI 達到兩位數以上時，人們對貨幣的信心產生動搖；當 CPI 達到三位數以上，人們對貨幣徹底失去信心，正常的社會經濟關係遭到破壞，容易導致社會崩潰、政府垮臺。

通貨膨脹產生的原因有五個：

（1）需求拉動型通貨膨脹是總需求過度增長超過了現有價格水準下的商品總供給，引起的物價普遍上漲。

（2）成本推進型通貨膨脹是由於成本上升（如物耗增多，或工資的提高超過勞動生產率的增長）所引起的物價普遍上漲。

（3）結構性通貨膨脹是社會經濟部門結構失衡引起的物價普遍上漲。

（4）輸入型通貨膨脹是輸入品價格上漲引起的國內物價的普遍上漲。

（5）抑制性通貨膨脹是在市場上存在著總供給小於總需求，或供求結構性失衡的情況下，國家通過控制物價和商品定額配給的辦法，強制性地抑制價格總水準的穩定。抑制性通貨膨脹是一種實際上存在，但沒有發生的通貨膨脹現象。

通貨膨脹對一國國民經濟發展的影響主要有三個方面：

（1）通貨膨脹的物價上升使價格信號失真，容易使生產者誤入生產歧途，導致生產的盲目發展，造成國民經濟的非正常發

展，使產業結構和經濟結構畸形化，從而導致整個國民經濟的比例失調。當國家採取各種措施來抑制通貨膨脹，結果會導致生產和建設的大幅度下降，出現經濟萎縮，因此，通貨膨脹不利於經濟的穩定、協調發展。

（2）通貨膨脹時物價上升，但名義工資並未上升或上升幅度相對較小，造成低收入人群的實際工資下降，其購買力降低。當通貨膨脹持續發生時，就有可能造成社會的動盪不安。

（3）通貨膨脹會降低本國產品的出口競爭能力，引起黃金外匯儲備的外流，從而使匯率貶值。

通貨膨脹對社會主體之間關係的影響也有三個方面：

（1）通貨膨脹將有利於債務人而不利於債權人。在通常情況下，借貸的債務契約都是根據簽約時的通貨膨脹率來確定名義利率。當發生了未預期的通貨膨脹之後，債務契約無法更改，從而使實際利率下降[1]，債務人受益，而債權人受損。

（2）通貨膨脹將有利於雇主而不利於工人。在不可預期的通貨膨脹之下，工資增長率不能迅速地根據通貨膨脹率來調整，從而即使在名義工資不變或略有增長的情況下，實際工資下降。實際工資下降會使企業利潤增加。

（3）通貨膨脹將有利於政府而不利於公眾。在不可預期的通貨膨脹之下，名義工資總會有所增加，許多人因此進入了更高的納稅等級，這樣就使得政府的稅收增加。一些經濟學家認為，這實際上是政府對公眾收入的變相掠奪。

既然較高的通貨膨脹率對整個社會有諸多不利影響，國家一般會採取措施抑制通貨膨脹。這些措施通常有：緊縮性財政政策（減少財政支出）、緊縮性貨幣政策（減少流通中的貨幣供應量）、緊縮性收入政策（控制工資的增長）、價格政策（限制價格壟斷，避免抬高物價）、供給政策（刺激儲蓄和投資，增加商品和服務）。

---

[1] 實際利率＝名義利率－通貨膨脹率

較高的通貨膨脹率除了使餐飲企業增加庫存管理難度外，還會增加菜單成本，即企業改變菜品價格所導致的成本，其中最明顯的成本就是餐廳不斷改變菜單所增加的印刷成本。總的說來，由於餐飲業的資金週轉較快，企業能夠迅速將通貨膨脹導致的成本上漲轉嫁給消費者。儘管餐飲消費價格上漲可能減少消費總需求，不利於提高企業價值，但從國外發達市場的發展經驗來看，通貨膨脹必將引導食品飲料價格的上漲，以至於最具投資價值的上市公司中有40%的企業屬於食品飲料行業。

　　與通貨膨脹相比，經濟危機對餐飲企業的市場需求影響更大。經濟危機是一個或多個國家經濟、甚至整個世界經濟在一段比較長的時間內出現經濟增長率為負數的現象，是資本主義經濟發展過程中週期性爆發的生產相對需求不足而過剩的危機。經濟危機可以分為被動型危機與主動型危機兩種類型：前者是國家宏觀經濟管理當局在沒有準備的情況下出現經濟的嚴重衰退，或大幅度的貨幣貶值引發金融危機，進而演化為經濟危機的情況；後者是國家宏觀經濟管理當局為了達到某種目的而採取的政策行為的結果，危機或經濟衰退可以視為改革的機會成本。經濟危機產生的原因還有產業經濟政策錯誤、原材料緊張、能源危機、自然災害和金融政策錯誤等，其後果可能導致社會動亂、國民經濟衰退、政變和戰爭。自1825年英國第一次爆發普遍的經濟危機以來，資本主義經濟從未擺脫過經濟危機的衝擊。馬克思認為，資本主義無法從根本上消除經濟危機產生的根源，並且會週期性爆發。經濟危機的週期包括危機、蕭條、復甦和高漲四個階段。

　　經濟危機期間也可能產生通貨膨脹，原因有：

　　（1）每當經濟危機爆發時，資本主義國家就增加政府開支，降低貼現率和存款準備金率，結果使貨幣供應量不斷增加，釀成嚴重的通貨膨脹；

　　（2）大壟斷公司在危機爆發時，用降低開工率的辦法去適應市場需求的變動，不但不降低商品價格，反而提高價格以彌補

損失；

（3）資本家為追求利潤，一方面加緊進行生產，一方面加強剝削，廣大勞動者被剝削得無錢來購買足夠的食物用品。

一般地，國民經濟的發展必然伴隨著通貨膨脹，但通貨膨脹不一定導致經濟危機，溫和的通貨膨脹是經濟正常運行情況下的普遍現象。經濟危機可能是由於通貨膨脹、也可能是由於通貨緊縮引起的。

毫無疑問，與其他行業一樣，經濟危機對餐飲業的影響同樣是嚴重的。不但消費者會因為收入降低而減少外出就餐的次數，而且外出就餐的檔次和消費額度也會大大降低。此外，眾多失業者會因為找不到合適的工作而加入到到對技術和經驗要求不高的餐飲業中來，甚至以較少的資金自開門店營業。這顯然會加大餐飲業同行之間的競爭。

最近幾年，全球金融危機的爆發又讓各國領導人焦頭爛額。金融危機又稱金融風暴，是指一個國家或幾個國家與地區的全部或大部分金融指標（如短期利率、貨幣資產、證券、房地產、土地價格、商業破產數和金融機構倒閉數）的急遽、短暫和超週期的惡化。金融危機可能導致通貨膨脹和企業倒閉，從而影響人們的收入和生活質量。金融危機和經濟危機的區別在於前者是由金融企業、機構破產倒閉引發的危機，後者是由經濟系統沒有產生足夠的消費價值引發的危機。

4.8 循環經濟與餐飲業的可持續發展

餐飲業的持續發展是指餐飲業應當在不破壞其賴以生存的生態環境的條件下，能夠持續向消費者提供優質服務，謀求以最小的環境和資源代價獲得最大社會福利的長期發展過程。餐飲企業對環境的破壞主要有：空氣和水的污染，食物的浪費造成土地資

源被過度使用，濫食瀕危動植物導致生態失衡，等等。餐飲業要持續發展，必須依靠發展循環經濟的手段。根據發展循環經濟應遵循的「減量化原則」、「再使用原則」和「再循環原則」，以及有關循環經濟發展模式的研究成果來看，餐飲企業實行循環經濟的手段不外乎以下三種：

（1）通過管理措施節能降耗節約成本，保證飲食衛生，減少消費者的食物浪費；

（2）再次使用餐飲剩餘物（該方式一般是被法律禁止的），如油的二次食用、剩菜的二次消費等；

（3）進行設備投資，將餐飲剩餘物作為本企業或其他企業的原料生產非食用產品。

根據對大量代表性企業的訪談調查得知，中國餐飲企業沒有採取循環經濟經營措施的比例高達99%以上，其主要原因集中在以下幾個方面（賈岷江、任渝婉，2007）：

（1）經營管理人員沒有循環經濟意識。這部分企業占被調查企業總數的比例高達86%。總體來看，中國餐飲行業中高學歷的管理人員普遍缺乏，真正是經濟和管理專業畢業的更是少之又少。因而大多數管理人員對於什麼是循環經濟，如何實行循環經濟知之甚少。

（2）餐飲企業發展循環經濟的投入大、收益小。即使瞭解循環經濟的餐飲企業也發現，目前單個企業發展循環經濟面臨投入大、收益小的困局。比如，單個企業往往沒有能力購買設備解決本企業產生的餐飲垃圾，處理餐飲垃圾的收益也極低。這部分企業所占比例相對較少，約占被調查企業總數的9%。

（3）消費者沒有環保意識。調查發現，消費者沒有環保意識也是餐飲企業發展循環經濟的障礙。這部分企業占被調查企業總數的11%。消費者對珍稀動物的好奇、對食物精細製作的追求迫使餐飲企業違背發展循環經濟的原則，其結果不僅是破壞生態平衡，而且增加了資源的消耗和環境污染的壓力。

(4) 政府對餐飲企業發展循環經濟的政策推動力度不夠。政府既缺乏對餐飲垃圾處理設施的大量投入和對餐飲環境污染的有效監督，也缺乏對餐飲企業發展循環經濟的政策宣傳和資金技術扶持。認為政府對餐飲企業發展循環經濟的政策推動力度不夠的企業占被調查企業總數的比例為14%。

高松（2006）認為，只有循環經濟的收益大於其成本時，企業才可能放棄傳統經濟模式而採取循環經濟模式。單獨的政府號召或者行政監督並不能使企業自覺發展循環經濟。作為贏利性的組織，企業行為的最大驅動力來源於經濟利益。賈岷江等人（2007）認為：從經濟角度來看，餐飲企業發展該種循環經濟的動機存在於以下幾個方面：

(1) 餐飲企業發展循環經濟的管理或設備投資動機。假設餐飲企業採取管理措施或設備投資實行循環經濟，投資成本為C，投資收益為R，而企業不採取循環經濟，直接再次使用餐飲剩餘物或者賣掉的收益為R_1，則只有$R-C>R_1$時餐飲企業才有實行循環經濟的動機。如果餐飲企業違法使用低成本的潲水油、病死豬肉等有害原料來坑害消費者，則合法經營企業更加沒有辦法與違法企業進行正當競爭，出現「劣馬驅逐良馬」的現象。

(2) 餐飲企業發展循環經濟的政府配合動機。只有餐飲企業遵照法律實行循環經濟的淨收益大於違法所獲得的淨收益時，企業才有配合政府的動機。如果政府採取收費C_1集中處理餐飲剩餘物來發展循環經濟，則無論餐飲企業再次使用餐飲剩餘物或者賣掉的收益R_1有多大，都有不配合政府的可能。假設政府通過檢查餐飲企業是否配合政府處理餐飲剩餘物，檢查概率為P，企業沒有配合則罰款C_2，則當$R_1(1-P)+(R_1-C_2)P>C_1$時餐飲企業有不配合政府的動機。顯然，如果政府採取付費C_3集中處理餐飲剩餘物來發展循環經濟，則$C_3>R_1$時，餐飲企業將積極配合政府。

(3) 餐飲企業通過與相關企業協作發展循環經濟的動機。餐

飲企業的規模往往比較小，缺乏實行循環經濟的設備投資能力和管理技術。假設 R_i 為餐飲企業 i 實行循環經濟的收益，若 R_i 小於循環經濟的投資成本 C，則單個企業沒有實行循環經濟的動機。但是，如果某相關企業（如餐飲企業的上下游企業）的投資成本為 C，並獲得 n 個餐飲企業單獨投資獲取的總收益 $\sum R_i$，且 $\sum R_i - C > 0$，則 n 個餐飲企業可以與該相關企業協作發展循環經濟。現在一些地方就是通過第三方投資對多個餐飲企業採取綠色蔬菜供給、垃圾處理和餐具消毒等措施來實現循環經濟的。

（4）餐飲企業發展循環經濟的市場拉動動機。消費者對菜品的偏好是影響餐飲企業發展循環經濟的重要因素。消費者對循環經濟的認識程度越高，越有可能選擇實行循環經濟的企業。比如，餐飲企業推廣綠色食品，會碰到原料成本高的困境。如果消費者認可綠色食品，會接受菜品的高價格，幫助企業收回成本；如果消費者收入有限，或者貪圖便宜，就會助長企業採用低價的有害原材料。

餐飲企業發展循環經濟不僅有利於減少污染和能源消耗，保護生態環境，更重要的是保護消費者的身體健康。儘管企業才是發展循環經濟的主體，但從餐飲企業發展循環經濟的不同驅動力來看，餐飲企業發展循環經濟有三種模式（圖 4.4）。在模式 A 中，消費者是推動餐飲企業發展循環經濟的最初動力，消費者不僅直接要求餐飲企業發展循環經濟，而且要求公共管理部門制定政策，間接推動餐飲企業發展循環經濟。在模式 B 中，餐飲企業本身就是推動循環經濟的動力源，餐飲企業一方面引導和教育消費者認可企業發展循環經濟的行為，另一方面直接要求（或通過消費者間接要求）管理部門支持這種行為。在模式 C 中，公共管理部門是推動餐飲企業發展循環經濟的原動力，管理部門教育消費者、支持和監督餐飲企業發展循環經濟。

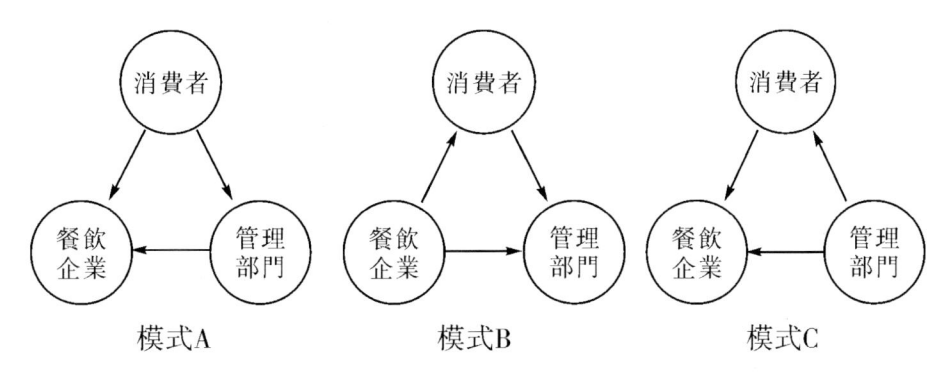

图4.4　餐飲企業發展循環經濟的動力模式

　　這三種模式發生的條件不同。模式 A 需要在餐飲企業發展循環經濟的利益對消費者非常大或對循環經濟的重要性有普遍認識的情況下才有可能發生；模式 B 需要在餐飲企業發展循環經濟對自身市場競爭非常有利的情況下才可能發生；模式 C 需要在管理部門對企業發展循環經濟的重視足夠大、比企業及消費者覺悟早，或者只有管理部門的支持監督才能實施循環經濟的條件下可能發生。從調查情況來看，模式 A 和 B 幾乎不可行，模式 C 具有一定的可行性。因此，根據對企業發展循環經濟動機的經濟分析，公共管理部門和企業發展循環經濟的具體措施建議如下：

　　首先，公共管理部門應採取下列措施：①加強對餐飲企業和消費者的循環經濟知識宣傳教育；②制定有利政策獎勵扶持實行循環經濟的企業，處罰違規處理餐飲剩餘物和污染環境的企業，建立有利於企業實行循環經濟的公平競爭的市場環境。其次，餐飲企業也應該重視：①對消費者的教育和引導，在菜品開發上講究營養和環保；②重視對企業員工的成本教育，努力提高企業管理水準；③將利潤率較低的業務大量外包給協作企業，配合政府的有力措施發展循環經濟。

4.9 餐飲業的現狀與未來

據著名的商業信息公司分析，全球飯店、餐館和娛樂業總收入在2000—2004年期間年平均增長率達到4.3%，2004年收入為23,539億美元，其中餐館業收入占65.4%（如圖4.5）。該公司預測，2005—2009年間全球飯店、餐館和娛樂業收入年平均增長率可達5%，2009年將達到30,036億美元。

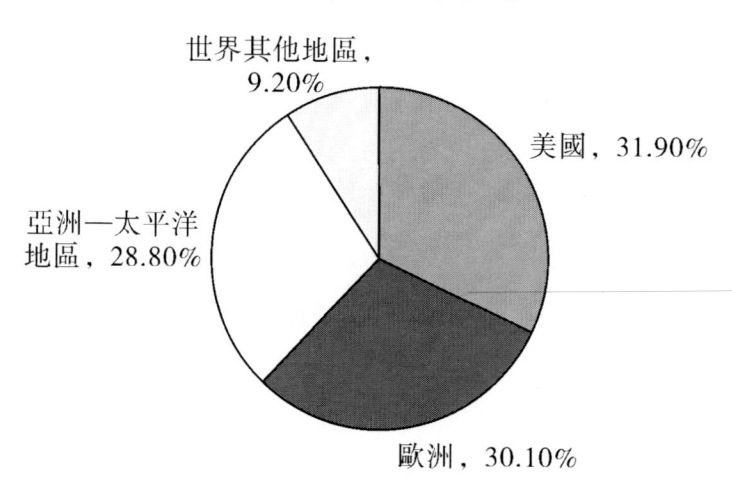

圖4.5　2004年全球飯店、餐館和娛樂業總收入分佈

世界其他地區，9.20%
美國，31.90%
亞洲—太平洋地區，28.80%
歐洲，30.10%

摘自：Global Hotels, Restaurants & Leisure Industry Profile〔DB/OL〕. http://www.datamonitor.com, 2005.

根據業內人士的觀點，中國餐飲業近年來發展的現狀有以下特點：

（1）餐飲消費進一步保持旺盛的發展勢頭。餐飲社會化程度不斷加強，外出就餐已成時尚。中國人均外出餐飲消費剛剛達到100美元，但與美國1,600美元、法國1,050美元相比仍有較大

的發展空間和潛力①。餐飲業的消費主體主要來自城鎮居民，而農村餐飲這個龐大的市場還沒有真正啓動。隨著政府拉動消費的政策實施、城鄉居民收入較快增長和消費觀念更新等因素影響，中國餐飲消費水準將繼續保持高速增長。

（2）餐飲經營方式出現多樣化和特色化。連鎖經營、網絡行銷、集中採購、統一配送等現代經營方式不斷在餐飲行業得到有效的運用。一些地方特色的家常菜館、小吃街、美食廣場、中西式快餐店遍地開花，生意十分紅火。餐飲業將進一步拓展新的經營空間和強化管理，尤其是做好品牌經營和技術創新兩大文章，發揮好品牌、網絡、技術在開拓市場中的作用，加快傳統餐飲業向現代餐飲業的轉變步伐。

（3）大眾化消費為主，服務功能多樣化。大多數餐館的服務對象以大眾為主。人們除了在餐館用餐外，還可以在這裡社交、休閒和娛樂。餐飲業和娛樂業在經營上結合成為普遍現象，比如在餐廳裡進行歌舞表演、請專業演員說相聲、講評書，舉辦社交舞會等，盡量讓顧客吃得開心。

（4）餐飲企業經營管理水準得到提高。在激烈的競爭中，管理水準較低的餐館逐漸失去生存空間，國外知名餐飲企業的進入帶來先進的管理理念和方法，以及餐飲從業人員文化素質的改善都會提高餐飲業的經營管理水準。特別是隨著餐館規模的擴大，傳統家族式管理的弊端進一步顯現，投資者逐漸認識到，必須採用現代化企業經營方式，才能使這些餐館樹立更好的形象，吸引更多優秀人才，提高服務品質，降低企業成本，積極拓展市場和提高企業績效。

中國餐飲業發展目前存在三大問題：

（1）行業結構不合理，中小個體餐館太多，這些餐館存在諸

---

① 見中國食品商務網 2007 年 4 月 4 日報導《中國今年餐飲業將呈四大發展趨勢》。

多經營問題，給監管帶來困難；

（2）從業人員的業務素質普遍偏低，專業性經營管理人才總量相對不足，高級管理人才更是嚴重匱乏；

（3）地區發展不平衡，東部地區餐飲業零售額最高，中部地區增速最快，西部地區零售額占本區域社會消費品零售總額比重及其對經濟增長的貢獻率最大。

許多經濟學家（如配第、克拉克、霍夫曼、庫茲利茲等）認為，隨著經濟的發展，產業結構將會發生變化。總的情況是，勞動力由農業向工業和商業逐次轉移，第三產業的比重會越來越大。毫無疑問，作為第三產業構成部分的餐飲業只會日益壯大。可以說，餐飲業雖然是傳統產業，但並不是夕陽產業。那麼餐飲業發展的具體趨勢有哪些？許多專家認為，未來全球餐飲業主要朝著以下幾個方向發展：

（1）快餐業迅猛發展。隨著城市生活節奏的加快，居民收入水準的提高，社會上對快餐的需求量日趨增大，質優、價廉、高效率的快餐店必將受到廣大居民的歡迎，快餐連鎖企業將如雨後春筍般冒出來。中國著名科學家錢學森就曾經提出，應在中國的一些大城市建立快餐中心，以規模經營的高效率和低成本，來滿足廣大群眾的飲食需要，加快家務勞動社會化的步伐，促進中國經濟的發展。

（2）更加關注飲食營養衛生。隨著人們對環境污染、生態平衡和自身健康問題的關心程度日益提高，無公害、無污染的綠色食品和保健食品將受到消費者的普遍歡迎。許多餐飲企業為適應這種要求，紛紛推出了自己的「綠色菜譜」、「黑色菜譜」，增加保健設施，營造健康消費環境。

（3）主題餐廳日益受到消費者寵愛。隨著人們生活水準的提高，消費需求將日趨個性化，這要求企業提供有針對性的服務，塑造出符合顧客要求的企業形象，開設各種主題餐廳，如情人餐廳、球迷餐廳、仿古餐廳、機器人服務餐廳、矮人餐廳、恐怖餐

廳、電腦酒吧等，目的是利用人們的獵奇心理、文化認同心理，吸引消費者上門。

（4）餐飲經營管理逐漸專業化。為適應家族餐飲企業向股份公司發展的需要，許多規模較大的餐廳的投資人與日常管理人員已經分開。投資人只負責出資和經營監督，聘請的職業經理人則負責日常管理。職業經理人由於在廚房、服務、客戶關係和財務管理方面經驗豐富，管理活動比非專業人士更有效率。經營管理的專業化必然使管理理念日趨先進，強調以人為本，注重效率管理、品牌管理和戰略管理。

（5）餐飲文化將受到更多重視。消費者文化水準的提高使其對餐飲的需求由原來單純的生理需要，轉變為講究環境氣氛和情調的精神享受。為適應市場的這轉變，餐飲業需要不斷更新現代化的餐飲設備，注重菜品的包裝，強調員工的素養，重視服務品質，精心營造就餐環境的文化氛圍，以此來吸引消費者。

（6）餐飲企業發展連鎖化、集團化和多元化。餐飲企業為了降低經營成本，規避或減少風險損失，擴大市場份額，將採取連鎖化、集團化、多元化經營管理模式，實現不同項目之間的資源共享和優勢互補，開拓新的利潤增長點。

（7）餐飲企業出現國際化發展趨勢。由於國家的開放、世界貿易和旅遊的發展，各國之間的飲食文化交流和滲透將日趨頻繁。面對跨國餐飲企業的直接競爭，中國餐飲業也必將走國際化發展的道路，開始以品牌建設為核心，提高企業競爭力，不但消費群體要面向外國遊客，而且要走出國門，向國外市場進軍。

（8）餐飲企業管理和生產手段高技術化。未來餐飲企業將充分運用現代科技手段進行運作管理。高技術的利用使經營者能夠進行方便的生產、服務控制，和準確及時的日常盈虧控制，從而提高管理效率。特別是，智能化食品加工設備、互聯網和電腦點菜系統的使用，不僅對企業來說可以成為吸引消費者的經營特色，還能大大提高工作效率，減少人工成本。

（9）餐廳將逐漸成為以知識為基礎的管理系統。克里斯托夫認為餐廳應該定位為「定制產品的零售商」，而不是「生產食品的工廠」。由此，現代餐廳生存和獲得競爭力的手段是其智力資本的獲取、累積和最優化，公司範圍內的持續、交互和相關的學習，以及使問題解決變得更容易的經驗共享，而數據挖掘技術將為決策者提供有用的需求信息，包括當前的銷售趨勢、即時定價和促銷活動、勞動力跟蹤和不同時間的生產報告。

國家圖書館出版品預行編目（CIP）資料

餐飲經濟學：日常餐飲現象中的經濟學 / 賈岷江 著. -- 第一版.
-- 臺北市：財經錢線文化發行；崧博出版, 2019.11
　　面；　公分
POD版

ISBN 978-957-735-936-0(平裝)

1.餐飲業 2.商業經濟

483.8　　　　　　　　　　　　　　　　108018064

書　　名：餐飲經濟學：日常餐飲現象中的經濟學
作　　者：賈岷江 著
發 行 人：黃振庭
出 版 者：崧博出版事業有限公司
發 行 者：財經錢線文化事業有限公司
E - m a i l：sonbookservice@gmail.com
粉 絲 頁：　　　　　網　址：
地　　址：台北市中正區重慶南路一段六十一號八樓815 室
8F.-815, No.61, Sec. 1, Chongqing S. Rd., Zhongzheng
Dist., Taipei City 100, Taiwan (R.O.C.)
電　　話：(02)2370-3310　傳　真：(02) 2388-1990
總 經 銷：紅螞蟻圖書有限公司
地　　址: 台北市內湖區舊宗路二段 121 巷 19 號
電　　話:02-2795-3656 傳真:02-2795-4100　網址：
印　　刷：京峯彩色印刷有限公司（京峰數位）

　本書版權為西南財經大學出版社所有授權崧博出版事業股份有限公司獨家發行電子書及繁體書繁體字版。若有其他相關權利及授權需求請與本公司聯繫。

定　　價：450 元
發行日期：2019 年 11 月第一版
◎ 本書以 POD 印製發行